地质体中固体有机分子

模拟与对接研究

Simulation and Docking

of Solid Organic Molecules in Geological Bodies

梁天　邹艳荣　林晓慧◎编著

SPM
南方传媒

广东科技出版社
全国优秀出版社

·广州·

图书在版编目（CIP）数据

地质体中固体有机分子模拟与对接研究/梁天，邹艳荣，林晓慧编著. —广州：广东科技出版社，2025.1

ISBN 978-7-5359-8188-2

Ⅰ. ①地…　Ⅱ. ①梁…②邹…③林…　Ⅲ. ①地体—固体—有机质—分子—研究　Ⅳ. ①P313

中国国家版本馆CIP数据核字（2023）第221876号

地质体中固体有机分子模拟与对接研究

Dizhiti zhong Guti Youji Fenzi Moni yu Duijie Yanjiu

出　版　人：严奉强

责任编辑：尉义明　谢绮彤

封面设计：柳国雄

责任校对：韦　玮

责任印制：彭海波

出版发行：广东科技出版社

　　　　　（广州市环市东路水荫路11号　邮政编码：510075）

销售热线：020-37607413

https://www.gdstp.com.cn

E-mail：gdkjbw@nfcb.com.cn

经　　销：广东新华发行集团股份有限公司

排　　版：创溢文化

印　　刷：广州市彩源印刷有限公司

　　　　　（广州市黄埔区百合三路8号　邮政编码：510700）

规　　格：787 mm×1 092 mm　1/16　印张14.25　字数300千

版　　次：2025年1月第1版

　　　　　2025年1月第1次印刷

定　　价：120.00元

序

PREFACE

　　分子模拟是以化学结构分析为基础，利用计算机技术在原子水平上模拟分子结构及观察分子行为的研究方法。分子模拟能够有效反映复杂有机物质的结构，并在一定程度上从微观尺度还原该分子体系内的动态过程，目前已经被广泛应用于地学研究领域。分子模拟的出现极大地拓宽了学界对天然复杂大分子有机质化学结构的认识，实现了分子级动力学的研究，推动了有机地球化学理论认识的进步。

　　煤、干酪根及固体沥青等不可溶有机大分子的化学结构一直是学界探索的重要方向。20世纪40年代，煤地质科学家首次建成烟煤二维分子结构，让有机地球化学家了解到了这一全新的研究方法。如今，数量庞大、种类繁多的分析技术在大分子有机地质体结构检测中的应用，以及哈特里-福克方法、密度泛函理论在计算机领域的推广，提高了分子模拟的精度，推动了有机地球化学与计算机科学的深度融合。在这样的技术背景下，利用分子模拟技术探究固-液有机质相互作用机理成为可能，相信该项技术也会在实际地质领域的应用中有更为广阔的发展前景。

　　本书聚焦干酪根化学结构与分子模拟研究，既有关于油气地球化学的相关实验及检测分析的介绍，也有分子模拟、分子对接等新技术的应用，并在文末添加了分子坐标供读者参考复现。全书文字流畅、逻辑清晰，对有机地球化学研究及相关专业的研究生来说，是一本有意义的参考书。因此，我愿意推荐并为之作序，也希望梁天博士能够在未来的研究中取得更加丰硕的成果。

中国科学院院士

2024年3月于广州

前　言
FOREWORD

　　固-液有机质相互作用是油气地球化学领域的重要研究方向，干酪根及固体沥青等大分子有机质对烃类化合物有着较强的滞留能力，是影响液体有机质流动的关键因素。因此，厘清该作用机理对页岩油的溶解吸附、烃源岩生排烃，以及油气资源运移、富集、成藏研究有着重要的意义。分子模拟技术是近几十年来地球化学研究领域用于研究有机质性质的重要方法，能够更加快速地完成大量化合物类型的计算并有效地探究有机物间相互作用的化学过程。有机物间的相互作用是当前实验方法尚无法检测和观察到的。本书在有机地球化学实验的基础上，对大分子有机地质体开展分子模拟，建立随成熟度演化的分子模型，并基于分子对接技术，开展不同成熟度干酪根及固体沥青与小分子化合物分子对接计算，探究固-液有机质相互作用的内在影响因素。

　　本书依托中国科学院战略性先导科技专项（A类）智能导钻技术装备体系与相关理论研究深层烃源岩发育与生烃演化机理课题（课题编号：XDA14010100），以渤海湾盆地沾化凹陷沙河街组三段烃源岩、东营凹陷沙河街组四段烃源岩及新疆准噶尔盆地吉木萨尔凹陷中二叠统芦草沟组烃源岩制备的干酪根及四川盆地天然固体沥青样品为研究对象，通过开展人工热模拟实验，对热模拟实验中制备的不同成熟度（Easy%R_o）固体有机质，包括干酪根和固体沥青，进行^{13}C固体核磁共振波谱（^{13}C Solid-NMR）检测、元素分析、X射线光电子能谱（XPS）检测及X射线衍射（XRD）分析。根据检测结果，建立并完善分子模型，与60个小分子化合物进行分子对接计算，分析影响固-液有机质相互作用的因素，为烃源岩排烃及油气资源运移与勘探提供理论支持。

　　本研究取得以下主要成果：①完善了固体大分子有机质结构的评价方法，即优化脂链长度的计算方法、建立芳环簇平均碳数增长模型及其上下限、建立缩合模型，用于预测干酪根结构单元变化。发现沥青的固相转化与结构孔隙的变化规律。②首次实现固体沥青三维分子模型的评估研究，并提出热演化过程中沥青分子形态呈板状—块状—板状的变化规律。首次成功实现了三维固体沥青分子模型的拉曼光谱预测，预测光谱计算的分子成熟度与实验中得到的Easy%R_o变化几乎完全一致。③通过分子对接计算，提出固-液有机分子间相互作用受到液态化合物分子量、固–液有机质体系内甲基数量及固–液有机质芳环缩合程度3个因素影响。烃源岩中的干酪根更倾向于富集含有甲基的稠环芳烃衍生物。饱和烃中环烷烃组分与干酪根的结合能力更强，而链烷烃特别是正构烷烃在干酪根中的滞留能力较弱，最容易发生排烃作用，有利于运移、富集、成藏。

全书共分为6章。第一章介绍了相关研究领域及研究对象；第二章内容包括样品来源及相关的实验方法与技术路线；第三章介绍了制备不同演化阶段固体有机质的封闭体系人工热模拟实验方法，以及产物分离定量结果；第四章基于相关检测结果，揭示了干酪根及固体沥青样品不同演化阶段中其固体组分元素含量与化学结构特征的变化；第五章展示了固体有机质二维–三维分子模拟方法及结构建立结果；第六章在第五章的基础上开展了分子对接工作，并总结了影响固–液有机质相互作用的相关因素。

本研究的开展及本书的编写得到中国科学院广州地球化学研究所彭平安研究员、中国矿业大学李伍教授、中国石化石油勘探开发研究院黎茂稳研究员及美国欧道明大学毛景东教授的指导和帮助。中国科学院广州地球化学研究所刘金钟研究员、潘长春研究员、王云鹏研究员、廖泽文研究员、卢鸿研究员、田辉研究员、贾望鲁研究员、廖玉宏研究员，以及南京大学曹剑教授为本研究的开展和本书的编写提出了宝贵建议。蔡玉兰副研究员、詹兆文副研究员在采样过程中提供了帮助及在实验上提供了指导。张向云高级工程师、李勇工程师、何家卓工程师、纪随工程师、李鹏飞工程师、田彦宽工程师在实验检测工作中提供了帮助。广东海洋大学高苑老师，兰州大学曹怀仁老师，中国科学院广州地球化学研究所单云、孙佳楠、王遥平、石军等在样品制备、数据处理、图鉴绘制工作中提供了帮助。广东科学中心杨帆助理研究员在工作中提供了帮助。谨向以上给予帮助的单位和个人表示最诚挚的感谢！

限于编著者水平，书中定有不足之处，敬请专家、同行与广大读者批评指正。

编著者

2023年12月于广州

目 录

CONTENTS

第一章 引　言

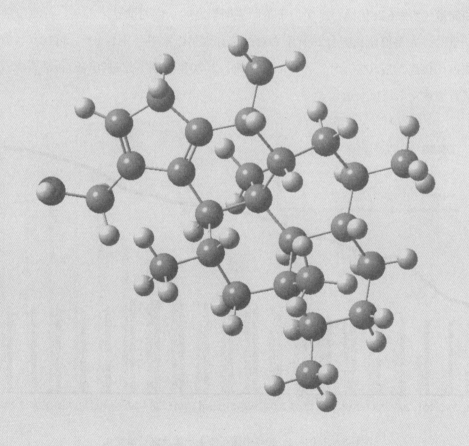

一、研究背景及研究意义

21世纪以来，在中国经济快速增长的大背景下，国内对石油等化石能源的需求持续增加。根据英国石油公司发布的《世界能源统计年鉴2020》，截至2019年，全世界范围内一次能源燃料占比中，煤炭、石油、天然气分列前三位。值得注意的是，石油的消耗量以33.1%的占比位列所有一次能源消耗之冠。根据国家统计局数据，中国的石油消耗量在2018—2019年快速增长，创2015年以来之最。截至2019年，中国石油消费量为1 410万桶/d，仅次于美国的1 940万桶/d，是第三大石油消费国印度的2.66倍（530万桶/d）。然而2019年国内石油产量为2.03亿t（约为12.77亿桶），排在俄罗斯（5.05亿t）、沙特阿拉伯（4.68亿t）、美国（2.39亿t）、伊朗（2.03亿t）之后，位列世界第五。并且中国2019年探明石油储量仅为256.20亿桶，排名位于哈萨克斯坦之后，位列世界第十三。石油产量/储量与消耗量的巨大差值使我国自2001年来对外依存度持续提升（图1-1）。近10年，我国进口原油占比接连越过50%、60%等石油安全线，2020年更创下超过70%的石油资源进口新高，"石油独立"任重而道远。

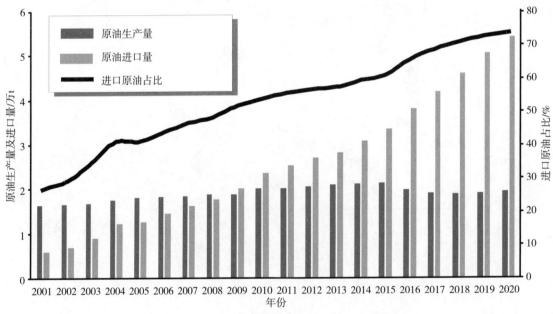

图1-1　2001—2020年中国石油生产量及进口量变化

（数据来源：国家统计局）

　　页岩油作为石油能源重要的补充部分，随着原位开采技术的提高，逐渐在北美及其他地区得到开采利用（金文革，2014；张威 等，2019）。美国与中国同为石油消费大国，根据美国能源部统计，2013年全美页岩油探明储量高达3 036亿t。其中，威利斯顿盆地巴肯组（Bakken）油页岩中可开采页岩油资源量约为570亿t，与沙特阿拉伯常规石油储量相当。2012年以来，美国加快页岩油开采步伐，在水力压裂法、蒸汽注入法及二氧化碳注入法等开采技术的支撑下，已形成威利斯顿盆地巴肯区带，二叠盆地的沃尔夫坎普（Wolfcamp）、博恩斯普林（Bone Spring）、斯普拉贝里（Sparberry）区带，伊格尔福特（Eagle Ford）区带，奈厄布拉勒（Niobrara）区带及伍德福德（Woodford）区带等诸多页岩油开采产区（钱伯章，2015；李世臻 等，2017；周庆凡 等，2019）。2017年全年页岩油产量占全美原油总产量近50%，2019年9月，美国石油出口量超过进口量，成为石油净出口国家。纵观1940—2020年美国原油产量变化（图1-2），2012—2013年前后在"页岩油革命"的推动下，美国原油产量快速增加，屡创历史新高，直到2020年受新冠疫情及全球油价影响，产量才有所回落（李富兵 等，2015；谢亮 等，2020；邹才能 等，2020）。在实现石油独立的同时，页岩油的开采还为美国提供了大量的就业岗位，据美国能源部统计，2008—2021年，油气钻井行业在全美共计创造170万个就业岗位，有效地缓解了2008年金融危机所带来的失业浪潮。

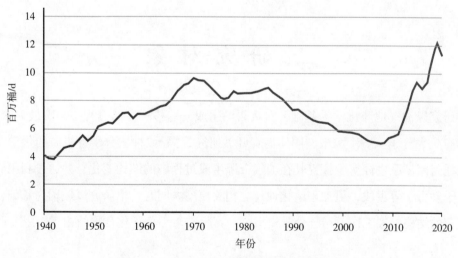

图1-2　1940—2020年美国原油产量变化

　　中国陆相页岩广布，跨越二叠系、三叠系、侏罗系、白垩系、古今系等多个地质时代（王倩楠 等，2019；胡素云 等，2020；王倩茹 等，2020）。目前已在松辽盆地、渤海湾盆地、鄂尔多斯盆地、四川盆地、准噶尔盆地、三塘湖盆地、柴达木盆地等区域开展大规模油页岩勘查工作，开展了大量的研究及工业试验（高健，2019；张欣 等，2019；刘招君 等，2020；李国欣 等，2020）。在广袤沉积盆地基础上，我国拥有巨大的油页岩资源潜力：据美国能源信息署（EIA）2015年估算，中国页岩油可开采资源量约为47.7亿t，而我国学者金之钧认为此估算明显偏低。根据我国第三轮全球油气资源评价结果，我国页岩油资源主要分布在东部地区和中西部地区，根据金之钧的计算，页岩油可开采量分别约为98.27亿t和84.69亿t（金之钧 等，2019）。在如此大的资源量之下，我国页岩油开采还处于试验阶段，整体开采量较低。因此，大力开展油页岩及页岩油的相关研究工作，对维护能源稳定、保障国家石油安全，有着重要意义。

干酪根作为石油资源的母质，有着较强的生烃能力和复杂的化学结构，厘清其结构特征与生烃能力、油气资源分布的关系有着重要意义。同时，干酪根、固体沥青等天然大分子有机质对烃类物质有着较强的束缚能力，在页岩油勘探开发的过程中，对油气资源的运移和赋存有着重要影响（侯读杰 等，2011）。而分子模拟作为研究有机质相互作用的工具，在烃源岩排烃及页岩油资源运移研究中有着广阔的应用前景。开展多类型、多演化阶段的大分子有机地质体分子模拟研究，不仅能够准确地反映该物质的化学结构特征，更能够为分子对接研究提供基础分子模型，揭示地质条件下固体有机质吸附烃类物质的作用机理，为页岩油资源勘探开发提供重要的理论支撑。

二、研究对象

本研究以油气地球化学为基础，对页岩油生成—运移—存储过程中影响最为密切的2种固体有机大分子——干酪根、固体沥青开展研究，揭示2种大分子有机质的化学结构组成，依托封闭体系生烃实验探究其在油气资源生成过程中的结构变化，并通过利用分子模拟、分子动力学等手段，更加理论化地建立相关模型。同时，本研究以琥珀为基础，开展胶质组分的结构模拟工作，结合分子模拟，计算胶质与小分子化合物的相互作用关系。

（一）干酪根

干酪根作为石油与天然气的母质，是油气地球化学研究中一种重要的有机大分子。Brown于1912年首次提出干酪根的概念，用来描述苏格兰油页岩在干馏过程中可以产生蜡状石油的有机质（傅家谟 等，1995）。Tissot等（1978）提出，干酪根是沉积岩中不溶于含水碱性溶剂及普通有机溶剂的有机部分。Durand于1980年将干酪根定义为不溶于常用有机试剂的所有沉积有机质，包括沉积岩、现代沉积物及土壤中的全部有机质。归纳诸多学者研究成果，干酪根拥有以下特点：一是为聚合态地质有机物；二是结构稳定不易破坏；三是赋存于沉积岩中。结合《沉积岩中干酪根分离方法》（GB/T 19144—2010）中干酪根制备流程的解释，本研究中采用Hunt（1979）归纳的干酪根定义：不溶于非氧化的酸、碱溶剂和有机试剂的沉积岩中全部分散有机质（图1-3）。

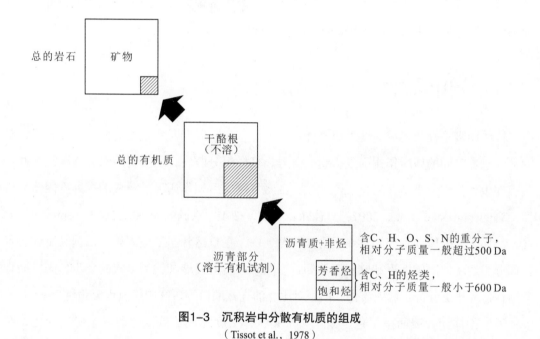

图1-3　沉积岩中分散有机质的组成
（Tissot et al.，1978）

　　纯净的干酪根从沉积岩中分离出来后，肉眼观察为褐色至黑色，在显微镜透射光下呈浅黄色至深褐色。干酪根一般为细小、多孔且硬度较低的非晶质颗粒，其折射率、相对密度等物理性质与煤、天然沥青等地质有机质类似（Vandenbroucke et al.，2007）。干酪根是地壳中丰度最高的有机碳存在形式，其有机碳含量比煤和储层石油丰富1 000倍，Weeks于1958年提出，地壳中的干酪根总量约为3×10^{15} t，约为石油储量的16 000倍，占地质体总有机质的95%，是沉积岩有机质中分布最广泛、最重要的一类有机质。同时，干酪根在高温条件下会发生裂解，是页岩油最重要的母质（Vandenbroucke et al.，2007）。

　　根据元素、结构及生烃产物等特点，主流观点中干酪根被分为3类。Ⅰ型干酪根主要来自藻类堆积物，也有可能是有机质经过细菌改造后所遗留下的类脂化合物堆积。Ⅰ型干酪根具有较高的H/C原子比（＞1.5），主要由脂链构成，包含少量的杂原子化合物及环数较少的芳环簇。高温裂解时生烃量较大，是生烃潜力最高的干酪根类型，但与其他干酪根相比，其在自然界中分布较少。Ⅱ型干酪根的来源是以海相浮游植物为主的浮游生物，H/C原子比适中（1.0～1.5），结构中脂链长度适中，芳香结构与含氧基团较Ⅰ型干酪根有所增加。生烃潜力适中，但仍是良好的页岩油母质，是海相沉积岩中最重要的干酪根类型，也是自然界中最常见的干酪根。Ⅲ型干酪根H/C原子比最低（＜1.0），含有大量的芳环簇堆叠结构，含氧基团数量明显增加，仅有少量的饱和烃短链连接在堆叠芳碳结构外侧。Ⅲ型干酪根主要源自陆生植物中的木质素、纤维素等物质，热解生烃能力较低，生油能力较弱，可成为生气母质（Vandenbroucke et al.，2007）。

（二）固体沥青

固体沥青是烃源岩成熟度处于"油窗"或"气窗"后期时的主要有机质存在形式，是原油经过长时间的地质作用而发生组分分异，轻质组分散失，而沥青质组分逐渐沉淀并富集，在生物作用、水洗、氧化、热蚀变、油藏气侵等后期作用下，形成的高纯度固体有机质（Vandenbroucke et al.，2007；Mastalerz et al.，2018；Rippen et al.，2013；Emmanuel et al.，2016）。固体沥青广泛存在于含油气盆地中，在自然状态下呈固体。根据其所处位置不同分为烃源岩固体沥青和储层固体沥青。随着学科的发展和检测方式的进步，固体沥青逐渐在盆地热史分析、盆地演化、油源对比、油气藏勘探等研究中扮演重要角色。

天然固体沥青表面呈黑色，断口对背壳状，密度随成熟度变化而发生明显变化，在"油窗"内的沥青密度可低至0.8 g/cm³，随着成熟度的增加，沥青内部H/C原子比逐渐减小，结构中的芳碳簇发生堆叠，高熟固体沥青密度可以达到1.7 g/cm³。在化学组成上，天然固体沥青主要由碳、氢2种元素组成，不同盆地出产的沥青含有不同比例的氮、氧、硫等杂原子。根据已有研究，多数天然固体沥青的碳含量均超过50%，部分样品碳含量甚至高达90%，而氢元素含量普遍在2%～17%波动，这说明固体沥青是一种纯度很高的天然有机地质体（Landis et al.，1995；Mastalerz et al.，2018）。

关于固体沥青的研究，学界更多地关注原油中沥青质组分的组成及物理化学性质（Wilson，2000；Hackley et al.，2016；Liu et al.，2020）。而由于固体沥青结构的复杂性，关于建立固体沥青化学结构模型的研究开展较少（Yen et al.，1961），研究人员们关于沥青分子结构模型的认识更多基于经典的Yen模型（Dickie et al.，1967；Mullins et al.，

2014）。但作为原油后期演化产物，天然固体沥青的化学结构对其自身研究及原油演化、成藏史、油藏储集层保护有着重要的意义。本项研究模拟了天然固体沥青的分子模型，并探究了自然条件及人工实验中不同成熟度固体沥青的结构演化规律。

（三）胶质

原油组分主要由饱和烃、芳烃、胶质及沥青质4个组分构成，其中饱和烃及芳烃化合物分子量较小，结构已被充分认识，沥青质组分经柱色谱分离后，室温状态下为固体，结构易于检测（Jewell et al.，1972；Jewell et al.，1974）。在自然状态下，胶质组分呈淡黄色至深黄色，易溶于有机试剂且组成复杂，除碳、氢元素外，胶质包含大量杂原子（氮、氧、硫）化合物（Pelet et al.，1986；Strachan et al.，1989）。相较于沥青质，胶质黏性更大，流动性更强，是影响原油黏度的关键组分，开展胶质的化学结构研究对原油的运移和开采具有重要意义，受到地球化学、能源工程和石油运移领域的广泛关注（Raymundo et al.，2002；Bondaletov et al.，2014；Aguiar et al.，2015；Lashkarbolooki et al.，2018；Song et al.，2020；Zhang et al.，2021；Pu et al.，2022）。特别是近年来，全球原油消耗量持续增加，传统的轻质油难以满足现有需求，世界范围内更加注重胶质组分含量更高的重油的开采与炼化研究（Yang et al.，2022）。

为了阐明树脂的微观结构特征，研究人员们对树脂的分子结构进行了一些研究。Bava通过X射线吸收近边结构（XANES）研究了树脂中不同类型的硫官能团，在胶质组分中检测到了丰富的硫化物、二硫化物，其中噻吩和亚砜的丰度较高。Klein等（2006）通过傅里叶变换离子回旋共振质谱（FT-ICR MS）研究了杂原子化合物在树脂中的分布，检测到了大量的含氮化合物（-N，-NO，-NS，$-NS_2$，-NOS，$-N_2$，$-N_2S$等多种类型）。然而XANES、FT-ICR MS等测试仅能得到部分化合物信息。核磁共振波谱（NMR）作为研究总体物质结构的重要分析方法，也被广泛应用于胶质结构检测中（Murgich et al.，1998；Murgich et al.，1999；Spyros et al.，2004；Coelho et al.，2006；Cheshkova et al.，2019）。胶质组分的胶态性质，导致固体核磁共振难以开展，而其组成的复杂性导致在液态核磁共振检测中无法被完全溶解，且受到溶剂峰的影响，这使得建立胶质的平均分子结构已经成为油气地球化学研究中较为紧迫的科学问题（Matuszewska et al.，2002；Coelho et al.，2006；Li et al.，2018）。在胶质化学结构研究的基础上，胶质、烃类及沥青质之间的相互作用也逐渐受到研究人员的关注（Ramirez et al.，2006；Castellano et al.，2011；

Mousavi et al.，2016）。在本次研究中，我们将以固态琥珀样品为基础，开展元素分析及固体核磁共振检测，建立平均分子模型。以此模型为基础，开展分子对接研究，探索胶质与其他石油组分的相互作用关系。

三、固体有机分子模拟研究现状

大分子有机质的分子模拟研究始于20世纪40年代的煤地质科学，并逐渐延伸到干酪根、固体沥青等油气资源领域。1942年，Fuchs和Sandhoff为了解释煤在热裂解实验中的产物而建立了第一个煤分子模型，该研究同时也建立了第一个有机大分子的平均化学结构模型。值得注意的是，此处提到的平均分子模型是指此类化学结构可以代表对应有机质的结构特征，而并不是真的完整地表达研究对象的化学结构。受限于有机大分子复杂的有机聚合物性质及难以准确确定的分子量，到目前为止，学者们也无法彻底还原其完整的化学结构，只能用平均分子结构代替（Vandenbroucke et al.，2007）。图1-4所示的是第一个烟煤平均分子模型，该模型具有规模较大的芳环簇，这一点与后人研究成果基本一致，并且还展示了在热解过程中可能断裂的化学键。

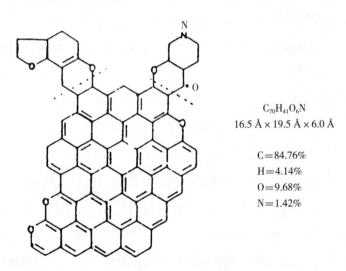

$C_{70}H_{41}O_6N$
16.5 Å × 19.5 Å × 6.0 Å

C＝84.76%
H＝4.14%
O＝9.68%
N＝1.42%

图1-4　烟煤平均分子模型

得益于X射线技术的进步，地质有机大分子结构研究于20世纪60年代进入了新阶段，Given（1960）建立了首个包含缩合度概念的煤分子模型，并且基于红外光谱和核磁共振技术探究了结构中含氧官能团的类型及数量（图1-5）。如图1-5所示，化学结构中芳碳较低的缩合度证明了煤分子的非平面特征，而立体的煤分子结构恰恰与分子尺度的微孔研究结果相吻合。另外，图中以氧为代表的杂原子较好地再现了天然样品中的多种官能团类型，并且在热解产物中也检测到了这些官能团碎片的存在。

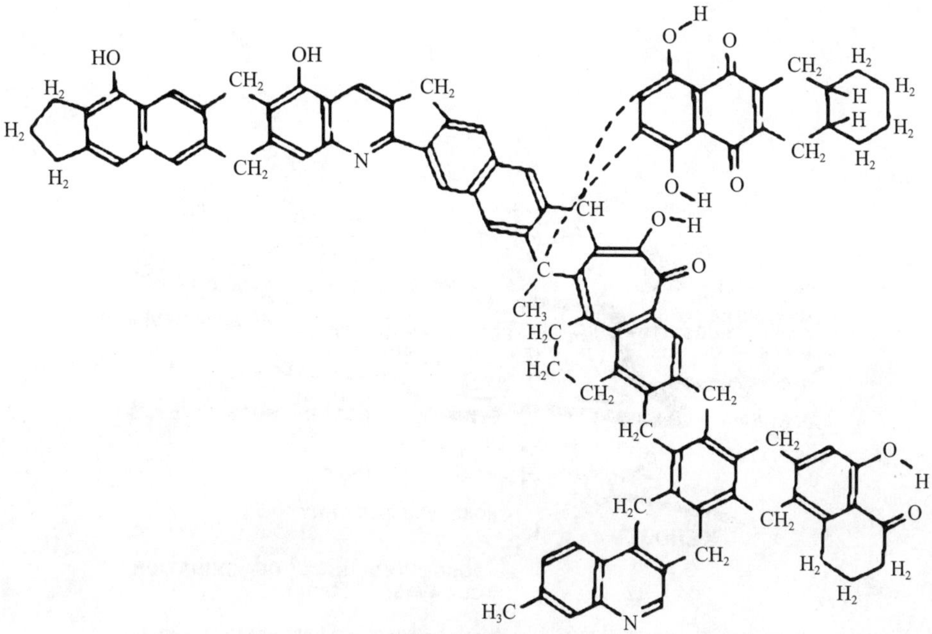

图1-5　烟煤的镜质组结构模型

在煤分子结构研究的基础上，1963年Forsman首次对干酪根化学结构开展了详细的研究并以此为依据将干酪根分为2类：煤型干酪根（coaly），由缩合度较高的芳环簇构成，其中芳环簇之间由醚、烷氧基和硫原子相连接，外围与芳核相连的官能团有羟基、甲氧基及酯化羧基等，其结构与煤较为相似；非煤型干酪根（non-coaly），结构主要由脂链构成，其中连接着少量环烷烃及单核芳环，此外，结构中还包括氧、氮、硫等杂原子基团（Forsman，1963）。尽管Forsman没有建立干酪根分子模型，但其所提出的干酪根结构研究方法，为化学结构的建立提供了理论基础（Vandenbroucke et al.，2007）。

化学降解作为研究干酪根结构的重要方法，较早地被应用到干酪根模型分子的建立工作中。Burlingame等（1969）以美国绿河油页岩干酪根为研究对象，建立了第一个干酪根分子模型（图1-6），这一化学结构并不代表完整的干酪根结构，仅由部分CrO_3氧化下所产生的干酪根团块所组成。Young等（1977）也根据化学降解的方法开展了干酪根结构的研究。Boucher等（1990）以RuO_4为氧化剂对英国上侏罗纪金默里吉泥岩干酪根中的芳碳部分进行优先氧化降解，通过气相色谱-质谱检测得到干酪根中的脂肪族结构。

Ishiwatari等（1983）通过该方法对现代藻类物质开展实验，得到了相似的结果。Scouten等（1989）根据化学降解方法得到的碎片物质，还原了澳大利亚朗德尔油页岩中有机质的化学结构模型，其分子量达到了30 000 Da。

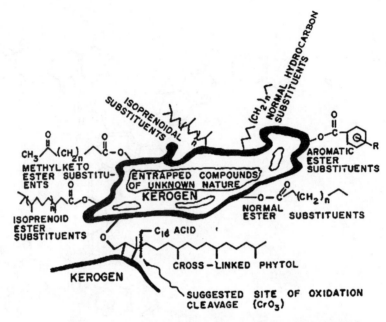

图1-6　绿河油页岩干酪根在CrO₃氧化作用下的部分团块结构特点

　　随着检测技术的进步，1976年，Yen以沥青质模型为基础，结合X射线衍射（XRD）、红外光谱、化学分析电子能谱法（ESCA）、电子自旋共振（ESR）等检测手段，建立了第一个绿河油页岩干酪根的化学结构模型（图1-7）。该模型分子式为$C_{235}H_{397}O_{13}N_3S_5$，相对分子量为3 627 Da。Robinson（1969）对绿河油页岩干酪根结构组成进行了定量描述，提出该区域干酪根平均分子式为$C_{215}H_{397}O_{13}N_5S$。秦匡宗（1986）提出了广东茂名油页岩干酪根的平均分子架构，这一模型基于热解聚-超临界溶剂抽提法，并结合元素分析、红外光谱、核磁共振、顺磁共振、X射线衍射等分析，确定干酪根模型分子式为$C_{302}H_{440}O_{23}N_6S_2$。计算了茂名干酪根平均分子模型中芳环簇的平均芳环数，提出芳碳簇在结构中的排布呈无规律聚集，但包含6环以上的芳碳簇逐渐具有平行层状聚集趋向。根据分子量测定，将分子模型的分子量控制在4 500 Da左右，这一分子量特点与Robinson和Yen建立的绿河油页岩干酪根分子质量处于同一数量级，初步确定了原始Ⅰ型干酪根平均分子的分子质量区间（秦匡宗，1986）。

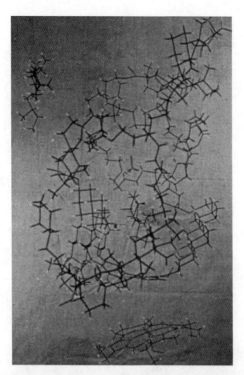

图1-7 绿河油页岩干酪根的化学结构模型

20世纪80—90年代，研究人员开始关注Ⅱ、Ⅲ型干酪根分子模型建立及干酪根在演化过程中的分子结构变化。Oberlin等（1980）开始尝试建立不同成熟度的Ⅱ型干酪根化学模型。随着核磁共振技术及X射线光电子能谱技术的发展，Behar等（1987）结合前人研究，对3种类型的干酪根分别在3个不同热演化阶段的化学结构开展了系统研究，并最终提出了详细的化学结构模型。其中，Ⅰ型干酪根以绿河油页岩为代表，Ⅱ型分别选择巴黎盆地托森页岩和德国里斯α页岩为代表，Ⅲ型干酪根则以喀麦隆杜阿拉盆地和印度尼西亚马哈坎三角洲泥岩为代表（Behar et al.，1987）。

图1-8为Behar等（1987）得到的不同成熟度Ⅱ型干酪根化学结构模型，从结构中可以看出，随着干酪根成熟度不断增加，结构模型中的脂链数量减少、长度缩短，而芳碳结构不断上升，芳碳簇环数增多且堆叠成层现象更加明显，这一认识与秦匡宗等（1985，1986）得到的结果相吻合。这3个热演化阶段分别代表成岩作用初期、深成作用初期和深成作用后期，干酪根分子模型的碳原子数量约1 500个，结构中选择性地表达了部分代表性生物标志物（如卟啉、甾烷、藿烷等），相对分子质量约为20 000 Da，该值与1980年Durand提出的干酪根平均分子量相近（20 000～25 000 Da）。

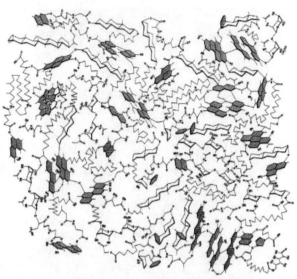

H/C＝1.34　O/C＝0.196　MW＝25 815

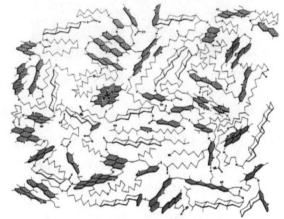

H/C＝1.25　O/C＝0.089　MW＝19 860

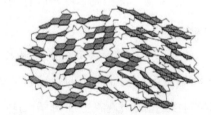

H/C＝0.73　O/C＝0.026　MW＝7 949

图1-8　不同成熟度Ⅱ型干酪根化学结构模型

　　Behar等（1987）的研究发现，干酪根杂原子官能团以含氧官能团为主，且随着成熟度演化而发生变化，其中Ⅰ型干酪根中含氧官能团以醚键为主，Ⅱ型以酯基为主，Ⅲ型以酚基、羟基、醌基和羧基为主。含氮官能团以胺基为主，且在成岩作用早期便发生脱落。而含硫官能团更多的是在沉积过程中，通过细菌作用结合到干酪根结构中。在二维干酪根分子模型研究过程中，基本流程遵循：以元素分析和固体核磁共振波谱（^{13}C Solid-NMR）为检测基础，选择合适的结构碎片和官能团进行连接，对建立的结构进行NMR计算并与干酪根核磁共振光谱进行对比，不断修正分子模型以减少计算图谱与检测图谱之间的差距，以提高分子模型的准确度。该流程基于核磁共振数据，能够准确地反映干酪根平均结构信息，成为后续相关研究的重要方法基础。

同一时期，Faulon等（1990）在二维结构的基础上提出了构建三维干酪根化学结构模型的方法，最初的三维结构构建首先以热解色谱、核磁共振、红外光谱等手段检测得到的部分结构数据为基础（未能识别的结构基于同类基团随机选用），以某一环簇为中心，用脂链与另一环簇相连接，而连接点同样为随机选取。构建过程中，三维大分子结构始终要保持正确的化学构型，即相邻化学键的键长、键角须与分子动力学数据相符。在此方法的基础上，Faulon等（1990）构建了马哈坎三角洲泥页岩Ⅲ型干酪根的三维分子模型。此方法虽然能够在分子动力学的基础上建立符合化学规范的干酪根分子模型，但受到技术手段的限制，不能完整地反映干酪根分子内原子间相互作用及分子间的作用力（Faulon et al.，1990）。因此，Carlson（1992）利用分子动力学计算了煤分子的最低能量三维结构，即最稳定结构，计算了结构中共价键、范德华键与氢键3种化学键的分布。他发现，低阶煤中以氢键占主要地位，而高阶煤中以范德华键为主（Carlson，1992）。

21世纪以来，研究人员建立了更多地区的干酪根结构模型，特别是我国不同地区的干酪根样品。Lille等（2003）建立了爱沙尼亚Kukersite干酪根结构模型。Wei等（2005）研究了新疆库车坳陷地区干酪根不同成熟度的结构变化特征。Tong等（2011，2016）研究了吉林桦甸盆地干酪根特征，建立了二维结构并进行了三维结构的优化。Wang（2017）基于傅里叶变换红外光谱、核磁共振、X射线衍射、X射线能谱、热解色谱等技术建立了黑龙江依兰盆地干酪根及甘肃窑街地区干酪根样品的平均分子结构。Gao等（2017）建立了人工热模拟下广东茂名油页岩Ⅰ型干酪根的结构演化模型。Huang等（2018）和Liang等（2020a）分别建立了华北地区东营凹陷干酪根人工热模拟演化下的平均分子结构。

近10年来，随着计算机技术的进步，以及Materials Studio、VASP、Gaussian等相关分子动力学软件的应用，分子动力学模拟和量子计算方法也被应用到地质体有机大分子研究中。Castellano等（2011）利用Gaussian 98软件开展了基于密度泛函理论（DFT）6-31+G基组的胶质-沥青质相互作用计算，分析了π键在石油组分间相互作用的影响；Zhao等（2017）研究了桦甸油页岩热解过程中的键裂解和自由基偶联；Katti等（2017）建立了蒙脱土钠分子与3D干酪根模型的分子相互作用模型，探究黏土矿物与干酪根分子间的相互作用；Guan等（2015）基于密度泛函理论将已有的桦甸油页岩干酪根优化为3D结构；Zhu等（2016）报道了在密度泛函理论下关于甲烷与干酪根吸附作用的计算结果；Lawal等（2020）计算了含水干酪根体系内干酪根分子与水分子的相互作用力。越来越多的研究表明，分子模拟在大分子有机质的研究中能够发挥重要作用，该技术手段不仅能够全面、可视化地反映大分子有机地质体的结构组成，而且能够为有机-无机、有机固-液等物质间相互作用研究提供基础模型，更好地模拟油气资源生成、排出、运移、富集、成藏过程，逐渐成为有机地球化学研究中的新热点。

第二章　样品与实验方法

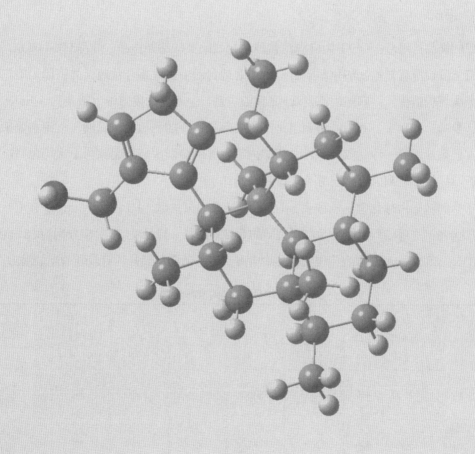

地质体中固体有机分子模拟与对接研究

一、样品来源及性质

研究选用的3个干酪根样品分别来自渤海湾盆地沾化凹陷、东营凹陷的钻井页岩岩心样品及准噶尔盆地西大龙口背斜部露头处芦草沟组泥页岩。研究中的天然固体沥青均采集自四川省广元地区天井山—矿山梁—碾子坝构造单元的地表出露沥青样品。研究选用的胶质样品选用吉林省珲春及辽宁省抚顺地区煤样中的琥珀颗粒。

（一）干酪根

1. 罗69

罗69样品（编号：L69）为渤海湾盆地沾化凹陷罗69钻井样品，井深3 064.08 m，为沙河街组三段烃源岩样品。沾化凹陷是位于华北地台的中生代叠合盆地，为济阳坳陷东北部的一个次级构造单元。凹陷内已发现8套含油层系，是重要的复式油气聚集区（Jiu et al.，2013；姜帅，2014）。其中，馆陶组是凹陷内部最主要的含油层，其油气资源主要来源为下部古近系沙四段—沙三段烃源岩。凹陷内部发育的多期次断层裂隙为下伏烃源岩产生的油气资源提供了便利的运移通道（朱德顺，2016）。

样品的基础地球化学信息如表2-1所示，烃源岩氢指数（HI）为495 mg/g TOC，样品 T_{max} 值为440℃，可以判断样品为富有机质的Ⅱ型干酪根。样品 S_1、S_2、S_3 分别为0.81 mg/g、157.53 mg/g和2.5 mg/g烃源岩，说明样品中含有一定量的滞留烃并拥有较强的生烃潜力。

表2-1　样品基础地球化学参数

	样品	TOC/%	T_{max}/℃	S_1/ (mg·g⁻¹)	S_2/ (mg·g⁻¹)	S_3/ (mg·g⁻¹)	HI (TOC)/ (mg·g⁻¹)	OI (TOC)/ (mg·g⁻¹)	PI	样品层位
干酪根	罗69	31.82	440	0.81	157.53	2.5	495	8	0.01	古近系沙河街组
	王161	40.22	436	12.08	287	*	714	*	0.04	古近系沙河街组

续表

样品		TOC/%	T_max/℃	S_1/ (mg·g^{-1})	S_2/ (mg·g^{-1})	S_3/ (mg·g^{-1})	HI (TOC)/ (mg·g^{-1})	OI (TOC)/ (mg·g^{-1})	PI	样品层位
固体沥青	青川火石岭	80.6	439	0.37	428.62	0.16	532	0	0	寒武系长江沟组
	青川青沟	47.32	433	0.8	321.34	0.12	679	0	0	寒武系长江沟组
	青川黄沙	50.4	425	0.79	112.06	0.39	222	1	0.01	泥盆系金宝石组
	青川金子山	61.78	435	0.95	64.48	0.51	104	1	0.01	泥盆系堆积围岩

注：表中"*"指未检测。

2. 王161

王161样品（编号：W161）采集自渤海湾盆地东营凹陷王161井的钻井样品，深度1 911.9 m，为沙四段烃源岩样品。东营凹陷是济阳坳陷的次级构造单元，面积约为5 700 km²，呈北东走向（王居峰，2005；郝雪峰 等，2016；Guo et al.，2012）。构造带内主要构造单元包括陡坡带、缓坡带及中央隆起带（孙波 等，2015）。其中，中央隆起带汇集大量油气资源，四周环绕的利津洼陷、民丰洼陷、牛庄洼陷和博兴洼陷均为生烃洼陷，拥有较强的生烃能力，洼陷向外分布多种序列分布完整的油藏（王鑫 等，2017）。样品基础地球化学参数如表2-1所示，烃源岩氢指数（HI）为714 mg/g TOC，样品T_max值为436℃，样品S_1、S_2分别为12.08 mg/g、287 mg/g烃源岩，干酪根类型为Ⅰ型干酪根。

3. 芦草沟组干酪根

芦草沟组样品（编号：LCG）采集自新疆准噶尔盆地吉木萨尔凹陷西大龙口背斜的露头样品，层位为中二叠统芦草沟组。吉木萨尔凹陷发育在中石炭统褶皱基地之上，其中油气资源丰富（冯乔 等，2017；单云 等，2018）。采样地大龙口位于新疆昌吉回族自治州吉木萨尔县，海西、印支、燕山和喜马拉雅构造运动均对该地区有着强烈的构造影响，形成如今的背斜构造单元。背斜核部岩性呈深灰色泥页岩夹薄层灰色砂岩（李婧婧 等，2009；彭雪峰 等，2012；庞建春 等，2015）。芦草沟组泥页岩有机质含量较高，是准噶尔盆地的主力烃源岩，生烃潜力大，为近海湖盆的半深–深湖相沉积（李成博 等，2006）。从芦草沟烃源岩中提取出的干酪根样品的基础地球化学参数显示，有机碳总量（TOC）为56.84%，氢指数（HI）为704 mg/g TOC，T_{max}值为435℃，可判定为Ⅰ型干酪根样品。其中，样品拥有较高的S_2值（400.31 mg/g），也说明了芦草沟组干酪根生烃潜力较大。

（二）固体沥青

研究中，固体沥青样品采集自四川盆地西北部广元地区，均为地表露头沥青样品。四川盆地是中国西南部的一个海相盆地，面积约为2.6×10^5 km²。盆地由西北坳陷、中央隆起和东南坳陷三大部分组成；它们被龙泉山和华蓥山断裂带分割（Ma et al.，2007）。该盆地包含震旦纪至第四纪完整的沉积层序，多层段含有机质（Ni et al.，2014；Dai et al.，2014）。研究人员们围绕四川盆地页岩油气开展了多项研究（Huang et al.，2015；Luo et al.，2019）。盆地基底由隐生代变质岩组成，主要为震旦系至三叠系厚海相地层，在海相地层之上的盆地顶部发现了陆相碎屑沉积物（Zou et al.，2014；Gao et al.，2016）。四川盆地位于扬子板块边缘，经历了复杂的地质运动，包含了多样化的地质构造，并且位于结构高点，包含有机产品迁移的有利途径，中层（海相）为油气的生成和聚集提供了良好的条件（Gao et al.，2016）。研究表明，震旦系至三叠系地层中发现了优质烃源岩（谢邦华等，2003；李艳霞 等，2007；黄第藩 等，2008）。由于晚三叠世的强烈构造活动，盆地西北部固态沥青暴露在地表（Wu et al.，2012），本研究中所使用的固体沥青样品均采集自该构造单元。

4个固体沥青样品：青川黄沙（编号：QCHS）样品采自中泥盆系金宝石组，青川金子山（编号：QCJZS）样品采自泥盆系堆积围岩，青川火石岭（编号：QCHSL）和青川青沟（编号：QCQG）样品均来自寒武系长江沟组。样品位置如图2-1所示（Liang et al.，2020b）。样品均来自天井山—矿山梁—碾子坝构造单元中，发育的构造裂隙使该地区地表出露大量的固体沥青，并且该地区有着同样丰富的油砂资源。

样品的层位及基础地球化学参数如表2-1所示，虽然4个样品空间分布跨度较小且位于同一构造单元中，但其性质及生烃潜力有着较大的区别。其中，青川火石岭固体沥青样品的S_2值为428.62 mg/g，HI值为532 mg/g TOC，在4个固体沥青样品中拥有最高的生烃潜力，因此选用该固体沥青样品开展人工热模拟生烃实验。

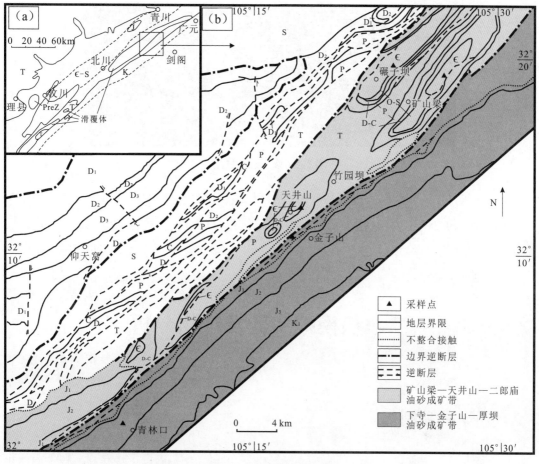

图2-1　固体沥青采样点

（三）胶质

　　胶质样品选用吉林省珲春及辽宁省抚顺地区煤样中的琥珀颗粒，由于琥珀源自天然树脂，与石油中的胶质结构较为相似，因此在本次研究中将其视为胶质的替代品，开展平均结构研究。将煤样碎至大块后，用镊子将琥珀颗粒逐个挑出（图2-2）。将挑出的琥珀颗粒研磨成小块并逐一筛选，去除黑色的煤样，保留黄色组分并研磨至120目备用。图2-2中a图为抚顺样品（编号：FS），b图为珲春样品（编号：HC）。研究多选用直径在3 mm以上且较为纯净的琥珀颗粒。

图2-2　煤及琥珀样品

　　研究同时将2组原始煤样进行粉碎后，利用二氯甲烷和甲醇的混合试剂（二氯甲烷与甲醇体积比为93∶7）进行抽提，得到其中的可溶组分后，进行柱色谱分离，得到可溶胶质组分备用。

二、热模拟实验及产物分析

（一）样品制备

1. 干酪根

　　将块状岩石样品用去离子水反复冲洗并用刷子刷掉表面的附着物，放入烘箱50℃烘干水分。将烘干后的块状样品用碎样机进行研磨，用200目（粒径小于0.075 mm）筛网筛选样品粉末，对粒径过大的样品进行反复研磨，直到所有岩石样品均小于目标粒径，顺利通过筛网。岩石粉末再进行50℃、4 h烘干处理，以二氯甲烷与甲醇混合试剂（二氯甲烷与甲醇体积比为93∶7）为抽提液，对岩石粉末进行索氏抽提，去除样品中可溶烃类物质。抽提水浴温度为50℃，直到抽提器中液体呈无色透明状时结束抽提，本研究中抽提时间为96 h（Liang et al., 2020a）。

　　抽提后的岩石样品从抽提器中取出，置于通风橱内，待试剂完全挥发后用玛瑙研钵将结块的粉末进行二次研磨。称取50 g样品置于500 mL抗腐蚀塑料瓶中，向瓶内加入6 mol/L的盐酸溶液，用聚四氟乙烯制作的搅拌棒不断搅拌，使盐酸与样品可以充分反应。然后将塑料瓶放置在80℃水浴锅中持续加热4 h，其间每隔1 h进行1次搅拌，以完全除去碳酸盐矿物。加热结束后以5 000 r/min的速度对塑料瓶进行离心10 min，倒出上部反应后剩余的盐酸溶液并继续加入盐酸溶液，重复上述过程3次，保证样品内的碳酸盐矿物完全反应。在最后一次倒出瓶内的盐酸溶液后，加入去离子水并离心，用去离子水置换瓶内剩余的盐酸直到瓶内的pH达7。

完成碳酸盐去除后，配制6～8 mol/L的氢氟酸溶液并加入塑料瓶中，在此之前先向瓶中加入少量的盐酸溶液，以保证碳酸盐矿物可以与盐酸完全反应。加入氢氟酸溶液后，用搅拌棒快速搅拌，这一过程会产生大量的气泡并释放较高的热量。在80℃水浴条件下对塑料瓶加热4 h，其间不断搅拌以加快氢氟酸与样品中Si—O键的反应速度，加热结束后以5 000 r/min的速度离心10 min并倒出反应剩余的氢氟酸溶液。为确保岩石粉末中的矿物与氢氟酸完全反应，重复这一过程3次，向瓶中加入去离子水，搅拌、离心使瓶中酸碱性再次到达中性后，完成酸处理过程。

将塑料瓶中剩余的固体倒出，在烘箱内50℃烘干8 h后，再次用体积比为93：7的二氯甲烷与甲醇的混合试剂进行索氏抽提，以去除岩石粉末中矿物吸附的可溶有机质。抽提水浴温度为50℃，直到抽提器内溶液呈无色透明状即可完成抽提（本研究中抽提时间为72 h）。在通风橱内把抽提后的固体粉末风干，用玛瑙研钵对结块的粉末样品进行研磨。

为去除干酪根中的黄铁矿及部分重矿物，配置溴化锌溶液对样品进行浮选。浮选液密度为1.7 g/cm³，将浮选液倒入量筒中，加入上述烘干的样品粉末，用玻璃棒进行快速搅拌，使样品与浮选液充分接触。静置24 h后，收集量筒中漂浮在溴化锌溶液上部的样品，在漏斗中用滤纸支撑样品，用去离子水对粉末进行反复冲洗，直到冲洗后的液体与硝酸银试剂混合后无沉淀产生，说明此时粉末中残留的溴化锌已被完全冲洗干净。收集滤纸上的剩余样品，在50℃烘箱内烘干水分，得到纯净的干酪根样品，并研磨过筛备用。

2. 固体沥青

由于盐酸与氢氟酸会与固体沥青发生反应，破坏其结构，并且固体沥青纯度较高，除表面外几乎没有矿物附着，因此，不对固体沥青进行酸处理。本研究中选块状固体沥青样品，去除块状样品所有表面部分，仅选用块体内部的沥青进行实验。

将选取的固体沥青进行粉碎、浮选、烘干、研磨，得到纯净的样品粉末备用，过程与干酪根对应处理流程一致（Liang et al.，2020b）。

（二）人工热模拟实验

研究中的人工热模拟实验利用高压釜–金管封闭体系热模拟实验完成，其设备工作原理及理论依据在相关文献中有详细描述（邹艳荣 等，1999；Jia et al.，2004；Pan et al.，2006；Wei et al.，2012；Jia et al.，2014）。将黄金加工成长60 mm、直径6 mm、厚0.25 mm的金管，将一端用氩弧焊焊接密封，从另一端装入适量的样品粉末。用氩气替代管中的空气后，再次用氩弧焊焊接黄金管的装样端，形成样品的封闭体系。对每根黄金管进行称重编号后，放入不同的高压釜中。所有高压釜连接到相同的高压管线上，使得釜内具有相同的压力又能独立控制釜内流体压力。实验过程中，将所有高压釜放入同一个马弗炉内，按照升温程序进行热模拟实验。高压釜内压力为50 MPa，压力变化幅度小于5 MPa。炉内温度为从室温（约25℃）升至300℃用时8 h，在300℃保留2 h后，按照2℃/h或20℃/h的升温速率持续升温至450℃。每当温度达到目标温度点时，关闭对应高压釜与高压水泵的开关，将高压釜从马弗炉内取出并用冷水进行淬火，使釜内黄金管快速降温，阻止热模拟实验持续进行。完成热模拟实验后，打开高压釜，取出对应黄金管后，对内部产物进行收集分析。

（三）热模拟实验产物分离与分析

热模拟实验后，黄金管中的产物依据其分子量大小和形态共分为4类：气态烃（C_1–C_5）、轻烃（C_6–C_{14}）、可溶组分（C_{14+}）及干酪根残渣。

1. 气态烃产物收集与分析

将密封的黄金管外部用有机试剂（常用正己烷、乙醇或二氯甲烷）擦洗干净后，放入连接到气相色谱仪的玻璃气体采集器中。用真空泵将采集器内空气抽出，在密封条件下用固定在采集器上的钢针将黄金管管壁扎破，使管内生成的有机气体逸出。待采集器内气压平衡后，将色谱仪的阀门打开，使气体进入色谱仪进行产物的定量分析。

研究中所使用的是Agilent公司6890型气相色谱仪、PoraPLOT Q型色谱柱，使用氦气为载气，外标定量法在线分析C_1–C_5 5种有机气体。色谱箱内温度初始定为50℃，恒温2 min，升温至190℃（升温速率为4℃/min），恒温15 min。

2. 轻烃产物收集与分析

将密封的黄金管外部用有机试剂（常用正己烷、乙醇或二氯甲烷）擦洗干净，放入液氮桶内冷冻10 min后，快速拿出并用剪刀剪破黄金管外壁，放入盛有4 mL正戊烷的8 mL细胞瓶中，瓶中加入n-$C_{24}D_{50}$作为定量分析的标样。用超声振荡仪对装有黄金管的细胞瓶超声振荡10 min，使黄金管内的轻烃组分能够充分地溶解在正戊烷中。之后，转移部分正戊烷进行定量分析。

轻烃的定量分析用Agilent公司7890A气相色谱仪，使用Varian硅熔融毛细柱。色谱箱内温度初始定为30℃，恒温5 min，第一阶段以3℃/min升温速率升至150℃，第二阶段以5℃/min升温速率升至290℃后，恒温15 min。

3. 可溶组分产物收集与分离

热模拟实验可溶组分产物指的是除气态烃和轻烃外能够溶解在有机试剂中的化合物。将密封的黄金管外部用有机试剂（常用正己烷、乙醇或二氯甲烷）擦洗干净后，用剪刀将黄金管均匀地剪成3段，此时要注意用滤纸包裹，以防止产物喷射。将黄金管及喷射的产物包入滤纸包中进行索氏抽提，抽提液为体积比为93∶7的二氯甲烷与甲醇混合试剂。抽提水浴温度为50℃，时间为72 h。待抽提完成后，利用旋转蒸发仪将底瓶中的有机试剂蒸发掉，用胶头滴管将抽提出的产物转移至恒重过的4 mL细胞瓶中，对产物进行恒重，计算可溶组分的总重。

恒重完成后，向细胞瓶中加入正己烷并放入超声振荡仪中超声振荡10 min后，放入离心机中，以3 000～5 000 r/min转速离心10 min，用滴管吸取细胞瓶内上部正己烷溶液转移至鸡心瓶，再向瓶中加入新的正己烷溶液进行超声振荡、离心。重复这一过程3次，其间所有转移出的正己烷溶液可合并在同一个鸡心瓶中。细胞瓶底部剩余不溶于正己烷的固体即为可溶组分中的沥青质组分。

选取玻璃质层析柱，有效柱长150 mm，柱内径7～10 mm，层析柱被安装在温度为10～30℃、湿度低于70%的通风橱中进行柱色谱分离。在层析柱底部铺垫少量脱脂棉，防止填充物掉落。向柱内依次加入层析硅胶和中性氧化铝粉末，二者占有效柱长的体积比为2∶1。轻敲柱壁使填充物分布均匀后，淋入适量正己烷润洗填充物。利用旋转蒸发仪将鸡心瓶中的正己烷试剂挥发至剩余2～3 mL，待润洗的正己烷完全进入填充物时，将溶解有样品的正己烷溶液转移入层析柱。依次用60 mL正己烷、二氯甲烷与正己烷混合试剂（体积比为2∶1）及二氯甲烷与甲醇混合试剂（体积比为1∶1）淋洗层析柱，3种淋洗液中可分别收集到饱和烃、芳烃、胶质组分。将3种淋洗液中的试剂用旋转蒸发仪挥发，并与沥青质分别转移至不同的4 mL细胞瓶中恒重，可得到产物C_{14+}中4个组分的含量。

4. 干酪根残渣产物收集

将上述抽提后滤纸包内的黄金管及所有固体物质转移至8 mL细胞瓶中，加入正己烷进行超声处理，直至附着在黄金管管壁的固体物质全部脱落，再用正己烷试剂反复冲洗黄金管，确保没有固体物质残留。在通风橱内挥发掉细胞瓶中的正己烷试剂后，剩余的固体为干酪根残渣。将残渣恒重并研磨成粉，进行后续检测。

三、检测分析与分子模拟方法

本节主要介绍研究中针对烃源岩、干酪根、固体沥青及热模拟实验残渣所开展的仪器检测及分子模拟软件方法。

（一）仪器分析

1. Rock-Eval

Rock-Eval是评价岩石及相关有机物地球化学性质的重要方法，在以往研究中被广泛地应用于评价烃源岩的生烃能力（Vandenbroucke et al.，2007）。本研究中使用的仪器选用法国万齐公司Rock-Eval Ⅵ型设备。使用时称取少量的样品粉末置于坩埚中，一般情况下，烃源岩样品称取60～100 mg，有机碳含量越高，样品需求越少。将坩埚放入样品盘中，仪器自动完成检测并显示数据。实验过程中，炉内温度从室温升至300℃用时3 min，使样品充分释放残留的烃类物质，而后以25℃/min升温速率升至650℃，使样品中有机物充分裂解，这一过程在氮气保护下完成，样品不会发生氧化。2个阶段的产物均用火焰离子化检测器（FID）进行检测，第一升温阶段产物在结果中记作S_1，代表样品中残留的烃类物质；第二升温阶段产物在结果中记为S_2，为样品中有机质发生裂解所产生的烃类物质。T_{max}代表S_2峰最高点的温度，即生烃高峰温度。之后，样品进入氧化炉，在空气中由400℃加热到850℃，由在线红外检测器检测释放的CO与CO_2气体，在结果中记为S_3（Behar et al.，2001；Duan et al.，2018）。

2. 元素分析

元素分析用Elementar Vario EL CUBE元素检测仪检测样品的碳（C）、氢（H）、氮（N）、硫（S）元素的相对含量。称取少量的样品放入锡舟内包紧，放入样品盘中，再放入炉内，并在有氧条件下加热到950℃，此时C、H、N、S分别被氧化为CO_2、H_2O、N_2和SO_2，产物由热导检测器（TCD）进行检测并计算每种元素的含量。氧（O）元素由Elementar Vario EL Ⅲ元素分析仪进行测试，样品在炉内被加热到1 150℃后，生成CO，再由TCD检测CO产量并计算O元素含量。

3. X射线光电子能谱检测

X射线光电子能谱（XPS）检测是检测电子材料及复杂化合物元素组成和含量、化学状态、分子结构、化学键方面的重要方法，被广泛应用在有机质中元素及相关官能团含量的检测中（Given et al.，1984；Kelemen et al.，1990；Kelemen et al.，2002；Pietrzak et al.，2006）。XPS技术具有高精度、相邻元素影响低及定量分析等优势，但受困于原理，无法对H、He 2种元素进行检测。本研究中引入XPS技术作为检测大分子有机质元素含量及官能团比例的手段，与传统方法进行对比，寻找更适合该研究目的的实验流程。

XPS分析在英国Thermo Fisher Scientific公司K–Alpha X射线光电子能谱仪（K–Alpha X–ray photoelectron spectrometer）上完成，搭载AI Kα X–ray（1 468.6 eV）射线源。将样品粉末均匀贴在样品板上并放入分析室，测试开始时将分析室内抽至真空（$< 5 \times 10^{-8}$ mbar）。分析光谱保持在0～1 350 eV，使用400 μm的X射线光斑尺寸，宽扫描的通过能量为100 eV，单个元素的通过能量为30 eV（Liu et al.，2016）。研究中检测C、N、O、S 4种元素的相对含量及官能团占比。

4. ^{13}C固体核磁共振波谱检测

^{13}C固体核磁共振波谱（^{13}C Solid–NMR）检测是检测复杂有机质化学结构的重要方法，也是本次研究中占比最高的检测分析手段。NMR在近十几年来被极广泛地应用到干酪根、固体沥青、沉积物等天然有机质的化学结构研究中（Dennis et al.，1982；Solum et al.，2001；Clough et al.，2015；Duan et al.，2018），传统检测方法^{13}C交叉极化/魔角旋转

（CP/MAS）在检测中占有很高的比重，但由于干酪根等大分子地质体的结构复杂性、旋转边带效应、基线扭曲，以及对于非质子碳和甲基及移动亚甲基中的碳极化效率较低等问题的影响，使得仅通过该方法难以完整地定量检测出结构中所有的碳原子组成形式（Mao et al.，2010）。直接极化/魔角旋转（DP/MAS）技术被引入该研究领域，这一方法可以有效避免CP/MAS技术的缺陷，并利用交叉极化/自旋晶格弛豫–总边带抑制（CP/T_1–TOSS）技术测定 ^{13}C 的自旋–晶格纵向弛豫时间（T_1C），每2次扫描间隔循环延迟5 T_1C，以确保≥95%的碳原子核站点放宽。

固体核磁共振检测在布鲁克公司AVANGE Ⅲ 400 MHz仪器完成，应用DP/MAS程序，3.2 mm固体探头，旋转速度为14 000 Hz，延迟时间为50 s。之后对核磁共振谱图进行分峰处理，计算每个官能团的相对含量，建立碳–氢骨架的分子模型。

5. 基质辅助激光解析电离飞行时间质谱检测

基质辅助激光解析电离飞行时间质谱（MALDI–TOF MS）检测是近些年发展起来的新型软电离有机质谱，其在基质辅助电离的基础上，依据质荷比（m/z）的不同来区分化合物，并测得样品分子的分子量，被广泛应用于化学、生物医学、材料科学、环境科学等研究领域（Christ et al.，2017；Ashfaq et al.，2019；Parashar et al.，2022；Tang et al.，2022）。MALDI–TOF MS技术能够对10 000 Da分子量以下的化合物实现较为准确的识别，最大检测质量范围可达500 000 Da。目前该检测技术在石油及化石能源领域应用较少，存在较多研究空白。

本次研究使用AB SCIEX公司TOF/TOF 5800型号设备开展相关检测，测试在正离子模式下分析胶质分子量分布，MALDI载物台在连续运动模式下操作，本次研究质量范围为100～4 000 Da。

6. 傅里叶变换红外光谱检测

傅里叶变换红外光谱（FT–IR）检测是分析化合物化学结构信息的重要手段，通过检测不同结构单元对红外光的吸收率实现官能团的定性研究，被广泛应用于地质样品的检测中（Lis et al.，2005；Alstadt et al.，2012）。红外光谱的检测范围被分为3个区域，即近红外区（128 000～4 000 cm^{-1}）、中红外区（4 000～400 cm^{-1}）和远红外区（400～10 cm^{-1}），可根据官能团在不同信号区的吸收位置，判断官能团类型。

本次研究中对琥珀固体采用岛津公司的SHIMADZU IR Affinity–1型傅里叶变换红外光

谱仪进行实验，光谱范围为4 000～400 cm^{-1}，分辨率为0.24 cm^{-1}。对胶质组分采用布鲁克公司Vertex-70V型傅里叶变换红外光谱仪进行实验，采用溴化钾压片方式进行测量，光谱范围为4 000～400 cm^{-1}，扫描次数为64，分辨率为4 cm^{-1}。

（二）分子模拟方法

有机大分子建模是个细致而又复杂、烦琐的过程，需要多个软件相互配合使用。经过几年的研究，探索了有机大分子建模及其相互作用的分子模拟方法。

根据元素分析和NMR检测结果，用ACD（ACD/Labs，2016）建立有机大分子的2D分子模型，后使用软件gNMR（IvorySoft）计算2D分子模型的化学位移，模拟其核磁共振图谱。通过对比模拟与检测核磁共振图谱的差异，不断修改分子模型，逐渐提高模拟图谱与检测图谱的一致性，从而提高分子模型的准确程度（Gao et al.，2017；Huang et al.，2018）。

建立2D分子模型后，利用Gaussian和GaussianView软件对模型进行3D优化，计算三维空间内分子模型势能最低状态。3D模型优化完成后，利用AutoDock软件计算有机大分子地质体分子与烃类物质等小分子的相互作用关系（Liang et al.，2021）。

四、技术路线与主要工作量

（一）研究内容

以东营凹陷王161井岩心Ⅰ型干酪根、沾化凹陷罗69井岩心Ⅱ型干酪根、准噶尔盆地芦草沟组Ⅰ型干酪根、四川盆地广元地区地表天然固体沥青、珲春及抚顺煤样中的琥珀及胶质为研究对象，开展人工热模拟实验，收集并检测生烃产物，探究干酪根及固体沥青生烃规律。对所有干酪根及固体沥青残渣进行元素组成及化学结构分析，根据元素分析、X射线光电子能谱检测、固体核磁共振检测等结果，建立了干酪根、固体沥青热演化过程中的系列结构模型。对胶质样品开展飞行时间质谱分析，得到其分子量分布范围，对琥珀样品开展固体核磁共振及元素分析，并以此为基础建立二维分子模型。通过优化，完成所有

3D模型的建立，并利用软件计算有机大分子地质体与烃类化合物之间吉布斯自由能的分布，探讨固-液有机质相互作用的化学机理。具体研究内容如下。

①采集并完成样品的前处理工作，对样品原样进行Rock-Eval热解测试，初步确定干酪根样品性质，评价样品生烃类型及生烃潜力；对固体沥青样品进行粗略分类，确定选用进行人工热模拟的大分子有机地质体样品；对胶质及琥珀样品进行制备分离。

②对王161、罗69、芦草沟3个干酪根样品，以青川火石岭、青川青沟、青川黄沙、青川金子山4个固体沥青样品进行封闭体系的人工热模拟实验，收集气态烃、轻烃、可溶组分及固体残渣产物，用相应技术手段进行分析。对照前人研究，总结样品的生烃规律，对固体沥青样品的生烃阶段进行划分。

③对封闭体系人工热模拟实验后的固体残渣部分进行元素分析、XPS分析、^{13}C NMR分析，得到生烃过程中干酪根及固体沥青的元素组成，以及化学结构随热演化阶段提高的变化规律。依据检测结果，建立相关化学结构计算参数，准确判断大分子地质有机体结构变化特征，预测相关样品在自然条件下的变化规律；对胶质样品开展飞行时间质谱分析，得到分子量特征，对琥珀样品开展元素分析、^{13}C NMR分析，得到其结构特征。

④根据检测结果，通过模拟软件建立一系列大分子有机地质体热演化过程中2D-3D化学结构模型。可视化图形的方法更加准确地反映地质条件下生烃过程中固体有机质结构的变化，并为后续的固-液有机质相互作用研究提供大分子化学结构基础。

⑤通过分子对接技术，计算大分子固体有机质与小分子化合物间的吉布斯自由能分布，分析其相互作用机理；同时计算胶质与饱和烃、芳烃及沥青质化合物分子间能量分布，探究可溶组分分子间相互作用情况。

此外，研究还以四川盆地广元地区多个天然固体沥青为例，通过研究其化学结构特点，建立结构模型并搭配同位素检测结果，为该地区固体沥青来源提供了新证据，用化学结构的方法解决实际地质问题。

（二）技术路线

以有机质3D结构为基础，开展大分子固体有机质与小分子烃类化合物的分子对接研究，探究固-液有机质相互作用的化学机理，为烃源岩生排烃研究，以及油气资源的运移与富集提供重要的理论依据。具体研究技术路线如图2-3所示。

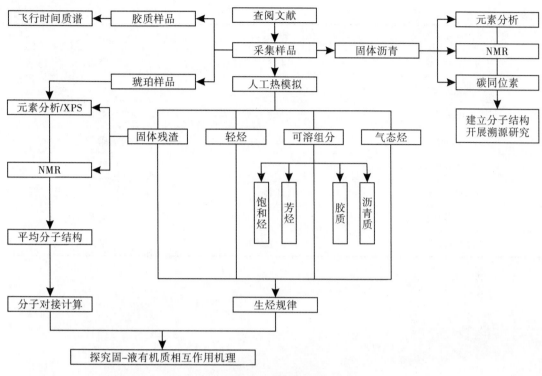

图2-3　技术路线

（三）主要工作量

本次研究主要工作分为3个部分：样品采集与前处理、生烃实验及相关检测、分子模型建立及对接研究。具体工作量见表2-2。

表2-2　本研究主要工作量

分析项目	工作量	完成人
样品采集制备	9个	梁天、单云
Rock-Eval	7个	梁天
黄金管热模拟	195根	梁天、单云
索氏抽提	46次	梁天
气体成分检测	32个	梁天
轻烃检测	32个	梁天
沉淀沥青质	43个	梁天

续表

分析项目	工作量	完成人
族组分分离	45个	梁天
元素分析	48个	梁天
XPS分析	24个	梁天
NMR分析	48个	梁天
MALDI-TOF MS分析	2个	梁天
建立二维分子模型	31个	梁天
建立三维分子模型	18个（约2 000 h）	梁天
分子对接计算	300次（约250 h）	梁天

第三章　封闭体系
人工热模拟实验及产物特征

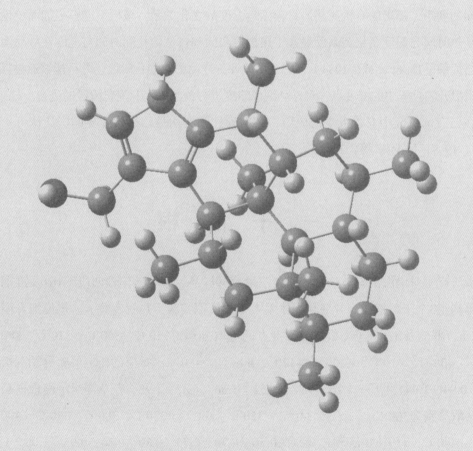

封闭体系人工热模拟实验能够更加准确地反映有机物在地质条件下的生烃过程，干酪根在地质条件下受热会发生裂解，其中气态烃产物为天然气主要来源，而液态烃部分经过运移、成藏作用后形成石油资源。固体沥青作为石油运移过程中轻质组分挥发、沥青质组分氧化后形成的天然大分子有机质，其本身有着较高的工业价值。同时，固体沥青作为石油资源的衍生物，具有较高的生烃能力，在地质作用下依旧能发生裂解作用，产生烃类物质，成为石油、天然气资源的重要补充。在有机质生烃过程中，大量链烷烃和部分含芳环官能团发生脱落，形成烃类物质，使原有的结构发生断裂。同时，在高温高压的作用下，部分已经脱落的化合物及相邻的有机大分子之间会发生缩合反应，再次聚合成新的大分子有机质。断裂和缩合反应伴随着热演化的全过程，因此开展分子模拟工作，能够直观地研究热演化过程中分子变化的全貌，有力地推动油气地球化学的理论进步。

为准确反映样品热演化进程，研究中依据热模拟实验的温度变化，选用Easy%R_o作为成熟度评价体系。Easy%R_o是Sweeney 等（1990）针对大量样品镜质体反射率与埋藏时间和温度之间的联系，提出的有机质热演化程度与温度的变化关系。该模型能够更加简单地通过样品受热时间与温度变化关系反映人工热模拟实验和自然演化间时间与温度在样品演化中的补偿关系（Tissot et al.，1984），更方便地评价样品的热演化阶段，并且能够通过控制人工热模拟升温过程中的温度点，对样品的成熟度进行预测，控制演化阶段的进行。Easy%R_o模型在已有的研究中有着大量的应用，其准确性和实用性已得到业界的广泛认可（邹艳荣 等，1999；付少英 等，2002）。

一、干　酪　根

本研究中对渤海湾盆地沾化凹陷沙三段罗69样品、东营凹陷沙四段王161及准噶尔盆地芦草沟组3个干酪根样品开展封闭体系人工热模拟实验（热解实验）。热模拟升温速率为2℃/h，罗69及王161干酪根样品温度点的选取分别为350℃、360℃、370℃、380℃、390℃、400℃、410℃、420℃、430℃、440℃、450℃，对应的Easy%R_o分别为0.80、0.86、0.94、1.04、1.15、1.26、1.38、1.52、1.66、1.82、1.98。芦草沟组干酪根样品温度点的选取分别为300℃、330℃、340℃、350℃、360℃、370℃、380℃、390℃、400℃、420℃、440℃，对应的Easy%R_o分别为0.56、0.70、0.75、0.80、0.86、0.95、1.05、1.16、1.27、1.54、1.82。对干酪根每个样品点的气态烃、可溶组分及干酪根残渣进行收集并称量，得到产物在生烃过程中的主要变化（单云 等，2018；Huang et al.，2018；Liang et al.，2020a）。

（一）沾化凹陷沙三段干酪根生烃演化

1. 气态烃变化

罗69样品热解实验中气态烃相对占比随成熟度变化情况见图3-1，不同烃类气体在相同成熟度下相对占比情况如图3-2所示，相关数据如表3-1所示。

干酪根生烃过程中的气态烃产物被分为甲烷、乙烷、丙烷、丁烷+戊烷4个部分，由于丁烷和戊烷的产量相对较低，因此合并在一起进行分析。如图3-1所示，罗69干酪根样品在人工热模拟生烃过程中，4种气态烃的占比均随着成熟度的上升而增加。甲烷在实验初期（$Easy\%R_o = 0.80$）的相对比例仅为0.461 mg/g干酪根，而当$Easy\%R_o$达到1.98时，甲烷相对比例增加到30.932 mg/g干酪根，4个组分的气态烃相对比例均符合这一上升规律。此外，罗69气态烃的占比在增长过程中分为2个明显的阶段：$Easy\%R_o$在0.80～0.94，气态烃占比增长较慢，处于低速增长阶段；$Easy\%R_o = 1.04$之后，该值增速明显上升，4个组分的气体产量明显增大。

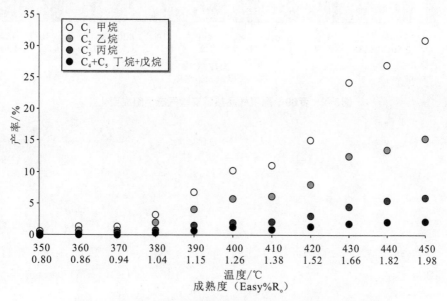

图3-1　罗69干酪根样品热解实验气态烃占比与$Easy\%R_o$关系

图3-2为4个组分的气体在同一成熟度的相对占比。从图中可知，甲烷在整个热解过程中，占比始终高于50%，是丰度最高的气态烃化合物。其相对比例仅出现过小幅波动：在Easy%R_o = 1.04时甲烷相对占比为51.03%，为热解过程中的最低值。该成熟度下，乙烷、丙烷、丁烷+戊烷的相对比例几乎都达到峰值，分别为31.04%、12.21%和5.72%。当热解过程持续进行，甲烷的相对占比持续升高，与之对应的是其他气体的减少。其中，乙烷、丙烷的降低幅度较小，到实验结束时，这2种气体在气态烃中的相对丰度相较于高峰时仅降低了约10%，而丁烷+戊烷的下降速度较快，当成熟度为1.98时，这2种气体的相对占比相较于1.04时的峰值减少了30%以上。

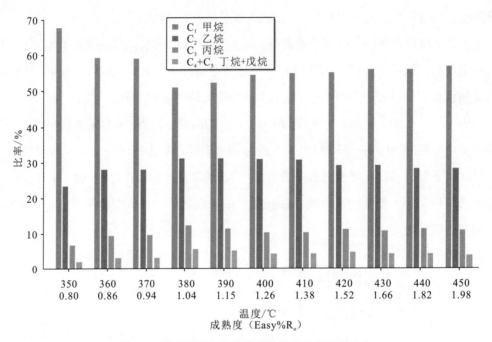

图3-2　罗69干酪根样品热解实验气态烃组成变化

表3-1 罗69及王161干酪根生烃实验气态烃产物占比

样品	Easy%R_o	温度/℃	甲烷（干酪根）/（mg·g⁻¹）	乙烷（干酪根）/（mg·g⁻¹）	丙烷（干酪根）/（mg·g⁻¹）	丁烷+戊烷（干酪根）/（mg·g⁻¹）	甲烷/%	乙烷/%	丙烷/%	丁烷+戊烷/%
L1	0.80	350	0.461	0.158	0.045	0.015	67.86	23.30	6.65	2.19
L2	0.86	360	1.289	0.606	0.206	0.069	59.41	27.93	9.48	3.18
L3	0.94	370	1.265	0.600	0.206	0.067	59.17	28.06	9.65	3.13
L4	1.04	380	3.190	1.940	0.763	0.358	51.03	31.04	12.21	5.72
L5	1.15	390	6.776	4.039	1.488	0.660	52.27	31.16	11.48	5.09
L6	1.26	400	10.195	5.762	1.927	0.806	54.55	30.83	10.31	4.31
L7	1.38	410	11.015	6.140	2.071	0.849	54.87	30.58	10.32	4.23
L8	1.52	420	15.007	7.947	3.010	1.273	55.10	29.18	11.05	4.67
L9	1.66	430	24.248	12.523	4.580	1.813	56.18	29.01	10.61	4.20
L10	1.82	440	26.970	13.515	5.481	2.043	56.18	28.15	11.42	4.26
L11	1.98	450	30.932	15.360	5.953	2.151	56.86	28.24	10.94	3.95
W1	0.80	350	2.150	1.726	0.390	0.337	46.71	37.49	8.48	7.32
W2	0.86	360	4.450	2.291	0.876	0.365	55.75	28.70	10.98	4.57
W3	0.94	370	7.047	3.688	1.341	0.532	55.89	29.25	10.63	4.22
W4	1.04	380	8.020	4.233	1.498	0.578	55.97	29.54	10.46	4.03
W5	1.15	390	11.854	6.304	2.179	0.820	56.03	29.79	10.30	3.88
W6	1.26	400	14.496	7.517	2.600	0.979	56.64	29.37	10.16	3.83
W7	1.38	410	16.219	8.299	2.992	1.131	56.63	28.97	10.45	3.95
W8	1.52	420	20.890	10.250	3.872	1.399	57.37	28.15	10.63	3.84
W9	1.66	430	28.468	14.118	6.143	2.305	55.78	27.66	12.04	4.52
W10	1.82	440	34.218	17.091	6.933	2.115	56.69	28.32	11.49	3.50
W11	1.98	450	38.398	19.672	8.597	2.493	55.52	28.44	12.43	3.61

注：表格统计的数据对原始数据进行了数值修约，存在数值修约误差。

2. 可溶组分变化

罗69干酪根可溶组分（C_{14+}）的占比变化如图3-3所示，该部分产物由饱和烃、芳烃、胶质、沥青质4个组分组成。在热解过程中，可溶组分的占比同样分为2个阶段：从原始干酪根到Easy%R_o = 1.04阶段内，可溶组分的占比在持续上升，达到184.29 mg/g干酪根，此时干酪根达到生油高峰；当Easy%R_o越过该点后，可溶组分占比持续降低直到热解实验结束，这一变化与气态烃占比变化规律一致。

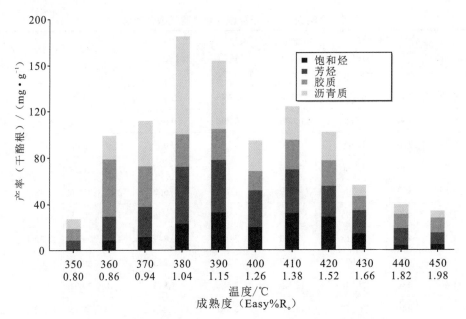

图3-3　罗69干酪根样品热解实验可溶组分占比与Easy%R。关系

随着成熟度的变化，各个组分的相对含量也在发生变化。如图3-4所示，在热解过程中，烃类物质（饱和烃+芳烃）的占比在可溶组分中呈波动变化，在热解前期烃类物质在 C_{14+} 产物中的占比持续上升，而在热解作用的后半段，呈现下降趋势，此时胶质与沥青质的相对含量出现上升。这一现象与不同组分在热解过程中的裂解情况有关。

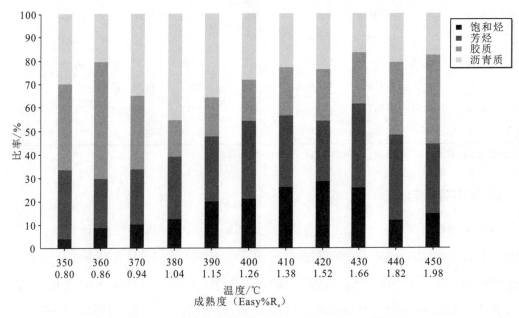

图3-4　罗69干酪根样品热解实验各可溶组分相对占比变化

3. 剩余干酪根变化

表3-2中展示了封闭体系下热解实验中剩余干酪根的变化，罗69干酪根样品在Easy%R$_o$=1.15时，大约在生油高峰附近，剩余干酪最少，仅为56.72%，仅有一半左右的原始干酪根转化为残渣保留下来，而随着实验的进行，剩余干酪根的转化率持续上升，最终达到66.77%。这说明，在热解实验前期，干酪根以裂解作用为主，干酪根结构中大量官能团发生脱落，剩余干酪根的占比持续降低；之后，缩合作用开始占据主导地位，使剩余干酪根的占比持续上升。

表3-2　罗69及王161干酪根生烃实验可溶组分产物

样品	Easy%R$_o$	温度/℃	饱和烃（干酪根）/（mg·g^{-1}）	芳烃（干酪根）/（mg·g^{-1}）	胶质（干酪根）/（mg·g^{-1}）	沥青质（干酪根）/（mg·g^{-1}）	饱和烃/%	芳烃/%	胶质/%	沥青质/%	残渣转化率/%
L1	0.80	350	1.196	7.955	9.879	8.163	4.40	29.25	36.33	30.02	82.41
L2	0.86	360	8.892	20.501	49.468	20.394	8.96	20.65	49.84	20.55	80.29
L3	0.94	370	11.670	26.410	34.804	39.154	10.42	23.57	31.06	34.95	70.39
L4	1.04	380	23.352	48.878	28.154	83.906	12.67	26.52	15.28	45.53	64.00
L5	1.15	390	32.733	45.226	27.019	58.396	20.04	27.68	16.54	35.74	56.72
L6	1.26	400	20.151	31.457	16.583	26.834	21.21	33.10	17.45	28.24	61.24
L7	1.38	410	32.443	37.566	25.561	28.459	26.16	30.29	20.61	22.95	62.28
L8	1.52	420	29.106	26.553	22.185	24.394	28.47	25.97	21.70	23.86	65.36
L9	1.66	430	14.515	20.029	12.226	9.364	25.86	35.68	21.78	16.68	65.89
L10	1.82	440	4.795	14.290	12.268	8.226	12.11	36.10	31.00	20.78	65.46
L11	1.98	450	5.077	10.062	12.923	6.000	14.91	29.54	37.94	17.62	66.77
W1	0.80	350	25.045	21.737	39.588	174.420	9.60	8.34	15.18	66.88	19.59
W2	0.86	360	46.718	16.065	41.638	179.316	16.47	5.66	14.67	63.20	49.33
W3	0.94	370	32.971	46.248	40.412	133.800	13.01	18.25	15.95	52.80	55.68
W4	1.04	380	39.487	47.660	37.466	85.255	18.82	22.71	17.85	40.62	58.59
W5	1.15	390	43.478	36.157	29.511	51.250	27.11	22.54	18.40	31.95	57.26
W6	1.26	400	39.195	30.553	25.400	27.996	31.83	24.81	20.63	22.73	57.95
W7	1.38	410	36.803	27.528	15.195	40.503	30.66	22.93	12.66	33.74	59.38
W8	1.52	420	26.496	23.264	12.094	28.804	29.23	25.66	13.34	31.77	61.94
W9	1.66	430	12.289	19.569	9.090	17.044	21.19	33.74	15.67	29.39	64.39
W10	1.82	440	4.723	15.611	9.139	10.495	11.82	39.06	22.87	26.26	63.45
W11	1.98	450	4.873	11.340	10.075	6.748	14.75	34.33	30.50	20.43	62.27

注：表格统计的数据对原始数据进行了数据修约，存在数值修约误差。

地质体中固体有机分子模拟与对接研究

（二）东营凹陷沙四段干酪根生烃演化

1. 气态烃变化

王161样品的气态烃占比变化如图3-5所示。与罗69一样，4个气体组分的占比均随成熟度的升高而增加。以甲烷为例，在整个热解过程中，从2.150 mg/g干酪根增加到38.398 mg/g干酪根（表3-1）。但与罗69样品不同的是，王161的气态烃占比在整个热解过程中没有明显的阶段性划分，所有的样品点均呈稳定增长的趋势，并且4个组分的气体均符合这一规律（Liang et al.，2020a）。

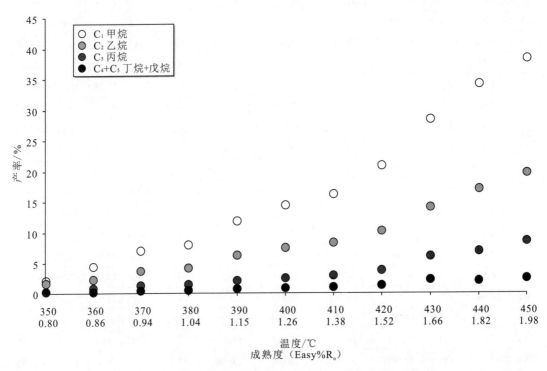

图3-5 王161干酪根样品热解实验气态烃占比与Easy%R。关系

图3-6为王161样品不同气态烃在总气态烃产物中所占比例的变化，甲烷始终是气态烃产物中占比最高的化合物，在热解过程中，其所占的比率从Easy%R_o = 0.80时的46.71%持续上升并逐渐稳定在55%左右，而乙烷所占的比率在这一过程中呈下降趋势。丙烷的占比则是从8.48%增长到实验结束时的12.43%，但丁烷+戊烷的相对比例有着较大幅度的降

低，从实验初期的7.32%下降到实验结束时的3.61%，仅为峰值时的1/2。

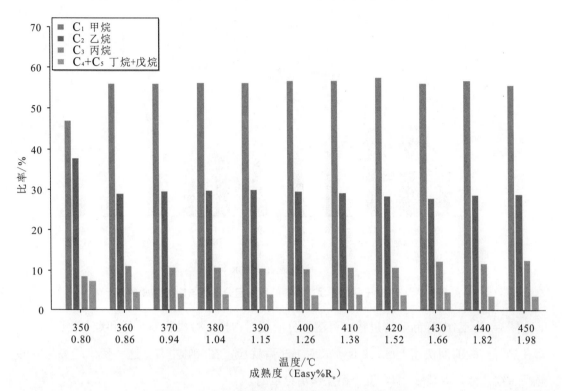

图3-6 王161干酪根样品热解实验气态烃组成变化

2. 可溶组分变化

热模拟过程中，王161可溶组分占比在Easy%R_o = 0.86时到达顶峰，之后随着成熟度的升高，C_{14+}部分的转化率持续降低（图3-7）。沥青质组分为样品生烃过程早期转化率最高的C_{14+}产物，而在热解过程中其转化率下降速度较快，这表明一方面，沥青质热稳定性较差，易发生裂解反应，转化为小分子物质；另一方面，也受缩合作用影响，转化为干酪根残渣。在整个热解过程中，其转化率从峰值的179.316 mg/g干酪根锐减至6.748 mg/g干酪根。烃类物质转化率降低的原因与沥青质略有区别，其更倾向于参与裂解反应，转化为气体，而不是与更大的分子碎片结合回到干酪根残渣中。

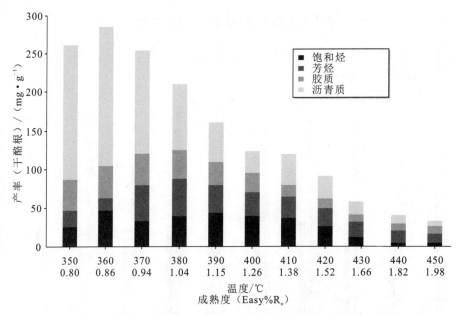

图3-7 王161干酪根样品热解实验可溶组分占比与Easy%R_o关系

图3-8为王161样品热解过程中可溶组分的相对占比。烃类物质（饱和烃+芳烃）的比率在热解实验前期快速上涨，Easy%R_o达1.26后就稳定在50%左右。这一变化趋势与罗69样品一致，都是由裂解–缩合反应相互作用导致的。

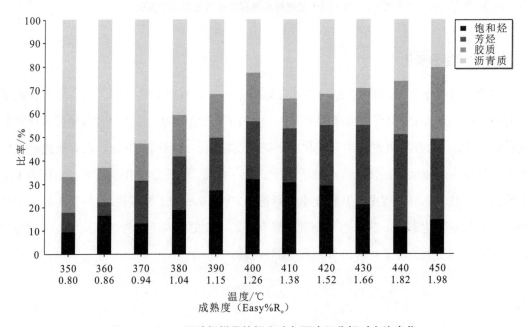

图3-8 王161干酪根样品热解实验各可溶组分相对占比变化

3. 剩余干酪根变化

表3-2中王161干酪根残渣转化率从Easy%R_o=0.80开始呈上升趋势，不同于罗69样品，没有出现任何变化拐点，最终转化率稳定在63%左右。这说明王161干酪根样品在热解过程中的裂解反应速度较快，在整个实验可观测的成熟度范围内，干酪根以缩合反应为主，剩余干酪根转化率持续上升。

（三）芦草沟组干酪根生烃演化

1. 气态烃变化

芦草沟组干酪根气态烃产率变化如图3-9所示，图中5种气体组分产率与成熟度成正比。芦草沟组干酪根样品的5种气态烃产物产率均有着较大增加，这一点与Ⅱ型干酪根（罗69样品）丙烷、丁烷+戊烷的产率增长过程存在区别。整个产率增长过程同样没有明显的阶段性划分，只存在增长速度逐渐加快的现象。

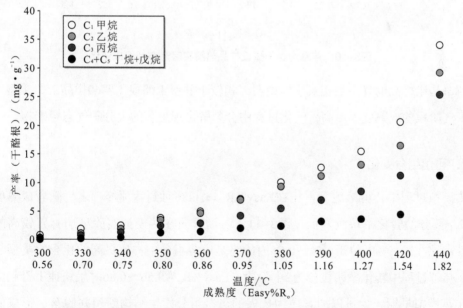

图3-9 芦草沟组干酪根样品热解实验气态烃产率与Easy%R_o关系

图3-10为芦草沟组干酪根样品不同气态烃在总气态烃产物中所占比例的变化，甲烷始终是气态烃产物中占比最高的化合物，在热解过程中，其所占的比率在Easy%R_o = 0.56

时为最高，达到61.65%。而后下降并稳定在35%～40%。而乙烷所占的比率在这一过程中呈先上升后下降的趋势，其占比从实验初期的18.93%随成熟度增加逐步增长并稳定在30%～35%，在实验末期下降到29.26%。丙烷的占比则是从实验初期的14.56%增长到实验结束时的25.38%，丁烷+戊烷的相对比例也有着较大幅度的增长，从实验初期的4.85%增长到实验结束时的10%以上。

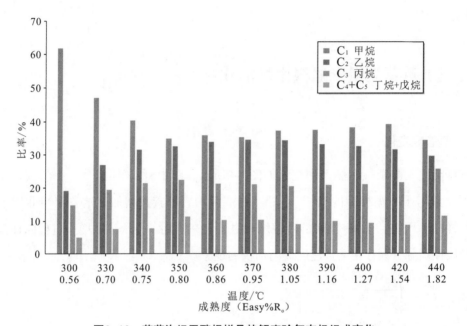

图3-10　芦草沟组干酪根样品热解实验气态烃组成变化

芦草沟组样品的气态烃相对比例说明，相较于Ⅱ型干酪根（罗69样品），Ⅰ型干酪根进入干气阶段的成熟度要更高，演化过程中会裂解出现更多的大分子气态烃产物。

2. 可溶组分变化

热模拟过程中，可溶组分占比在Easy%R_o = 0.86时到达顶峰，之后随着成熟度的升高，C_{14+}部分的转化率持续降低（图3-11）。沥青质在热模拟实验早期有着较高的转化率，其占比在Easy%R_o位于0.56～0.95内始终是可溶组分中占比最高的化合物类型。可溶组分在热解过程中转化率明显分为2个阶段：Easy%R_o为0.56～0.86时呈快速上升趋势，这说明在热模拟早期，大量以沥青质为代表的可溶组分发生结构断裂并脱落，形成低熟原油；随着演化程度的提高，在Easy%R_o为0.86～1.82阶段内可溶组分产率在逐渐降低，这说明大量可溶组分持续裂解为气态烃，并且部分沥青质通过缩合作用再次与干酪根残渣相连接。

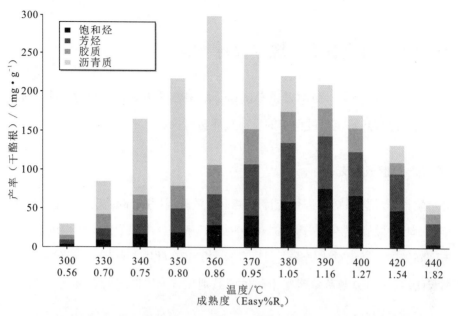

图3-11 芦草沟组干酪根样品热解实验可溶组分占比与Easy%R。关系

图3-12为芦草沟组干酪根热解过程中可溶组分相对占比变化。如图所示，沥青质及胶质等非烃组分在成熟度为0.95之前是可溶组分的主要部分，而随着成熟度增加，烃类化合物的占比逐渐增加。这说明相较于烃类化合物，沥青质及胶质受裂解-缩合作用更加明显，在较低成熟度阶段易通过裂解作用生成，演化中后期又易发生缩合反应。

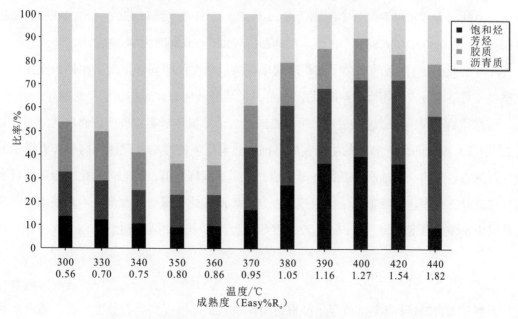

图3-12 芦草沟组干酪根样品热解实验各可溶组分相对占比变化

（四）干酪根热解实验规律探讨

通过上述章节对罗69、王161及芦草沟组干酪根样品热解实验产物占比及相对占比结果的分析，对干酪根热解实验过程中的反应规律进行探讨。

1. 生油高峰指示意义

在对干酪根样品热解结果进行统计时，不难发现当罗69样品成熟度处于1.04~1.15，王161及芦草沟组样品成熟度处于0.80~0.86时，热解产物出现了以下相同的规律。

①该区间内气态烃相对比例发生明显变化，罗69在此区间前后，气态烃占比由平稳进入快速增长阶段，王161与芦草沟组干酪根样品则在该成熟度之后直接进入快速上升阶段（图3-1、图3-5、图3-9）。

②气态烃产物中，甲烷的相对占比在这一区间前后出现明显变化。罗69样品的甲烷相对含量在Easy%R_o = 1.04时发生明显拐点，由最低值开始上升。王161样品的甲烷相对含量从实验开始时便持续增加，没有出现罗69样品的降低趋势（图3-2、图3-6）。

③可溶组分产物中，3组样品均在该成熟度区间内达到可溶组分相对比例峰值（图3-3、图3-7、图3-11）。可溶组分中前期占比最高的沥青质相对占比也在此时到达顶峰，罗69样品的沥青质在可溶组分中的比例在Easy%R_o = 1.04时达到45.53%，该比例在王161样品Easy%R_o = 0.80时为66.88%，在芦草沟样品Easy%R_o = 0.86时为64.33%。

④罗69及王161样品的剩余干酪根转化率在该成熟度区间同样出现了明显的变化。与气态烃及可溶组分占比相反，罗69及王161样品的残渣转化率此时均达到最低值。

虽然样品不同，但通过上述现象可以推断出，干酪根热解实验被该成熟度区间明显分为2个阶段。该区间即干酪根的生油高峰区间，热解反应的产物在此区间前后有着明显的变化：气态烃产物从生油高峰开始逐渐生成，在生油高峰之前，气态烃转化率较低；可溶组分在此时转化率达到峰值；干酪根残渣在这一区间转化率最低；大部分干酪根都已完成裂解反应，该成熟度区间之后，缩合反应开始成为热解中的主要进程。

2. 裂解-缩合反应变化

裂解和缩合2种反应类型贯穿干酪根封闭体系人工热模拟实验的整个过程，随着样品成熟度的增加，2种反应类型的强度有所变化。裂解过程不仅包括干酪根裂解成为小分子化合物,同样包括已经从干酪根中脱落的物质发生二次生烃作用。下面将干酪根热模拟实验分为3个阶段对裂解与缩合反应进行讨论。

①生油高峰之前,干酪根发生初步裂解,缩合作用不明显。以图3-1及图3-3为例,罗69干酪根在生油高峰前仅有少量的气态烃及可溶组分生成,并且干酪根残渣转化率处于持续下降的趋势。这说明此时干酪根已经开始裂解并产生小分子化合物,但由于热解温度较低,生油高峰前的热解产物以胶质、沥青质等大分子基团为主,烃类化合物生成较少。

②生油高峰阶段,干酪根样品开始大量生成气态烃,此时气态烃的来源主要包括2个部分:原始干酪根及已生成的小分子物质,包括可溶有机质、轻烃和气态烃分子裂解。当干酪根样品越过生油高峰后,气态烃的转化率有着明显的上升,这一现象说明,生油高峰后产生的大量可溶组分成为气态烃的重要母质,使干酪根尚未进入"气窗"阶段,便有大量气体生成。由于裂解作用更加强烈,甲烷作为热解实验的最终产物,拥有更多的母质,因此甲烷在气态烃中的占比从生油高峰开始明显上升。乙烷、丙烷、丁烷、戊烷4种气态烃也会从大分子裂解过程中得到补充,不过其本身也在持续发生裂解作用,积累速度要慢于甲烷。

可溶组分的转化率在生油高峰阶段到达顶峰,饱和烃、芳烃等烃类化合物的相对比例有所上升。烃类化合物部分来自干酪根的裂解作用,部分来自胶质、沥青质的二次裂解。同时,缩合作用在生油高峰后期开始逐渐强烈,部分沥青质通过缩合作用相互结合或再次与干酪根主体结合,形成干酪根残渣,在二次裂解与缩合作用的共同影响下,沥青质的转化率从生油高峰开始逐渐下降。

干酪根残渣转化率进一步证明了缩合作用的影响,在生油高峰之后,2个样品的残渣转化率有着明显的上升(表3-2)。这说明此时干酪根裂解反应已不如热解早期明显,缩合作用成为发生在干酪根样品中的最主要的化学反应,大量胶质、沥青质转化为干酪根残渣。值得注意的是,缩合反应能够生成甲烷,这也直接提高了甲烷的转化率。

③热解作用后期(Easy%R_o>1.52),干酪根进入"气窗"阶段,在裂解作用与缩合作用的影响下,甲烷气体的转化率持续上升。这一阶段内,3组干酪根热解产物中沥青质占比明显减少(图3-3、图3-7、图3-11),但芳烃、胶质2部分减少速度较慢,相较于最高转化率,到热解结束时,芳烃化合物占比仅降低了约50%,胶质降低了约70%,远远低于饱和烃(降低约90%)与沥青质(降低约94%)。这或许说明,相较于其他2种组分,芳烃与胶质的化学结构在高演化条件下更加稳定,能够承受更高的温度而不发生断裂。热解后期,由于物源消耗殆尽,干酪根残渣转化率升中趋稳,生成的残渣结构稳定性较好,

能够在高温高压条件下持续存在。

综合来看，干酪根封闭体系人工热模拟实验早期，干酪根发生少量的裂解作用，随着成熟度达到生油高峰，裂解作用也同时达到顶峰，大量的结构碎片从干酪根中脱落，二次裂解现象同样剧烈，大分子化合物的结构断裂推动了烃类化合物相对比例的提升。生油高峰之后，残渣转化率明显上升，干酪根裂解反应逐渐结束，转而以缩合反应为主，裂解反应更多以碎片化合物的二次裂解为主，热解产物逐渐向干酪根残渣和甲烷气体2种物质转化。

二、固 体 沥 青

本研究选用四川盆地广元地区青川火石岭固体沥青样品（QCHSL）开展封闭体系人工热模拟实验，样品前处理及实验设备如上文所述。实验过程中，青川火石岭固体沥青粉末被放置在不同的黄金管中，实验压力为50 MPa，温度从室温升至300℃用时8 h，300℃保持2 h后以20℃/h的升温速率升至560℃。其间设置380℃、400℃、420℃、440℃、460℃、480℃、500℃、520℃、530℃、540℃、550℃及560℃共计12个样品点，各样品点成熟度（Easy%R$_o$）分别为0.77、0.89、1.07、1.28、1.52、1.80、2.13、2.47、2.65、2.84、3.02和3.21。对同一温度点不同黄金管中产物进行收集并恒重，得到不同成熟度下固体沥青热解产物相对比例，如表3-3及图3-13所示。本节中，对实验结果进行讨论，总结各产物生烃过程中相对比例的阶段性变化规律，并依据裂解-缩合反应过程建立固体沥青封闭体系热解实验的生烃模式（Liang et al.，2021）。

（一）气态烃变化

与干酪根一样，固体沥青热模拟实验的气态烃分析了甲烷、乙烷、丙烷、丁烷和戊烷5种有机气体，将丁烷和戊烷合并为一个组分进行讨论。固体沥青在380℃（Easy%R$_o$＝0.77）时的样品点生气量极少导致无法检测（图3-13），气态烃在Easy%R$_o$＝0.89时开始逐渐产生，在整个热解过程中呈上升趋势。

表3-3 青川火石岭固体沥青生烃实验产物相对比例

样品	Easy%R_o	气态烃/%					轻烃/%	可溶组分/%					残渣转化率/%
		甲烷	乙烷	丙烷	丁烷+戊烷	总量		饱和烃	芳烃	胶质	沥青质	总量	
H1	0.77	—	—	—	—		2.79	0.53	2.02	4.62	89.94	97.10	0.00
H2	0.89	0.09	0.02	0.02	0.13	0.26	7.67	4.28	7.07	4.14	76.71	92.20	0.00
H3	1.07	1.06	0.30	0.25	1.52	3.12	35.99	3.48	6.37	5.42	38.42	53.69	7.21
H4	1.28	2.41	0.69	0.57	3.63	7.30	31.97	1.70	4.34	3.97	6.74	16.75	43.92
H5	1.52	4.45	1.28	1.05	6.10	12.88	20.99	0.84	4.15	3.42	1.62	10.02	56.10
H6	1.80	5.45	1.57	1.23	6.22	14.46	15.13	0.46	3.58	3.11	0.61	7.75	62.65
H7	2.13	7.79	2.01	1.27	3.66	14.73	15.30	0.22	2.88	2.09	0.12	5.32	64.64
H8	2.47	10.61	2.06	0.90	1.23	14.79	14.40	0.30	3.13	2.59	0.30	6.32	64.50
H9	2.65	11.17	1.97	0.75	0.88	14.76	14.82	0.45	1.49	1.88	0.49	4.31	66.12
H10	2.84	17.06	2.42	0.68	0.61	20.77	5.16	0.00	1.50	2.25	0.00	3.76	70.31
H11	3.02	19.77	2.38	0.50	0.36	23.00	5.14	0.00	1.89	2.88	0.00	4.77	67.09
H12	3.21	22.12	2.42	0.42	0.26	25.21	1.89	0.00	1.83	1.55	0.00	3.38	69.51

注：表格统计的数据对原始数据进行了数值修约，存在数值修约误差。

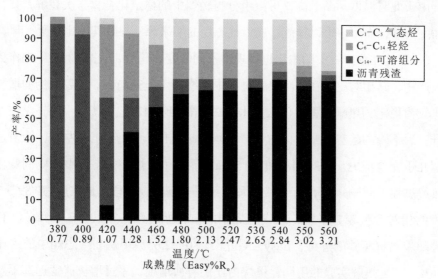

图3-13 青川火石岭固体沥青热解产物占比随成熟度的变化

如图3-13及表3-3所示，气态烃占比变化速率在实验过程中分为3个主要阶段：一是热解实验早期（Easy%R_o = 0.89～1.80），该阶段内气态烃占比快速上升，在总生成物中的占比从0.26%上升到14.46%；二是随着成熟度从1.80上升到2.65，气态烃所占比例没有维持上升趋势，而是稳定在14.7%左右，出现了明显的平台期；三是热解实验进入后期，成熟度超过2.65直到实验结束，该阶段内气态烃的占比又有了明显的上升，实验结束时，其占比增长到25.21%，不过这个阶段的增长速度略慢于第一阶段。这一现象的主要原因如下。

①第一个气态烃占比上升阶段中（成熟度为0.89～1.80），产物主要通过裂解反应产生，原始固体沥青及一次裂解产物为气态烃提供了充足的母质，结构中大量C—C键断裂而释放出有机气体。并且该阶段内可溶组分和轻烃组分占比较高，化合物的二次裂解同样能够为气态烃的生成提供重要的保证，在2次裂解作用的推动下，气态烃的占比快速提高。

②气态烃转化率平台期中（成熟度为1.80～2.65），裂解反应基本结束，固体沥青以缩合反应为主，没有足够的物质为气态烃提供裂解母质。图3-13中，该阶段内可溶组分及轻烃的含量相较于第一阶段明显减少并保持稳定，说明这2个部分中易裂解的化合物含量已经较低，仅剩余部分结构相对稳定的化合物。由此可知，一次裂解和二次裂解的母质在该阶段消耗殆尽，气态烃在这一阶段占比稳定。

③第二个气态烃转化率上升阶段中（成熟度为2.65～3.21），气态烃占比再次呈现上升趋势。由于此时温度不断升高，可溶组分与轻烃中的稳定化合物再次裂解，并且更多的甲烷从加剧的缩合作用中得以释放，成为气态烃的新来源，导致其占比有所上升。

4个气体组分在总产物中的占比也呈现出不同的变化趋势（表3-3），甲烷作为热解实验的终极产物，其相对比例在整个热解过程中始终处于上升趋势。乙烷比例的增长速度与甲烷相比较为稳定，热解过程中仅从占比0.02%增长到2.42%。丙烷、丁烷+戊烷的变化则为先上升、后下降的趋势。二者的占比峰值均出现在Easy%R_o=1.80左右，峰值过后则快速下降到几乎完全消失。图3-14和图3-15（a）展示了甲烷在气态烃中的比例变化。该值在整个热解过程中同样分为了3个主要阶段：一是热解早期阶段（成熟度为0.89～1.80），此时甲烷的相对含量较为平稳，在气态烃中的占比始终维持在30%～40%，没有明显变化；二是随着热解实验的进行，Easy%R_o进入1.80～2.65，甲烷在气态烃中的占比快速上升至近80%；三是热解实验的后期，甲烷占比仍有所增加，不过增长速度远远不及第二阶段，在气态烃中占比上升了约10%。结合上述实验结果，甲烷相对含量的阶段性变化，主要原因如下。

①第一阶段中（成熟度为0.89～1.80），甲烷及其他气态烃来源一致，均为一次裂解

与二次裂解的产物，母质、反应均相同的情况下，气态烃之间比例基本维持不变，仅有总量上的增长。

②第二阶段中（成熟度为1.80~2.65），随着裂解反应的结束，气态烃转化率进入瓶颈期。由表3-3可知，丙烷、丁烷+戊烷在Easy%R_o = 1.80时占比到达顶峰后便进入了大分子气态烃裂解阶段。此时乙烷、丙烷、丁烷、戊烷开始裂解为小分子化合物，因此甲烷在这一阶段得到快速的补充，在总产物中的比例从5.45%上升到Easy%R_o = 2.65时的11.17%，这一增长率也对应了图3-14甲烷在气态烃中占比的快速增长。同时，丙烷、丁烷+戊烷则在这一阶段内占比明显降低。同时，该阶段内发生的缩合反应同样为甲烷提供了部分来源，在裂解-缩合反应的共同影响下，甲烷占比在该阶段快速上升。

③第三阶段中（成熟度为2.65~3.21），由于大分子气态烃几乎全部完成裂解，甲烷主要来源再次发生变化，从裂解反应变为缩合反应。因此该成熟度区间内，甲烷占比上升速度明显变慢，但与其他气态烃相比，仍保持明显增长趋势。

综上可知，气态烃占比及其内部气体组成在整个热解过程中分为3个主要阶段，而最重要的原因是在裂解-缩合反应过程中，产生有机气体的母质发生了变化，逐渐减弱的裂解反应与逐渐增强的缩合反应共同影响着气态烃产物的变化规律。气态烃的变化规律同样与后续章节中轻烃、可溶组分及固体沥青残渣的转化率变化有着密切的联系，通过对结果的总结，将综合固体沥青封闭体系热模拟过程建立合理的演化模型。

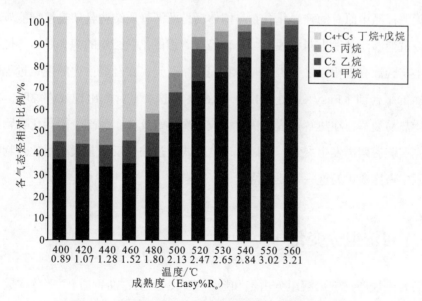

图3-14　青川火石岭固体沥青热解气态烃相对占比变化

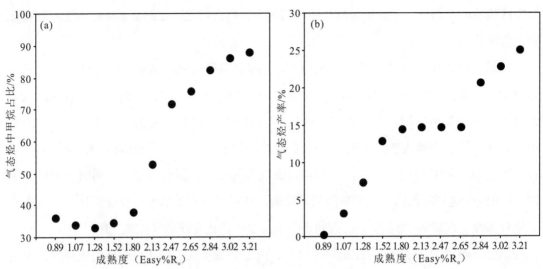

图3-15　青川火石岭热解实验中（a）甲烷占气态烃比例变化；（b）气态烃占比变化

（二）轻烃变化

轻烃转化率在热解实验早期快速上升，Easy%R$_o$ = 1.07时为35.99%达到顶峰，之后随着热解实验的进程而持续下降，到热解结束时仅为1.89%（表3-3）。轻烃的生成窗口非常短，在成熟度为0.89～1.07时快速生成大量轻烃化合物，而后便在裂解-缩合作用下持续减少。这说明样品中原有的轻烃化合物与固体沥青及沥青质结构骨架连接键能较弱，少量的温度改变就能够使其发生断裂脱落。与轻烃有着相似化学结构的饱和烃、芳烃化合物在变化趋势上与轻烃有着相似之处。同时，我们还注意到，在轻烃占比的变化过程中，出现了一个短暂的平台期（Easy%R$_o$处于1.80～2.65），这个平台的出现或许说明，轻烃中部分化合物受热易裂解，在热解过程中快速完成二次裂解反应，但部分轻烃化合物结构较稳定，能够在实验后期再发生裂解，或以芳环的形式通过缩合反应与大分子化合物结合，轻烃热解过程中占比变化的这一特征有待进一步探索。

（三）可溶组分变化

固体沥青生烃产物中可溶组分由饱和烃、芳烃、胶质、沥青质4个部分构成。热解实验开始的转化率便达到峰值（97.10%），随着成熟度的增加持续降低，当成熟度为3.21时，可溶组分仅剩余3.38%。作为热解实验的中间产物，可溶组分的占比在整个实验过程中呈持续降低的趋势。饱和烃和芳烃的占比在Easy%R_o = 0.89时到达顶峰，胶质组分在成熟度为1.07时达到峰值。而沥青质则在整个过程中整体呈下降趋势（表3-3）。

图3-16是可溶组分中4个组分的相对含量变化。实验过程中饱和烃的占比始终较少，Easy%R_o大于2.65之后的产物中已经无法检测到饱和烃的存在，并且饱和烃在可溶组分中的占比始终低于10%。沥青质组分在热解作用初期为最主要的产物类型，几乎全部固体沥青都转化为沥青质的形式存在。这也意味着沥青质成为接下来二次裂解反应最重要的母质，同时也参与了缩合反应。因此沥青质的转化率在成熟度为0.77～1.52时快速下降至不足2%，与饱和烃一样在Easy%R_o大于2.65之后的产物中无法检测到其存在。芳烃与胶质化合物则在实验初期生成速度较慢，但其结构稳定性远远强于饱和烃与沥青质，成为高熟阶段下最稳定的可溶组分产物。热解过程中，不同可溶组分占比变化同样可以分为3个阶段：①第一阶段中（成熟度为0.77～1.28），沥青质在可溶组分中占比最高，但其相对含量在快速下降，同时饱和烃开始生成并维持在低位，芳烃、胶质占比持续上升；②第二阶段中（成熟度为1.52～2.65），饱和烃组分占比不足可溶组分的10%，沥青质组分占比不足可溶组分的20%，可溶组分主要由芳烃及胶质化合物组成；③第三阶段中（成熟度为2.84～3.21），饱和烃与沥青质已无法检测到，而部分芳烃及胶质化合物依然存在，不过此时可溶组分的总转化率仅占总量的约4%。3个变化阶段持续受到裂解反应影响，一次裂解产生的沥青质在二次裂解的作用下转化为分子结构更小的可溶组分化合物，并且所有的可溶组分化合物都按照结构稳定程度在二次裂解中依次发生断裂，仅保留稳定性较好的化合物。

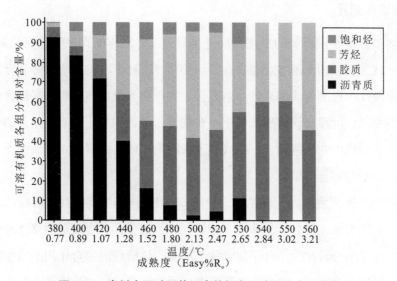

图3-16　青川火石岭固体沥青热解各可溶组分占比变化

在整个热解过程中，虽然有饱和烃、芳烃、胶质3个组分生成，但三者在所有的样品点中的占比均较低，最高值也未超过10%，可溶组分的变化实质上由沥青质组分的变化控制。

（四）焦沥青的变化

在热解实验初期（成熟度为0.77～0.89），产物中未发现固体沥青残渣的存在，这说明固体沥青在这个阶段已经完成了全部的一次裂解反应（图3-13，表3-3）。当成熟度高于1.07后，产物中开始出现固体沥青残渣，并且残渣转化率在成熟度为1.07～1.80时快速上升至62.65%。残渣率在剩余的热解实验时间中缓慢上升到实验结束时的69.51%。与干酪根残渣不同，在一次裂解反应后并没有原始固体沥青作为残渣被保留下来，固体沥青残渣是后期缩合作用的产物。由这一过程可以推断，固体沥青残渣的二次裂解作用可能并不明显，其产生烃类物质的方式更有可能是缩合作用中产生的小分子化合物。

（五）固体沥青生烃规律

基于上述青川火石岭固体沥青封闭体系人工热模拟实验结果，以下将会对固体沥青热解过程中的生烃阶段进行划分，以及讨论固体沥青固相转化现象。

1. 生烃阶段划分

根据热解过程中不同产物的变化及反应类型，可将固体沥青生烃过程分为3个阶段。第一阶段为一次裂解阶段，其成熟度为0.77～1.07。该阶段内，原始固体沥青发生快速裂解，几乎全部转化为以沥青质为主的可溶组分，并产生少量的气态烃和轻烃，一次裂解作用几乎完全结束。该阶段内固体残渣转化率非常低，产物中几乎没有该组分的生成，这说明缩合反应在该阶段内并不强烈，在该成熟度区间内，固体沥青以一次裂解为主，并伴随有少量的二次裂解与缩合作用。

第二阶段为二次裂解阶段，成熟度为1.07～1.80。热模拟实验在该阶段内，由于二次裂解作用，产生气态烃、轻烃、饱和烃、芳烃等烃类组分，且生成量明显增加，大量沥青质、胶质等大分子组分转化为小分子化合物。同时，该阶段内缩合作用明显加剧，固体沥青残渣转化率明显上升，近一半的一次裂解产物通过缩合反应成为固体沥青残渣。在一个较窄的成熟度范围内，所有的组分都快速向着甲烷和残渣2个最终产物转化。

第三阶段为慢速缩合阶段，成熟度为1.80～3.21。该阶段内二次裂解反应已经基本结束，仅存在少量的小分子化合物被再次裂解。可溶组分中的饱和烃与沥青质在这一阶段占比均低于1%，仅有部分芳烃及胶质组分残留。气态烃则快速地向干气方向发展，甲烷含量在气态烃中的占比达到87.72%。残渣转化率也趋于稳定，从Easy%R_o = 2.13时的64.64%，缓慢增长到69.51%（Easy%R_o = 3.21）。

根据对生烃阶段的划分，本次研究总结了固体沥青封闭体系生烃模型（图3-17）。图中实线表示裂解反应，虚线表示缩合反应。热解过程中，原始固体沥青样品发生快速裂解，大部分转化为可溶组分中的沥青质，少部分直接转化为其他可溶组分、轻烃及气态烃，并没有固体沥青直接转化为沥青残渣，所有原始样品都参与裂解反应。之后以沥青质为主的大分子化合物开始二次裂解，产物为分子量更小的烃类物质（最终的裂解产物为甲烷）。同时，沥青质作为缩合反应的主要母质，也在一次裂解反应后开始向沥青残渣发生转化，其他类型的产物也对沥青残渣的生成有着一定量的贡献。值得注意的是，所有类型的缩合反应都会产生以甲烷为主的烃类气体，成为后续生气作用的重要物质来源。整个反应过程以固体沥青为起点，沥青质为最重要中间物质转化媒介，并最终生成沥青残渣及甲烷气体。

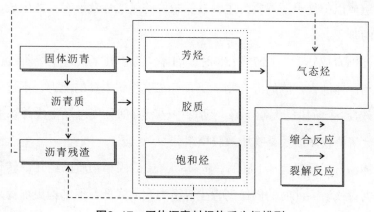

图3-17　固体沥青封闭体系生烃模型

2. 固体沥青的固相转化

通过对固体沥青的总结，不难发现，在所有热解产物组分中，仅有2个组分在常温常压下为固体：沥青质与固体沥青残渣。然而这2种物质的化学组成、生烃能力等性质均有着极大的区别，是不同生烃阶段的产物。由于原始固体沥青是石油轻质组分逃逸后，重质组分经过地质作用、氧化作用后生成的天然有机质，在自然状态下也呈固态，且无法溶于二氯甲烷。并且在生烃过程中，原始固体沥青会在一次裂解过后完全消失，最终以沥青质或固体沥青残渣的形式存在。那么在热演化过程中，以固体形式存在的天然沥青会有3种存在形式，且3种形式之间转化成熟度区间小。因此根据本次研究可以对固体沥青固相变化过程进行总结，以帮助研究人员在野外对固体沥青样品的性质及生烃能力进行初步判别，并且依据沥青成熟度估算固体沥青固相组成，评估二次裂解资源产量。

当天然固体沥青成熟度小于0.77时，固体沥青以最初形成时的形式存在，并且可能掺杂着少量沥青质组分。由于固体沥青来源于石油组分，但经过氧化作用，化学结构有所变化，部分低熟固体沥青仍能够溶解于二氯甲烷（如新疆乌尔禾天然固体沥青），大多数的固体沥青都如实验中的青川地区固体沥青一样无法溶于常规有机试剂。并且此成熟度区间内的固体沥青不包含固体沥青残渣这一组分。这时的固体沥青结构稳定性差，生烃能力强，在一定温压条件下会快速裂解，拥有较强的生气潜力，但产生烃类物质需要提高其热演化程度。

当天然固体沥青成熟度在0.77~1.07时，固体沥青在这一阶段正处于生烃作用早期，原始样品中脆弱的氧化结构在这一阶段极易发生断裂，大部分转化为沥青质及少量烃类物质。同时得益于该阶段内生成的烃类物质，此时样品的流动性强于上一阶段。该阶段内的固体沥青固相组成以小分子沥青质为主，具有较好的气态烃及液态烃的生成能力，并且正处于快速生烃的阶段。

当天然固体沥青成熟度在1.07~1.80时，固体沥青正处于快速生烃阶段，此时的固相组成为沥青质与固体沥青残渣的混合物，仍具有二次裂解生烃的能力，不过固态相中保有的生烃潜力相较前2个阶段已大幅下降。沥青中已经有部分气态烃生成并逃逸，但在固体沥青内部可能会溶解较多的烃类物质及胶质组分。

当天然固体沥青成熟度大于1.80后，固体沥青中的固相物质已经几乎转化为由缩合作用产生的固体沥青残渣。此时的固体沥青生烃潜力大大降低，但结构更加稳定，可能仍溶解有部分芳烃类化合物及胶质。固体沥青残渣进入稳定缩合阶段，在缩合过程中可能会生成部分以甲烷为主的气态烃化合物。随着后期成熟度的不断增加，固体沥青残渣的分子结构也会不断增大。

三、小　　结

对罗69、王161、芦草沟组干酪根及青川火石岭4个固体样品的封闭体系人工热模拟实验结果进行了描述，根据不同成熟度时期产物的分布特征，对干酪根及固体沥青的生烃规律进行了总结。综合4个样品实验结果，干酪根及固体沥青在生烃过程中阶段性划分明显。干酪根依据生油高峰期的出现将整个热解过程分为3个阶段，固体沥青则是通过快速裂解阶段将热解过程分为3个部分，在不同的生烃阶段内，干酪根和固体沥青都有着其生烃特征。

封闭体系热解实验完成后，对干酪根与固体沥青残渣进行了收集，本研究将残渣作为后续研究的重点，干酪根整个热解过程中均有残渣出现，而固体沥青在热解实验初期没有明显的残渣生成。这说明或许部分干酪根的分子结构较大，部分物质无法完全裂解为沥青质而直接转化为残渣的形式存在；而全部的固体沥青残渣均由热解产物缩合作用产生。这一发现为后续干酪根及固体沥青生烃过程中的化学结构检测和建立提供了重要的依据。

以成熟度为指标，建立了固体沥青固相转化模型，简要描述了不同成熟度区间固体沥青的固相组成物质、所处演化阶段及生烃能力，能够为天然固体沥青的研究及二次生烃的资源评价提供有利的模型基础。

第四章　热成熟过程中固体有机质的元素及结构变化

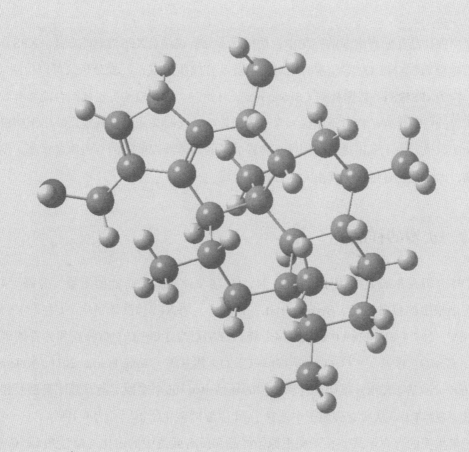

热模拟实验结束后，对收集到的干酪根、固体沥青的残渣样品进行研磨并开展元素分析、XPS分析检测，揭示其生烃过程中元素含量的变化，开展^{13}C固体核磁共振分析，检测干酪根与固体沥青的化学结构变化。本研究中，共对罗69、王161、芦草沟组3个干酪根样品及青川火石岭固体沥青样品热演化过程中的固体产物进行了核磁共振实验，鉴于王161与芦草沟组样品同属Ⅰ型干酪根，本章中选用王161、罗69这2种类型的干酪根样品及固体沥青为例，详细阐述检测结果，根据相关参数，建立数学模型，对大分子固体有机质热解过程中结构参数的变化进行评估，准确地反映热解过程中样品的结构变化，并为分子模型的建立提供参数。芦草沟组干酪根样品的核磁共振检测结果、分子模型建立及相互作用计算将会在后续章节中进行展示。

一、元　素　组　成

干酪根样品在元素组成的检测中，使用元素分析仪结合XPS检测的方式。XPS分析可以有效地检测C、N、O、S元素的相对含量及其官能团组成；元素分析仪可以检测H元素含量，作为XPS检测的数据补充（Siskin et al., 1987）。2种检测方法相结合能够有效避免黄铁矿等残留的含硫矿物对干酪根元素组成的影响，同时又能够直观地反映出干酪根样品的官能团组成。由于青川火石岭固体沥青样品及其固体沥青残渣的有机质含量高、没有无机矿物，因此其元素组成全部由元素分析仪完成。

（一）罗69样品

XPS分析在本研究中用于检测C、N、O、S 4种元素的官能团类型，并确定4种元素在干酪根中的相对含量（Siskin et al., 1987）。在XPS检测图谱中，C在284.5 eV、286.2 eV、287.4 eV和289.0 eV处有4个峰，分别对应于C—C（脂肪族和芳香族碳）、C—O、C＝O（羰基）、O—C—O和O＝C—O（羧基）（Tong et al., 2011；Kelemen et al., 2007）。基于XPS，本研究计算了罗69样品中每100个碳原子的官能团类型及相对原子含量（表4-1）。从所有碳原子中选择了6个主要的碳化学键。如表4-1所示，C—C键是碳原子最重要的存在形式，在干酪根原始样品和所有残渣中的占比均超过90%；C—O键相对含量约为5%，在整个热解过程中相对稳定，为干酪根结构中含量仅次于C—C键的碳原子存在方式。样品中，每100个碳原子的羰基或羧基的相对原子含量基本小于5，并且在热成熟过程中无明显变化，说明这2种官能团类型的稳定程度较高，与干酪根主干结构结合紧密，不易脱落。

XPS检测中的氧原子主要有2种化学键类型：O—C和O＝C（表4-1），其峰值分别为531.4 eV和532.8 eV。归一化的100个碳原子统计中，O—C和O＝C的相对含量在热解过程中相对稳定，几乎所有的样品点中，O—C键的相对占比均大于O＝C键。同时，随着热解温度的升高，O＝C和O—C键的数量均没有明显减少。这表明它们在热解过程中都保持相对稳定，这一点与碳原子的检测结果一致，并且干酪根中最主要的氧原子的存在形式为C—O键。

含氮官能团在398.8 eV、399.5 eV、400.2 eV处分别有4个主峰，对应于吡啶、胺根、吡咯。然而，在干酪根结构中，氮原子的相对含量约为每100个碳原子对应不足1个氮原子（表4-1）。氮原子的主要官能团类型为胺根。但随着温度的升高，高温阶段吡啶和吡咯的含量增加。这说明包含杂原子的芳环结构在热解作用的后期有着更强的稳定性，而胺根则倾向于从结构中裂解脱落。

162.8 eV、164.3 eV和166.0 eV处的3个主峰为脂肪族硫、噻吩和亚砜。与氮原子一样，硫原子在干酪根结构中的相对含量也较低（表4-1）。其中，脂肪族硫和亚砜是原始干酪根样品中硫官能团的主要成分，但随着成熟度的增高，脂肪族硫和亚砜的比例降低。这一现象印证了Kelemen等（2012）的研究，即在Easy%R_o = 1.52之前，脂肪族硫会从干酪根中脱落。噻吩只出现在中高成熟度区间，这说明噻吩在原始干酪根结构中含量极低，难以检测，但其结构稳定，在高成熟度条件下仍能稳定存在。这表明非质子化硫在干酪根结构中更加稳定，而质子化硫主要在热解过程中脱落并出现在沥青中（Pomerantz et al., 2014）。

氢原子对应每100个碳原子的相对原子数量在整个热解过程中从144.76减少到69.23（表4-1）。这说明干酪根样品的生烃过程是一个脱氢的过程，大量的氢原子随脂肪族从干酪根结构中裂解、脱落，形成胶质、沥青质及烃类物质，结构中仅剩缩合程度较高且氢含量较低的芳环簇结构单元。

元素的相对含量变化趋势可以更加明显地从图4-1中表现出来。从图中可以看出，干酪根热解过程中碳元素的含量在热解实验前期呈下降趋势，当成熟度达到1.15时，碳元素占比为最低值；此后，随着缩合作用的逐渐强烈，碳元素占比持续升高，直到热解实验结束。氧元素在整个热解中的相对含量没有明显变化，从罗69原始样品到Easy%R_o = 0.80时有所下降，之后便维持在5%～10%，仅在成熟度大于1.38后出现了小幅的下降。这说明氧原子在干酪根中的结合方式较为紧密，在裂解作用下不易发生脱落。

表4-1 罗69干酪根样品XPS检测结果

样品编号（Easy%R_o）	碳						氢	氧			氮				硫			
	C—C	O—C—O	C=O	O—C—C	O=C—O	总量	总量	O—C	O=C	总量	胺根	吡咯	吡啶	总量	脂肪族硫	亚砜	噻吩	总量
L69（0.76）	90.73	4.81	0.29	0.00	4.17	100.00	141.58	14.86	4.26	19.13	0.90	0.00	0.00	0.90	1.56	1.56	0.00	3.13
L1（0.80）	94.43	4.50	1.07	0.00	0.00	100.00	144.76	7.10	1.29	8.40	0.17	0.10	0.00	0.27	0.09	0.02	0.00	0.11
L2（0.86）	95.46	3.21	1.33	0.00	0.00	100.00	116.28	9.02	2.76	11.78	0.14	0.00	0.08	0.22	0.09	0.01	0.00	0.10
L3（0.94）	95.50	3.00	0.00	0.46	1.04	100.00	110.33	3.74	3.67	7.42	0.23	0.00	0.00	0.23	0.00	0.12	0.12	0.25
L4（1.04）	92.26	6.11	0.34	0.00	1.29	100.00	103.16	8.00	4.34	12.34	0.12	0.00	0.00	0.12	0.12	0.08	0.12	0.31
L5（1.15）	94.17	2.69	0.00	1.79	1.35	100.00	103.26	4.27	3.95	8.21	0.07	0.00	0.00	0.07	0.24	1.06	0.24	1.55
L6（1.26）	58.49	19.42	7.84	14.24	0.00	100.00	90.11	41.76	19.50	61.27	1.82	0.00	0.00	1.82	0.08	0.10	0.31	0.49
L7（1.38）	95.33	0.85	0.99	2.83	0.00	100.00	78.64	4.89	3.28	8.17	0.02	0.00	0.14	0.16	0.05	0.02	0.10	0.17
L8（1.52）	92.95	1.79	0.52	3.49	1.25	100.00	72.81	7.02	2.77	9.78	0.00	0.73	0.28	1.01	0.60	0.08	0.00	0.68
L9（1.66）	94.46	3.80	1.17	0.57	0.00	100.00	68.72	8.41	1.84	10.25	0.00	0.00	0.33	0.33	0.00	0.10	0.10	0.20
L10（1.82）	95.01	3.72	1.03	0.25	0.00	100.00	71.33	4.02	1.31	5.33	0.17	0.00	0.00	0.17	0.90	0.00	0.00	0.90
L11（1.98）	91.86	4.27	1.44	0.00	2.43	100.00	69.23	8.28	2.86	11.14	0.06	0.12	0.00	0.18	0.08	0.10	0.10	0.28

注：表中*指根据元素分析结果。表格统计的数据对原始数据进行了数值修约，存在数值修约误差。

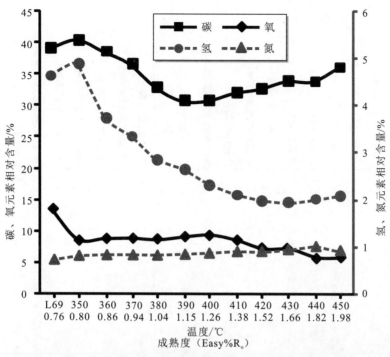

图4-1 罗69干酪根生烃过程中碳、氢、氧、氮元素相对含量变化

碳元素这一变化与第三章所述的罗69样品生油高峰完全吻合：生油高峰前干酪根持续裂解，大量脂肪族结构从结构中脱落形成小分子化合物，使干酪根中碳元素的相对含量有所降低。结合氧元素的变化趋势更能够证明这一点：在碳元素相对含量发生变化的同时，氧元素的含量并没有明显的趋势性波动，说明氧原子更多地结合在芳环簇结构而非碳支链中，这也就使得支链发生断裂时，氧元素含量没有明显的变化，甚至还略有上升；当干酪根Easy%R_o大于1.38后，大量在裂解作用时脱落的碳原子结构单元通过缩合作用再次与干酪根主体结构相连接，而此时这些结构单元中所含氧原子数量较少，这就导致了干酪根残渣中的氧元素含量在高熟区间出现了下降的趋势。

（二）王161样品

王161干酪根样品XPS检测结果如图4-2所示，结合元素分析的氢元素结果对5种元素在结构中的相对原子数量归一化的结果如表4-2所示，与罗69样品一样，王161干酪根残渣的相对原子及官能团数量计算对应为每100个碳原子。

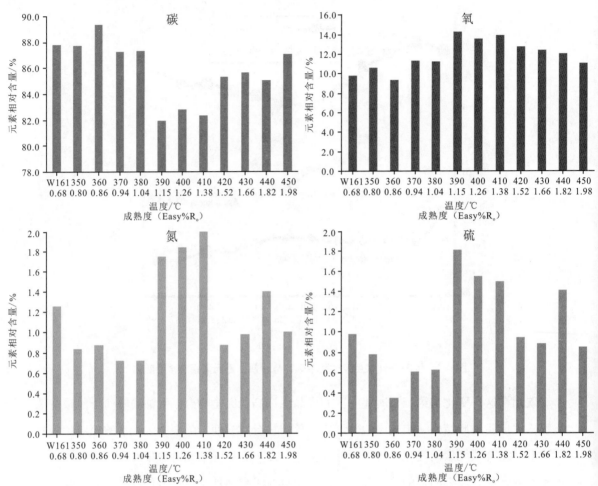

图4-2 王161干酪根生烃过程中碳、氮、氧、硫元素相对含量变化

从表4-2中可知，C—C是王161干酪根结构中相对数量最高的结合方式，C—O是结构中相对数量第二高的碳原子官能团，C＝O在结构中占比较低，但几乎在整个热解过程中始终存在，这一结果与罗69样品一致。氧原子官能团分布类型中，O—C和O＝C是最主要的2种类型，并且O—C单键的数量在整个热解过程中均大于O＝C双键的数量，这也印证了上述章节关于O—C稳定性优于O＝C键的结果。氮原子的官能团类型分为胺根、吡咯、吡啶3种形式，在热解作用初期，胺根的相对数量略大于吡啶，但随着实验的进行，拥有较强稳定性的吡咯在含氮官能团中的占比出现上升趋势，在Easy%R$_o$＝1.15之后就成为氮原子最主要的存在方式。硫元素以脂肪族硫、亚砜及噻吩3种形式存在于王161样品中，在热解过程中，有机硫元素含量整体较低，3种官能团的相对含量没有出现规律性变化。脂肪族硫和亚砜几乎在整个热解过程都能被检测到，而噻吩含量变化略有波动。

表4-2　王161干酪根样品XPS检测结果

样品编号 (Easy%R_o)	碳							氢*	氧		氮			硫		
	C—C	C—O	O—C—O	C=O	O—C—C	O=C—O	总量	总量	O—C	O=C	胺根	吡咯	吡啶	脂肪族硫	亚砜	噻吩
W161（0.68）	92.41	4.06	1.59	1.94	0.00	0.00	100.00	68.25	5.88	3.12	0.56	0.00	0.00	0.12	0.07	0.12
W1（0.80）	85.98	7.61	1.07	0.00	5.34	0.00	100.00	38.70	5.05	1.57	0.00	0.00	0.09	0.08	0.10	0.00
W2（0.86）	91.15	6.17	0.84	0.00	0.00	1.83	100.00	43.43	3.91	1.41	0.15	0.00	0.00	0.00	0.01	0.06
W3（0.94）	92.04	3.74	1.60	0.76	0.00	1.86	100.00	47.53	8.52	1.37	0.00	0.00	0.12	0.09	0.06	0.09
W4（1.04）	91.56	6.73	1.70	0.00	0.00	0.00	100.00	49.34	8.88	2.82	0.00	0.12	0.19	0.09	0.07	0.09
W5（1.15）	89.64	5.95	1.55	2.05	0.00	0.81	100.00	46.56	8.01	2.92	0.00	1.31	0.00	0.35	0.35	0.00
W6（1.26）	90.11	4.41	0.00	1.58	3.90	0.00	100.00	43.23	5.59	5.52	0.00	0.57	0.52	0.43	0.00	0.43
W7（1.38）	89.34	6.37	0.00	2.04	0.00	2.25	100.00	44.96	6.24	3.60	0.00	0.55	0.52	0.12	0.07	0.40
W8（1.52）	94.86	1.70	1.62	0.00	0.00	1.82	100.00	36.55	7.68	3.23	0.00	0.31	0.16	0.29	0.00	0.29
W9（1.66）	82.73	12.83	2.45	1.66	0.00	0.33	100.00	44.57	7.63	3.22	0.00	0.42	0.00	0.28	0.05	0.28
W10（1.82）	91.85	2.80	2.30	2.28	0.00	0.78	100.00	41.90	5.77	4.11	0.54	0.00	0.00	0.44	0.44	0.00
W11（1.98）	96.22	1.98	1.52	0.27	0.00	0.00	100.00	41.98	5.73	4.60	0.17	0.32	0.00	0.32	0.32	0.00

注：表中*指根据元素分析结果。表格统计的数据对原始数据进行了数值修约，存在数值修约误差。

王161干酪根样品中氢元素的相对原子数量在热解过程中呈波动下降趋势。在裂解的过程中，大量氢原子随脂肪碳发生脱落，相较于芳环簇，气态烃更容易实现氢元素的富集。同时，碳、氮、氧、硫4种元素通过XPS进行检测的有机元素相对含量如图4-2所示，碳元素在生烃过程中由于裂解-缩合作用的影响，依旧呈现出先下降后上升的趋势。氧元素的相对含量变化在王161样品中规律性更强，与碳元素呈负相关关系，当碳元素相对含量最低时，氧元素的相对含量达到峰值，并伴随着缩合作用的进行有所下降。这与罗69样品中元素变化相一致，更加充分地说明了较多的O—C键与芳环簇直接连接，稳定性较高，在裂解作用时难以从结构上脱落。氮元素与硫元素在干酪根结构中含量较低，整个热解过程中未超过2%，大部分样品点中这2种元素的含量在1%左右。值得注意的是，这2种元素在"油窗"晚期（Easy%R_o处于1.15～1.38）出现了一个短暂的含量高峰（图4-2），这或许同样是裂解作用使碳元素含量降低，进而导致氮、硫元素相对含量上升。这也预示着氧、氮、硫等杂原子与芳环簇结合更加紧密，其脂肪族化合物在结构中含量较低。

（三）固体沥青样品

青川火石岭固体沥青原始样品的元素含量分布如图4-3所示，碳元素是原始固体沥青中占比最高的元素类型。氢元素含量在剩余元素中占比较多，说明固体沥青也是以碳-氢骨架为基础的大分子有机质，样品中还含有部分氮、氧、硫等杂原子元素。5种元素含量之和接近100%，说明固体沥青样品的有机物纯度非常高，几乎不含有任何无机矿物，仅受到部分检测时气体的影响，产生少量误差，因此对固体沥青元素分布的检测仅通过元素分析仪完成。

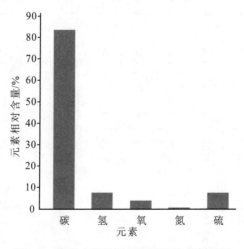

图4-3 青川火石岭固体沥青元素分析结果

图4-4为青川火石岭固体沥青样品热解过程中沥青残渣的元素含量变化，图中碳元素含量在整个实验过程中持续上升，增加了约4%。在热解实验的末期，碳元素占比增速没有放缓的迹象，而是依旧持续增加，这表明固体沥青的缩合反应在成熟度（Easy%R_o）达3.21后也会持续进行，残渣中的碳含量会在缩合作用的影响下持续上升，向石墨化方向转变。氢元素在沥青残渣中的占比在整个热解过程中减少近一半，这说明固体沥青残渣依旧有着一定的生烃能力，由缩合作用产生的固体沥青残渣在热解中依旧会释放出氢原子参与生烃过程。在持续的缩合作用下，氢元素的减少也预示了残渣中平均芳环簇的规模在不断扩大，大量连接氢原子的质子化芳碳转化为桥接芳碳，使固体沥青的延展度更大。与碳、氢元素相比，氮、氧、硫等杂原子含量在热解过程中变化更加平稳，硫元素和氧元素略微减少，而氮元素由于总量较低，图中变化趋势并不明显（图4-4）。

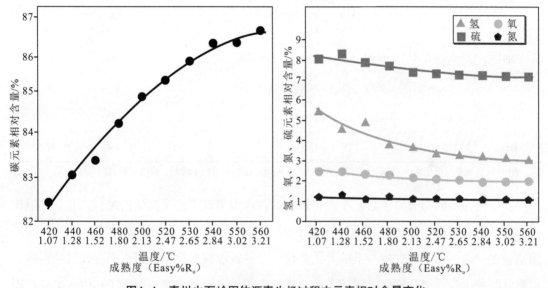

图4-4　青川火石岭固体沥青生烃过程中元素相对含量变化

综合图4-3与图4-4，碳、氢元素在从固体沥青向沥青残渣转化的过程中有着明显的减少。这意味着，在成熟过程中大量含有高碳、氢元素的脂肪族结构在裂解作用下从固体沥青中脱落，生成小分子化合物及烃类物质。为了更加清晰地展示这一结果，将5种元素的相对含量换算为原子数比例并归一化为100个碳原子（表4-3），并且计算了相关原子比的参数。表4-3中每100个碳原子对应的氢原子数量在热解作用的初期便从108.67下降到Easy%R_o为1.03时的78.28，之后在生烃过程中进一步下降至实验最后一个温度点的41.78，H/C值也呈现出相同规律。这说明在固体沥青热解作用初期，沥青残渣的生烃潜力有一次极大的减弱，这一点对应了固体沥青固相转化现象，即由原始固体沥青向沥青残渣转化。

并且沥青残渣虽不如原始样品，但仍具有一定的生烃能力，在后续的热解过程中依旧释放了半数的氢原子，形成小分子化合物及烃类物质。

表4-3　青川火石岭沥青元素分析结果

样品	碳*	氢	氮	氧	硫	H/C	C/O
HSL	100.00	108.67	0.66	3.50	3.41	1.09	28.57
H3	100.00	78.28	1.25	2.23	3.66	0.78	44.75
H4	100.00	65.55	1.34	2.22	3.75	0.66	44.97
H5	100.00	70.32	1.11	2.09	3.54	0.70	47.76
H6	100.00	53.62	1.24	2.03	3.43	0.54	49.36
H7	100.00	51.28	1.11	1.91	3.26	0.51	52.27
H8	100.00	46.55	1.14	1.83	3.22	0.47	54.60
H9	100.00	45.45	1.13	1.78	3.18	0.45	56.34
H10	100.00	44.37	1.08	1.69	3.15	0.44	59.21
H11	100.00	43.17	1.09	1.72	3.13	0.43	58.12
H12	100.00	41.78	1.05	1.70	3.11	0.42	58.67

注：表中*指各元素归一化为100个碳原子；表格统计的数据对原始数据进行了修约，存在数值修约误差。

　　表中氮元素的相对原子数量在固相转化的过程中出现了一次富集的过程，并且热解作用的后期依旧保持在每100个碳原子对应1个氮原子的数量上。这说明较多的氮原子与芳环簇结合在一起，稳定的吡咯与吡啶类化合物可以有效地将氮原子保留在沥青残渣结构内，而部分胺根化合物则在裂解过程中脱离。硫元素的相对原子数量与氮原子相似，也是在固相转化中进行了一次富集，并随着热解作用的深入，部分脂肪族硫与亚砜随热解作用脱落，而噻吩类化合物更加稳定，在结构中得以保留。氧元素的相对原子数量则在整个热解过程中持续减少，固相转化过程中氧原子从原始样品的3.50减少到2.23，而在热解过程中更是最终降到1.70。这说明在固体沥青结构中，与氮、硫相比，氧原子或许更难与芳环簇发生结合，形成稳定的化合物，更多的氧原子是以羰基、羧基的形式与沥青主体结构相连，在热解的高熟阶段（Easy%R_o大于2.0）易断裂。

二、有机大分子结构变化

本研究中利用^{13}C固体核磁共振检测干酪根与固体沥青在热解过程中的结构变化，通过对核磁共振进行分峰处理，探究在生烃过程中大分子地质有机体结构中不同碳氢结构的变化规律，为数学模型和化学结构的建立提供实验基础。

有机大分子的核磁共振检测结果中主要包括2个位置的主峰，分别是脂肪族碳（脂碳峰；化学位移为0～92）和芳香族碳（芳碳峰；化学位移为92～165）（Trewhella et al.，1986；Lille et al.，2003；Mao et al.，2010；Cao et al.，2013；Burdelnaya et al.，2014；Cao et al.，2016；Tong et al.，2016）。如图4-5所示，研究中，将核磁共振图谱进行分峰处理，通过峰面积判断不同结构单元在结构中所占的比率。

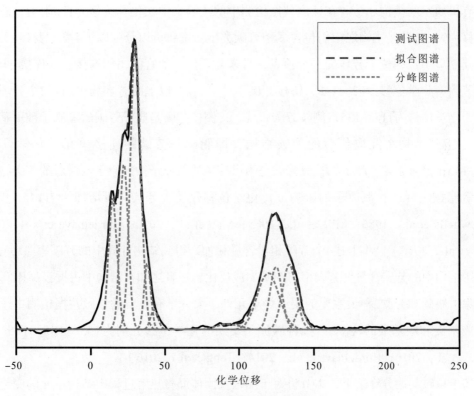

图4-5　核磁共振拟合示意

脂碳是大分子地质有机体生烃的主要来源，在热解过程中易发生断裂，从结构中脱落形成烃类物质。核磁共振检测中脂碳官能团的化学位移为0～62，脂碳主峰化学位移多数为33左右的亚甲基峰，少量与氧原子相连接的脂碳化学位移为62～92。如表4-4所示，在本研究中，将脂碳分为以下6种类型：支链甲基（f_{CH_3al}），位于脂碳支链末端或与其他脂碳相连接的甲基单元，化学位移为10～19；芳碳甲基（f_{CH_3ar}），与芳香碳相连接的甲基单元，化学位移为19～22；亚甲基（f_{CH_2}），亚甲基在干酪根及固体沥青的核磁共振的图谱中多数情况为脂碳的主峰位置，化学位移为22～35；次甲基（f_{CH}），化学位移为35～40；季碳（f_C），化学位移为40～60；接氧脂碳（f_O），接氧脂碳即与氧原子相连接的脂碳部分，化学位移受氧原子的影响而增加，为60～92（Guan et al.，2015；Cao et al.，2016；Gao et al.，2017；Huang et al.，2018；Cao et al.，2019）。脂碳部分是结构检测中的重要结构单元，将上述6个单元结构的相对含量相加，即为样品中的脂碳率（f_{al}），用于描述样品中的脂碳含量。

芳碳是样品中芳环簇的构成单元，是大分子有机质中主要的堆叠单元，可形成半晶体形式的微晶结构，也是干酪根与固体沥青化学结构的核心，脂链多与芳碳簇相连而形成复杂的有机质空间结构。芳碳在核磁共振检测中的主峰集中在化学位移为126附近，总体化学位移为92～155，主峰之中仍包含多种芳碳类型。主要可以分为以下4类（表4-4）：质子芳碳（f_a^H），即位于芳环的一个顶点，且未与任何其他官能团相连接，仅连接1个氢原子的芳碳，化学位移为92～118；桥接芳碳（f_a^B），2个以上的芳环簇中连接2个芳环的碳原子，化学位移为118～135；侧枝芳碳（f_a^S），侧枝芳碳是质子芳碳的氢原子被甲基、亚甲基等脂碳结构单元取代后的芳碳结构，即脂碳与芳碳的连接单元，化学位移为135～145；接氧芳碳（f_a^O），接氧芳碳是质子芳碳的氢原子被氧原子取代后的芳碳结构，与接氧脂碳一样，在氧原子的影响下，化学位移较质子芳碳有所增加（为145～155）（Trewhella et al.，1986；Lille et al.，2003；Mao et al.，2010；Burdelnaya et al.，2014；Tong et al.，2016）。将上述4个芳碳相对含量相加，得到结构计算中的芳碳率（f_{ar}），用于描述结构中的芳碳含量。芳碳率与脂碳率成反比，二者之和在结构中占据极高比例。

除了脂碳和芳碳2种最主要的碳结构单元外，大分子有机质的核磁共振检测中还能够进行羧基碳和羰基碳的检测，这2种碳原子集团的化学位移分别为155～185和185～225（Mao et al.，2010；Burdelnaya et al.，2014；Tong et al.，2016）。

基于核磁共振分峰结果，本节将对干酪根及固体沥青热解过程中结构单元的变化进行详细描述，总结生烃过程中有机大分子结构的变化规律。

表4-4 核磁共振官能团类型

化学位移	官能团类型	相对含量符号	示意图
10~19	支链甲基	$f_{CH,al}$	—CH₃
19~22	芳碳甲基	$f_{CH,ar}$	
22~35	亚甲基	f_{CH_2}	—CH₂—CH₂—CH₂
35~40	次甲基	f_{CH}	
40~60	季碳	f_C	
60~92	接氧脂碳	f_O	—CH₂—O—
92~118	质子芳碳	f_a^H	
118~135	桥接芳碳	f_a^B	
135~145	侧枝芳碳	f_a^S	
145~155	接氧芳碳	f_a^O	
155~185	羟基	f_{COOH}	—COOH/R
185~225	羰基	$f_{C=O}$	

（一）罗69样品

随成熟度变化的罗69干酪根样品核磁共振检测结果如图4-6所示，图中各个成熟度的样品均包含2个主峰。脂碳主峰位置的化学位移约为30，为亚甲基基团，并且可以清晰地从图中看出2种甲基及亚甲基在样品中含量较高。芳碳主峰位置化学位移约为130，且随着成熟度的增加，芳碳峰相对高度逐渐上升。

地质体中固体有机分子模拟与对接研究

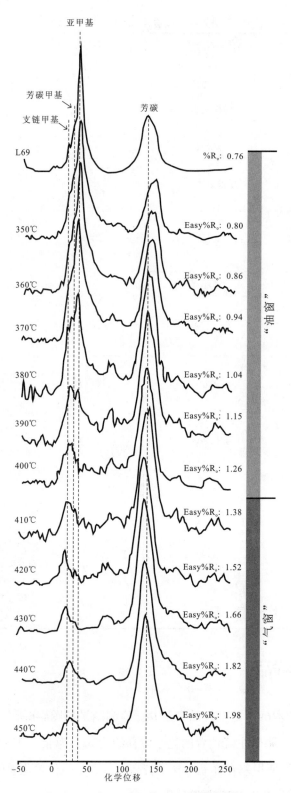

图4-6　罗69干酪根核磁共振检测结果

样品分峰完成后的各官能团相对含量如表4-5所示，甲基的相对含量在热解过程中出现了先上升、后下降的趋势。支链甲基和芳碳甲基的相对含量均在370～380℃、成熟度为0.94～1.04时，即生油高峰阶段，达到顶峰，此后开始逐渐下降。这一成熟度与前述的罗69干酪根样品生油高峰对应，说明在生油高峰之前，干酪根样品中的脂碳以长链形式存在，而甲基在链状脂碳中占比并不高，因此原始样品中甲基含量较少。进入生油阶段后，样品在裂解反应下发生断裂，大量小分子化合物从干酪根结构中脱落，导致与干酪根原始结构相连接的脂肪链断裂成为不同类型的甲基。而生油高峰之后，干酪根缩合作用开始占主流，甲基又成为碎片之间相结合的官能团类型。同时高成熟度下的裂解作用仍然会使参与的C—C键断裂，让甲基再次发生脱落。在缩合作用与裂解作用的共同影响下，2种甲基在裂解作用后期仅在干酪根结构中占2%左右。亚甲基和次甲基是干酪根结构中脂链的主要组成单元，且在缩合过程中难以生成这2种官能团结构。因此二者在整个热解过程中占比持续降低，分别从原始样品中的25.52%、10.86%下降到热解后期的1.09%、1.11%。二者在热解过程中共计减少的部分占比超过干酪根原始结构的30%，是最主要的生烃基团。季碳在热解过程中作为重要的连接单元，其含量相对稳定且占比较低。接氧脂碳的变化与样品中氧元素的含量息息相关，在热解实验后期，接氧脂碳的含量略有上升，这说明此类官能团稳定性较高，断裂速度低于普通的脂链。

表4-5　罗69干酪根核磁共振结果

样品（Easy% R_o）	脂碳（化学位移为0～92）/%						芳碳（化学位移为92～155）/%				f_{al}/%	f_{ar}/%	$f_{C=O}$/%
	f_{CH_3al}	f_{CH_3ar}	f_{CH_2}	f_{CH}	f_C	f_O	f_a^H	f_a^B	f_a^S	f_a^O			
L69（0.76）	3.39	8.93	25.52	10.86	3.74	2.14	18.11	11.19	4.86	6.19	54.58	40.35	3.90
L1（0.80）	5.81	8.15	21.29	11.83	6.51	2.33	13.88	11.61	6.62	8.35	55.92	40.45	2.03
L2（0.86）	4.81	10.65	17.29	13.00	6.66	3.02	13.41	12.80	9.66	5.79	55.42	41.66	1.95
L3（0.94）	6.21	7.33	15.44	14.60	5.97	3.88	10.57	13.32	9.38	7.24	53.43	40.50	3.55
L4（1.04）	5.82	11.07	10.45	9.95	7.29	6.71	14.15	16.36	11.23	3.96	51.30	45.70	2.08
L5（1.15）	5.03	10.48	4.93	3.72	3.91	5.13	14.65	23.49	13.77	8.06	33.19	59.97	4.87
L6（1.26）	2.61	9.70	4.57	4.62	3.98	5.16	20.71	25.8	15.20	3.48	30.63	65.24	1.89
L7（1.38）	3.39	9.11	2.76	3.05	1.40	4.45	18.51	28.26	18.17	5.11	24.17	70.05	4.08
L8（1.52）	2.45	7.60	2.73	2.34	2.16	5.77	18.79	29.99	17.56	5.94	23.05	72.29	2.63
L9（1.66）	1.58	4.65	1.09	1.11	0.62	4.38	18.41	31.02	15.60	10.43	13.44	75.46	8.24
L10（1.82）	1.30	4.03	1.37	1.52	1.28	3.34	17.30	31.50	16.76	10.58	12.85	76.14	8.40
L11（1.98）	2.25	2.82	2.69	1.35	1.04	5.91	16.07	30.83	16.44	10.20	16.07	73.54	8.97

　　样品的芳碳结构中，质子芳碳的含量在热解过程中占比较为稳定且略有下降。芳碳基

团中变化较为明显的桥接芳碳，在热解过程中，从原始样品中的11.19%增长到了实验后期的31.50%，为原始样品的近3倍，这说明热解过程中，样品的缩合程度快速提升，低碳数芳环逐渐发生聚合，样品中平均芳环簇数量有所上升。这一变化也使高熟干酪根具有更强的稳定性，向层状蜂窝结构演化。侧枝芳碳的占比同样在热解过程中有着快速的提高，从原始样品中的4.86%上升到热解高熟阶段的16.76%，增长近3倍。侧枝芳碳相对数量的上升同样是缩合作用的结果。在缩合反应中，除芳环簇发生结合转化为桥接芳碳外，还有质子芳碳发生脱氢反应，转化为侧枝芳碳并释放甲烷。这一过程极大地提升了侧枝芳碳的占比，同时也使质子芳碳的相对含量下降，使其在热解过程中没有明显变化。接氧芳碳的数量在热解过程中主要呈上升趋势，但上升速度较慢，与干酪根整体结构中芳碳率上升速度大致相等。这说明接氧芳碳是热解过程中最为稳定的官能团，热解作用和缩合作用都不会使其发生较为剧烈的反应。

图4-7为罗69干酪根样品在热解过程中脂碳率与芳碳率的变化，二者在热解过程中成反比，数量此消彼长。在热解作用前期（成熟度小于0.94）较为平稳，没有明显的变化。而在生油高峰前后（成熟度为0.94～1.38）脂碳率快速下降而芳碳率快速增加，这说明此时样品正经历着剧烈的裂解作用，大量脂碳脱落导致了样品中芳碳的相对含量有所上升，预示着在这一时期，干酪根的化学结构存在一次跃变（Gao et al., 2017）。当成熟度大于1.38后，即进入"气窗"阶段，脂碳率处于低位，裂解作用慢慢减弱，而芳碳率随缩合作用的增强缓慢上升，干酪根化学结构整体进入稳定阶段。

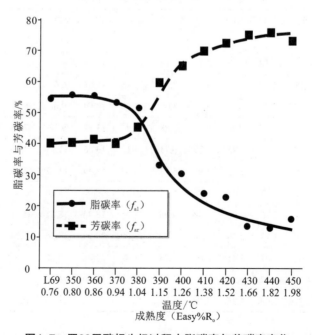

图4-7　罗69干酪根生烃过程中脂碳率与芳碳率变化

（二）王161样品

王161样品的核磁共振图谱如图4-8所示，总体变化规律与罗69样品类似：脂碳与芳碳是核磁共振检测的2种主要有机碳结构；在热解过程中，脂碳率持续下降，芳碳率持续上升。

由核磁共振分峰结果（表4-6）可知，f_{CH_3al}和f_{CH_3ar} 2种甲基的含量在热解过程中占比持续下降，支链甲基占比从原始样品中的4.38%下降到最终的0.58%，芳碳甲基则是从干酪根样品的10.61%下降到0.98%。这一特征与罗69样品大相径庭，但符合王161样品在第三章中所表现出的生油高峰规律，该干酪根样品的生油高峰成熟区间为热解作用前期（Easy%R。为0.80～0.86），而结构中的甲基部分同样在这一区间内持续降低，2个干酪根样品都在生油高峰阶段表现出甲基占比快速下降的趋势。亚甲基的占比在热解过程中呈现持续降低的趋势，从原始干酪根样品中的23.22%减少到热解结束时的0.71%，同时次甲基和季碳与亚甲基呈现出相同的变化规律，它们分别从原始样品中的15.40%和7.25%减少到Easy%R。为1.98时的0.63%与0.64%。3种主要用于构成和连接脂肪族结构单元的碳原子基团在裂解过程

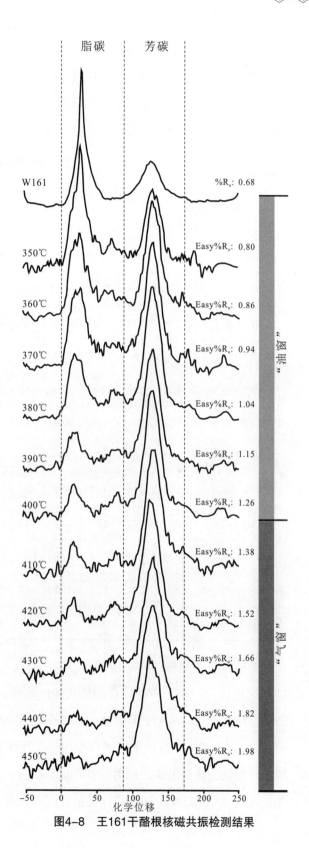

图4-8　王161干酪根核磁共振检测结果

中占比快速降低，说明王161样品的脂链裂解过程速度更快，且高熟阶段干酪根中的生烃潜力更低。接氧脂碳的含量在热解过程中同样呈现出下降趋势，由于原始样品中这一官能团含量较低，因此到实验结束时接氧脂碳仅为原始样品的1/3~1/2，相较于其他脂碳官能团的快速减少甚至消失，其结构稳定性最强。

表4-6　王161干酪根核磁共振结果

样品（Easy% R_o）	脂碳（化学位移为0~92）/%						芳碳（化学位移为92~155）/%				f_{al}/%	f_{ar}/%
	f_{CH_3al}	f_{CH_3ar}	f_{CH_2}	f_{CH}	f_C	f_O	f_a^H	f_a^B	f_a^S	f_a^O		
W161（0.68）	4.38	10.61	23.22	15.40	7.25	2.56	15.65	9.67	7.29	3.96	63.43	36.57
W1（0.80）	5.94	8.95	23.92	11.12	5.14	4.22	17.53	11.03	8.55	3.62	59.28	40.72
W2（0.86）	2.46	5.20	18.63	10.59	5.21	4.07	20.82	15.21	13.02	4.79	46.17	53.83
W3（0.94）	2.81	7.07	14.12	7.55	3.65	2.88	25.04	18.38	13.18	5.33	38.08	61.92
W4（1.04）	2.10	5.84	14.42	3.59	3.86	3.75	24.49	21.30	16.29	4.36	33.57	66.43
W5（1.15）	1.59	3.46	9.21	3.02	3.64	4.64	25.10	25.01	18.42	5.91	25.55	74.45
W6（1.26）	1.02	1.98	4.67	2.99	2.53	4.09	23.12	32.01	23.98	3.61	17.28	82.72
W7（1.38）	1.03	2.19	4.47	3.12	1.92	3.17	21.19	32.70	21.28	6.97	15.91	84.09
W8（1.52）	0.93	1.32	4.22	1.17	1.35	1.66	24.23	36.73	24.45	3.94	10.65	89.35
W9（1.66）	0.46	5.35	2.36	1.40	1.69	2.37	21.95	35.37	20.75	6.50	13.63	86.37
W10（1.82）	0.74	1.99	2.05	1.03	0.38	1.51	19.87	37.33	24.47	8.08	7.69	89.76
W11（1.98）	0.58	0.98	0.71	0.63	0.64	0.80	20.49	38.79	27.30	6.90	4.33	93.47

芳碳组分干酪根结构中质子芳碳的相对含量对比实验前后上升了约5%，但相较于芳碳率的增长量，质子芳碳占比的增长速度较慢，说明部分质子芳碳转化为了其他类型的芳碳。桥接芳碳的相对比例从9.67%增长到38.79%，实验末期桥接芳碳占比为原始样品的4倍以上，说明热解过程中的缩合作用下芳环簇发生缩合反应，部分质子芳碳及侧枝芳碳脱氢，转化为桥接芳碳。同时，在低成熟阶段，质子芳碳是干酪根结构中最主要的芳碳类型，而在成熟度达到1.26之后，桥接芳碳取代质子芳碳，成为芳碳中占比最高的类型。这

一现象表明干酪根在热解过程中，结构中的平均芳环簇的数量有着明显的提升。在接下来的章节中，本研究将建立详细的结构参数，对这一现象展开讨论。芳碳结构中的侧枝芳碳占比增长速度与桥接芳碳大致相同，从7.29%增长到27.30%。这一现象也印证了上文所提出的缩合过程中质子芳碳向侧枝芳碳转化的过程，而侧枝芳碳对连接不同芳环簇有着重要意义，因此该基团数量的上升进一步证明了干酪根整体结构规模的增长。王161样品中接氧芳碳的相对数量与罗69样品一样有着小幅的上升，但速度慢于桥接芳碳与侧枝芳碳，并且低于芳碳率的增长速度，因此可以判断在热解过程中，有少量的接氧芳碳受裂解作用转化为其他类型的芳碳，但其稳定性较强，一部分基团被保留在结构中。

图4-9为王161样品中脂碳率与芳碳率的变化，由图可知在热解过程中，干酪根的脂碳率快速降低，其结构的主要组成逐渐转化为芳碳。但与罗69样品不同的是，王161样品热解实验早期没有稳定过程，脂碳率的降低从第一个样品点就已经开始。这一现象与上文所述的生油高峰完全一致，热解实验中，王161样品的生油高峰位于成熟度0.80~0.86，因此干酪根中脂碳结构在这个时间段内快速断裂，脂碳数量急剧减少。当进入热解后期，样品中脂碳与芳碳的相对含量趋于稳定，仅在缩合作用下有着缓慢的变化（芳碳率缓慢增长）。

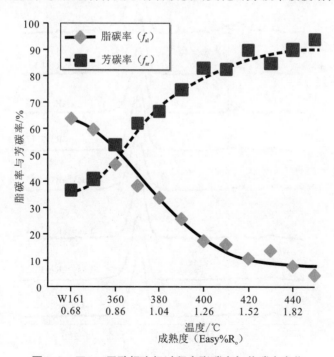

图4-9 王161干酪根生烃过程中脂碳率与芳碳率变化

（三）固体沥青样品

青川火石岭固体沥青不同成熟度样品的核磁共振检测结果如图4-10所示。从图中可以看出，固体沥青样品与干酪根的检测结果有着极强的相似性，都是以主峰分别位于化学位移为30和130的脂碳和芳碳为基础结构单元。固体沥青结构演化的过程脂碳数量随着成熟度的增加快速降低，在Easy%R_o = 2.47时，脂碳部分的含量已经较少。

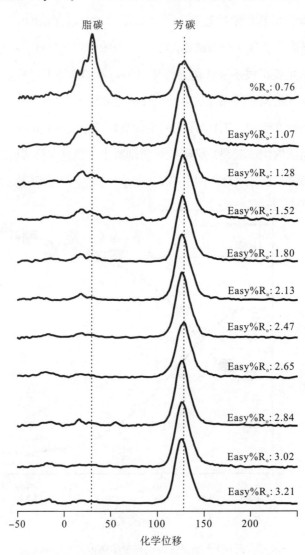

图4-10　青川火石岭固体沥青核磁共振检测结果

核磁共振图谱的分峰结果如表4-7所示，原始固体沥青结构中甲基相对占比明显高于原始干酪根样品。特别是芳碳甲基基团，其相对数量在原始固体沥青中仅略低于亚甲基含量。这说明固体沥青与干酪根虽然有着较强的相似性，但在具体的结构特征与官能团组成上，二者仍有着一定的区别。固体沥青中支链甲基在热解过程中从6.84%下降到0.49%，而芳碳甲基从18.50%下降到2.06%，当成熟度达到2.47之后，结构中支链甲基的相对数量已经低于1%，说明在此成熟度下，结构中几乎没有脂链的存在。而到热解实验结束时，结构中仍然存在2.06%的芳碳甲基，并且此时芳碳甲基为最主要的脂碳存在形式。这说明固体沥青仍有缩合潜力，还能够通过缩合作用增大多数固体沥青结构单元并释放少量甲烷气体。结构中的亚甲基含量随着成熟度的增加持续降低，由原始样品的19.78%降低到1.50%。并且在成熟度为2.47时，其含量已经在1%左右徘徊，表明此时亚甲基裂解反应基本完成，残渣的生烃潜力已经较低。同样能生成烃类物质的次甲基与季碳在热解过程中相对含量也呈持续下降的趋势，并且在高熟样品中由于含量过低已经无法在核磁共振图谱上检测到这2种基团的存在。与干酪根样品不同的是，接氧脂碳的相对数量在固体沥青热解过程中持续下降并彻底消失，在成熟度到达2.13时，样品中已无法检测到接氧脂碳的存在。这说明该成熟度已经到达接氧脂碳的裂解条件，高熟样品中这一官能团类型难以持续保留。

固体沥青结构中的质子芳碳含量没有明显变化，热解初期从原始样品中的13.78%增长到21.79%（Easy%R_o= 1.07）后，便在21.79%~29.08%变化。这一现象与干酪根结果相似，质子芳碳在热解过程中会随着芳碳数量的整体增加而上升，不过同样作为缩合作用的物质来源，在热解的后期会转化为桥接芳碳与侧枝芳碳。桥接芳碳与侧枝芳碳的比率在热解过程中持续增长，二者分别从15.44%和10.68%增长到41.59%与25.48%。这2种官能团的增长源于缩合作用的2种模式，即芳环簇稠合增大导致桥接芳碳数量增加，新芳环单元接入结构中导致残渣体积增加和桥接芳碳的增加。接氧芳碳的相对数量较原始样品有所提高，但幅度并不明显，并且接氧芳碳在高熟固体沥青样品中依然能够稳定存在，这说明该官能团的稳定性明显强于接氧脂碳，并说明接氧芳碳是高熟沥青中氧原子的主要存在方式。

表4-7 青川火石岭固体沥青核磁共振结果

样品（Easy% R_o）	脂碳（化学位移为0~92）/%						芳碳（化学位移为92~155）/%				f_{al}/%	f_{ar}/%
	f_{CH_3al}	f_{CH_3ar}	f_{CH_2}	f_{CH}	f_C	f_O	f_a^H	f_a^B	f_a^S	f_a^O		
HSL（0.76）	6.84	18.50	19.78	8.04	4.08	1.25	13.78	15.44	10.68	1.62	58.49	41.51
H3（1.07）	4.07	8.45	9.41	2.92	1.40	0.34	21.79	28.16	20.09	3.36	26.60	73.40
H4（1.28）	2.59	4.67	3.27	2.94	1.24	0.27	26.74	33.16	21.36	3.76	14.97	85.03
H5（1.52）	2.74	3.68	3.40	2.47	0.47	0.19	27.14	34.05	22.26	3.61	12.95	87.05

续表

样品（Easy% R_o）	脂碳（化学位移为0～92）/%						芳碳（化学位移为92～155）/%				f_{al}/%	f_{ar}/%
	f_{CH_3al}	f_{CH_3ar}	f_{CH_2}	f_{CH}	f_C	f_O	f_a^H	f_a^B	f_a^S	f_a^O		
H6（1.80）	2.44	3.46	1.69	1.58	0.37	0.08	27.70	35.62	22.45	4.61	9.63	90.37
H7（2.13）	1.54	3.42	1.61	0.84	0.39	0.00	28.61	36.96	22.21	4.41	7.80	92.20
H8（2.47）	0.62	1.91	1.34	0.93	0.44	0.00	29.08	38.53	23.29	3.86	5.24	94.76
H9（2.65）	0.63	2.93	0.71	0.71	0.39	0.00	28.18	39.09	23.18	4.18	5.37	94.63
H10（2.84）	0.29	2.88	1.03	0.50	0.62	0.00	26.04	39.61	26.01	3.03	5.31	94.69
H11（3.02）	0.50	1.99	1.25	0.37	0.37	0.00	26.34	40.46	25.43	3.29	4.48	95.52
H12（3.21）	0.49	2.06	1.50	0.28	0.55	0.00	25.08	41.59	25.48	2.97	4.89	95.11

样品中固体沥青的脂碳率与芳碳率变化表明（图4-11），这2个参数比例发生交替时的成熟度为1.04，并且在固体沥青结构参数的变化过程中，10种官能团的相对含量及脂碳率、芳碳率在原始样品到第一个热解温度点时有着明显的跃变。这也说明了固体沥青的结构变化，实质上是原始固体沥青向固体沥青残渣的固相组成的变化。原始固体沥青脂碳占比较高，拥有更高的生烃潜力，甲基、亚甲基、次甲基数量较高，结构以多脂碳短链为主。而沥青残渣中芳香碳成为主要结构单元，并且随着成熟度增加，芳碳数量持续上升，在Easy%R_o = 1.80后渐渐趋于稳定。但值得注意的是，成熟度较低的固体沥青残渣中仍具有少量的脂碳结构能够通过裂解作用生成烃类物质，但这些残留物质会在较短的成熟度区间内（1.07～1.28）发生裂解脱落。

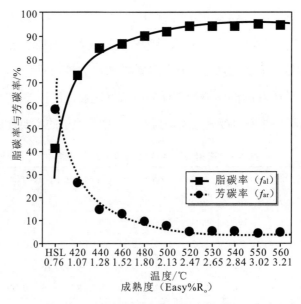

图4-11 青川火石岭固体沥青生烃过程中脂碳率与芳碳率变化

三、结构参数变化及新参数的建立与优化

为了更加准确地反映大分子有机质在演化过程中的结构变化规律，本研究中以核磁共振检测结果为基础，对有机大分子的结构参数进行计算。在前人研究的基础上优化并提出了多个新的结构模型用于准确评估结构特征，为干酪根与固体沥青的结构建立提供准确数据支持。样品结构相关的参数计算结果如表4-8所示，相关计算方法及参数意义将在本节进行详细描述。

表4-8 干酪根及固体沥青结构参数

样品	X_{BP}	f_{CH_2}/f_{CH_3}	C_n	C_n'	C_{nB}	χ_{edge}	I_{ar}	Con_L	Con_U	Con
HSL（0.76）	0.59	0.78	5.48	3.74	4.38	0.65	—	−0.48	0.35	0.82
H3（1.07）	0.62	0.75	1.32	0.90	1.11	0.66	0.03	0.14	0.38	0.23
H4（1.28）	0.64	0.45	0.70	0.48	0.60	0.65	0.02	0.22	0.34	0.11
H5（1.52）	0.64	0.53	0.58	0.42	0.54	0.70	0.00	0.24	0.34	0.10
H6（1.80）	0.65	0.29	0.43	0.27	0.38	0.62	0.01	0.24	0.33	0.09
H7（2.13）	0.67	0.32	0.35	0.20	0.27	0.54	0.02	0.25	0.32	0.07
H8（2.47）	0.69	0.53	0.22	0.14	0.17	0.60	0.02	0.29	0.33	0.04
H9（2.65）	0.70	0.20	0.23	0.11	0.13	0.41	0.02	0.27	0.32	0.05
H10（2.84）	0.72	0.32	0.20	0.09	0.10	0.39	0.02	0.33	0.38	0.05
H11（3.02）	0.73	0.50	0.18	0.10	0.12	0.52	0.02	0.33	0.36	0.04
H12（3.21）	0.78	0.59	0.19	0.11	0.13	0.52	0.04	0.33	0.37	0.04
W161（0.68）	0.36	1.55	8.70	7.24	7.84	0.80	—	−0.26	0.25	0.51
W1（0.80）	0.37	1.61	6.93	5.89	6.58	0.82	0.01	−0.20	0.27	0.46
W2（0.87）	0.39	2.43	3.55	3.15	3.33	0.86	0.13	0.13	0.32	0.19
W3（0.94）	0.42	1.43	2.89	2.35	2.57	0.78	0.03	0.07	0.27	0.20
W4（1.04）	0.47	1.82	2.06	1.70	1.83	0.77	0.05	0.17	0.32	0.16
W5（1.15）	0.51	1.82	1.39	1.20	1.29	0.80	0.03	0.24	0.33	0.09
W6（1.26）	0.63	1.56	0.72	0.64	0.68	0.81	0.13	0.36	0.41	0.05
W7（1.38）	0.66	1.39	0.75	0.64	0.69	0.80	0.03	0.30	0.35	0.05

地质体中固体有机分子模拟与对接研究

续表

样品	X_{BP}	f_{CH_2}/f_{CH_3}	C_n	C_n'	C_{nB}	χ_{edge}	I_{ar}	Con_L	Con_U	Con
W8（1.52）	0.70	1.88	0.44	0.38	0.42	0.83	0.04	0.31	0.38	0.03
W9（1.66）	0.72	0.41	0.66	0.40	0.42	0.44	0.02	0.23	0.33	0.09
W10（1.82）	0.71	0.75	0.31	0.23	0.26	0.66	−0.01	0.33	0.37	0.04
W11（1.98）	0.71	0.46	0.16	0.12	0.14	0.66	0.00	0.39	0.41	0.02
L69（0.76）	0.38	2.07	11.23	9.39	10.09	0.82	—	−0.21	0.14	0.35
L1（0.80）	0.40	1.53	8.45	7.22	8.09	0.83	0.02	−0.22	0.20	0.41
L2（0.86）	0.44	1.12	5.74	4.64	5.13	0.77	0.04	−0.18	0.30	0.48
L3（0.94）	0.49	1.14	5.70	4.91	5.58	0.83	0.05	−0.13	0.30	0.43
L4（1.04）	0.56	0.62	4.57	3.58	4.10	0.70	0.07	−0.16	0.33	0.49
L5（1.15）	0.64	0.32	2.41	1.65	2.02	0.57	0.09	−0.04	0.30	0.34
L6（1.26）	0.66	0.37	2.02	1.38	1.55	0.55	0.01	0.06	0.30	0.25
L7（1.38）	0.68	0.22	1.33	0.83	1.01	0.50	0.02	0.11	0.35	0.24
L8（1.52）	0.71	0.27	1.31	0.88	1.02	0.50	0.03	0.14	0.32	0.18
L9（1.66）	0.70	0.17	0.86	0.56	0.66	0.45	−0.01	0.16	0.26	0.10
L10（1.82）	0.71	0.26	0.77	0.53	0.60	0.51	0.01	0.19	0.28	0.09
L11（1.98）	0.72	0.53	0.98	0.81	0.94	0.69	0.02	0.20	0.29	0.09

（一）X_{BP}

X_{BP}是用于评价大分子聚合物中芳环缩合程度的经典参数（Mao et al.，2010；Gao et al.，2017），计算方式如公式（4-1）所示：

$$X_{BP} = f_a^B / (f_a^H + f_a^S + f_a^O) \tag{4-1}$$

其中，f_a^B、f_a^H、f_a^S、f_a^O分别代表桥接芳碳、质子芳碳、侧枝芳碳及接氧芳碳在结构中的相对比例。公式中用桥接芳碳除以其他3种芳碳相对比例之和，可得到参数X_{BP}。芳环簇中含有芳环的数量决定了桥接芳碳的数量，由此可知，X_{BP}越大，桥接芳碳相比其他3种芳碳的占比越高，则芳环簇中包含的芳环数量越多，样品的缩合程度就越高。

如图4-12所示，3个样品的X_{BP}均随着成熟度的增加而持续增加，说明热演化过程中，干酪根与固体沥青化学结构中的芳环簇规模在不断扩大，缩合程度持续增强。图中，罗

69、王161这2个干酪根原始样品的X_{BP}分别为0.38和0.36，在热解过程中，干酪根的X_{BP}增长大致分为了3个阶段：缓慢增长期、快速跃变期以及后期稳定期。这说明芳环簇规模增长的过程在干酪根结构中主要发生在一个固定的成熟度区间内，与样品的生烃作用关系不大。虽然缩合作用在整个热解实验中持续进行，但2个干酪根样品的X_{BP}均在Easy%R_o为0.86～1.38时快速上升，之后进入稳定阶段。固体沥青热解过程中X_{BP}的变化趋势相比于干酪根有着明显的不同，实验中青川火石岭固体沥青原始样品的X_{BP}为0.59，明显大于2个干酪根的初始X_{BP}。说明在初始成熟度大致相同的情况下，固体沥青结构中的芳环簇稠合程度高于干酪根样品。随着成熟度的提高，固体沥青X_{BP}持续而快速地上升，并没有出现干酪根中明显的阶段划分现象，仅在增速上略有不同。在热解实验的后期，固体沥青的X_{BP}值仍在持续上升，没有稳定的趋势，表明此时固体沥青结构中芳环簇的规模仍在增加，其缩合能力远远大于干酪根。在高熟条件下，固体沥青中芳环簇的具体规模及持续演化情况仍值得探索。

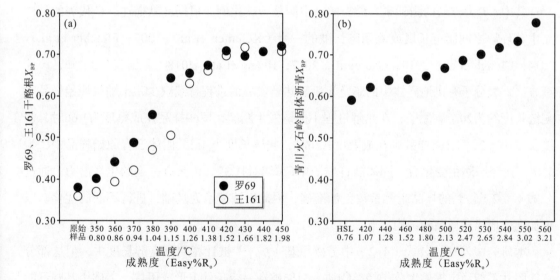

图4-12　生烃过程中干酪根（a）及固体沥青（b）X_{BP}变化

（二）脂链长度计算

有机大分子中的脂链长度计算一直受到研究人员们的广泛关注，根据样品结构参数计算和评估脂链平均长度，是本研究中的重要目的之一。准确地评价脂链平均长度在热解过程中的变化，能够更加准确地评价干酪根及固体沥青的生烃能力。在以往的研究中，人们使用f_{CH_2}/f_{CH_3}的值来计算干酪根或煤结构中的脂链长度（Lin et al., 1993; Chen et al., 2012），如表4-8所示，在这样的计算方法下，干酪根及固体沥青的平均脂链长度较短。2个干酪根样品在热解作用初期的结构单元中的平均脂链长度就已经小于2（罗69样品的为1.53，王161样品的为1.61），说明此时样品中脂链长度较短，几乎没有生烃潜力，甚至通过此计算方法得到的干酪根原始样品中的脂链长度约为2。固体沥青的计算结果还要低于干酪根样品，在原始样品中的脂链长度仅有0.78，这一计算结果与实验的生烃现象大相径庭。笔者认为，这一计算方法能够反映有机大分子中脂链长度随成熟度的变化趋势（3个样品脂链长度都随成熟度增加而缩短），但难以准确地计算样品中脂链的平均长度。

在本研究初期，笔者采用了前人研究中另一种脂链长度的计算方法（Kelemen et al., 2007; Fletcher et al., 2014; Clough et al., 2015; Gao et al., 2017; Huang et al., 2018），如公式（4-2）所示：

$$C_n = f_{al}/f_a^s \qquad\qquad (4-2)$$

其中，f_{al}为样品的脂碳率，f_a^s为样品中侧枝芳碳比例。根据文献描述，C_n代表的是样品中芳环簇之间脂链长度或侧脂链长度的一半（Kelemen et al., 2007; Fletcher et al., 2014; Clough et al., 2015; Gao et al., 2017; Huang et al., 2018）。据表4-8可知，该计算方法下大分子有机地质体中的脂链长度随热解实验的进程持续减少，干酪根原始样品中侧链长度约为20个碳原子，在热解过程中侧链发生断裂，罗69样品在成熟度为1.66时，侧链长度小于2，王161样品则在成熟度1.26时，侧链长度小于2。固体沥青原始样品中C_n为5.48，在经历固相变化后，固体沥青残渣中C_n降低到1.32，仍具有一定的生烃潜力。通过公式（4-2）得到的样品脂链参数更加准确，因此以该模型为基础，进行不断的优化，以更加准确地描述样品的结构特点。

本研究中发现，公式（4-2）中芳碳甲基（f_{CH_3ar}）被计算到侧支链长度中，但这部分官能团并不能稳定提供大分子烃类物质，只能够在一定条件下形成甲烷。芳碳甲基既不能为生烃提供稳定的亚甲基，也不能成为芳环簇的连接单元。因此出现公式（4-2）的计算结果比实际结果偏高的情况。但受困于测试方法，前人研究中难以对这部分官能团从核磁共振图谱中实现准确定量。在本研究中，依托DP/MAS技术，能够更加准确地检测芳碳甲基的相对含量，因此本研究中提出了公式（4-3）以优化公式（4-2），更加准确地计算结构中的脂链长度：

$$C_n' = (f_{CH_3al} + f_{CH_2} + f_{CH} + f_C + f_O)/f_a^s \qquad\qquad (4-3)$$

其中，f_{CH_3al}、f_{CH_2}、f_{CH}、f_C、f_O、f_a^s分别代表支链甲基、亚甲基、次甲基、季碳、接氧

脂碳及侧枝芳碳在结构中的比率。公式（4-3）中除去了总脂碳中的芳碳甲基与侧枝芳碳部分，能够有效地减少单个甲基对脂链长度的评估，有利于更好地反映大分子有机地质体结构特征（表4-8）。

随着研究的深入，我们在计算过程中发现，支链甲基和芳碳甲基中存在重叠部分：如图4-13所示，有机大分子脂链末端甲基为支链甲基，化学位移为10～19，但脂链中最靠近支链甲基的亚甲基的化学位移却与芳碳甲基一致，均为19～22。即部分亚甲基在核磁共振图谱中以芳碳甲基的形式被检测到。这一现象广泛存在于整个计算结果中，并非特殊现象。因此导致在公式（4-3）计算中丢失了该部分亚甲基，使脂链长度偏短。为矫正这一结果，本研究进一步对链长计算进行优化，提出了公式（4-4）：

$$C_{nB} = (f_{CH_3al} \times 2 + f_{CH_2} + f_{CH} + f_C + f_O)/f_a^s \qquad (4-4)$$

其中，f_{CH_3al}、f_{CH_2}、f_{CH}、f_C、f_O、f_a^s分别代表支链甲基、亚甲基、次甲基、季碳、接氧脂碳及侧枝芳碳在结构中的比率。如图4-13所示，亚甲基的位置为靠近脂链末端，其在结构中的数量应当与支链甲基大致相当，相较于公式（4-3），公式（4-4）将支链甲基数量乘以2以矫正部分亚甲基缺失的情况，能够更加准确地计算脂链长度。另外，由于固体沥青样品中甲基数量特别是芳碳甲基数量较多，因此公式（4-4）在固体沥青结构研究中能够发挥更大的作用。

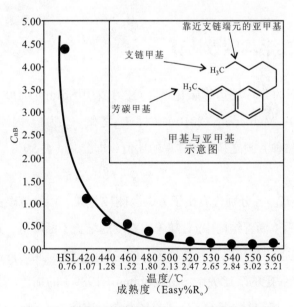

图4-13　固体沥青脂链长度（C_{nB}）随成熟度变化

图4-14中展示了基于公式（4-4）计算的2个干酪根样品生烃过程中脂链长度（C_{nB}）的变化结果。如图4-14所示，2个样品的脂链长度均随成熟度的增加而减少，罗69样品和

王161样品的侧脂链长度分别在成熟度为1.38和1.26时小于2（C_{nB}的2倍）。相比于干酪根样品，固体沥青中的侧脂链断裂速度与干酪根大致相等，成熟度为1.28时，固体沥青残渣中的侧脂链长度小于2，液态烃及大分子气态烃生烃潜力较低（图4-13）。

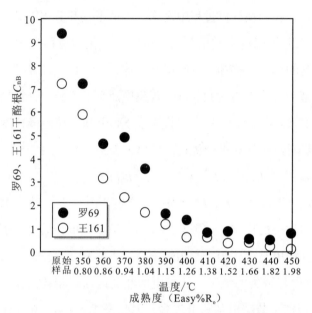

图4-14 干酪根脂链长度（C_{nB}）随成熟度变化

（三）芳环簇平均碳数估算

本研究中所使用的芳环簇边缘碳比例（χ_{edge}）采用Solum于1989年提出的计算方法（Solum et al., 1989；Mao et al., 2010），即χ_{edge}之和χ_{bridge}为1。因此χ_{edge}被用于描述芳环簇中除桥接芳碳之外3种芳碳之和与芳碳率的比值，即公式（4-5）：

$$\chi_{edge} = (f_a^H + f_a^S + f_a^O)/f_{ar} \tag{4-5}$$

其中，f_a^H、f_a^S、f_a^O、f_{ar}分别代表质子芳碳、侧枝芳碳、接氧芳碳占比及芳碳率。由表4-8可知，干酪根及固体沥青结构中χ_{edge}随着成熟度的增长不断降低，这说明样品中芳环簇稠合度不断上升，包含的芳环数量越来越多。同时，χ_{edge}与X_{BP}同为评价芳环簇稠合程度的参数，二者之间存在一定的反比关系。根据Solum（1989）的描述，芳环簇在演化过程中分为2类（图4-15），将这2类芳环簇分别命名为常规连接芳碳簇（primary catenation）与环状连接芳碳簇（circular catenation），并且2类分子的分子式分别为$C_{4n+2}H_{2n+4}$与$C_{6n}{}^2H_{6n}$。由此可知，在同等环数下，常规连接芳碳簇的碳数大于环状连接芳碳簇。根据这一推论并结合χ_{edge}，Mao（2010）提出芳环簇的平均碳数$nC \geq 6/\chi^2_{\mathrm{edge}}$，并且提出这一计算方法仅适用于环状连接芳碳簇。因此，本研究中针对上述研究成果，结合实验现象，提出了新的nC区间计算方法：

$$nC_{\max} = 6/(2\chi_{\mathrm{edge}} - 1) \qquad 当\chi_{\mathrm{edge}} > 0.5 \qquad\qquad (4-6)$$

$$nC_{\min} = 6/\chi^2_{\mathrm{edge}} \qquad 当\chi_{\mathrm{edge}} \leq 0.5 \qquad\qquad (4-7)$$

其中，$nC_{\min}$为芳环簇平均碳数的最小值，仅在$\chi_{\mathrm{edge}} \leq 0.5$时适用；$nC_{\max}$为芳环簇平均碳数的最大值，仅在$\chi_{\mathrm{edge}} > 0.5$时适用。适用区间的划分是由$\chi_{\mathrm{edge}}$所代表的芳环簇类型决定的，当$\chi_{\mathrm{edge}} > 0.5$时，结构中以常规连接芳环簇为主，依据其分子特征应当符合$nC_{\max} = 6/(2\chi_{\mathrm{edge}} - 1)$的计算方法。此时，将结构中所有的芳碳簇都视为常规连接方式，则得到最大的芳碳数量。随着成熟度的增加，χ_{edge}逐渐低于0.5时，样品中开始出现环状连接方式的芳碳簇。此时，将结构中所有的芳碳簇都视为这一连接方式，则得到该区间内芳碳簇的最小值。由此可得到图4-15中的模型，图中随着成熟度的增加，结构中芳碳簇的平均碳数在上下2条曲线内摇摆，碳数不会超出这2条线之间的范围，建立了大分子地质有机体在演化过程中结构变化的规律模型。

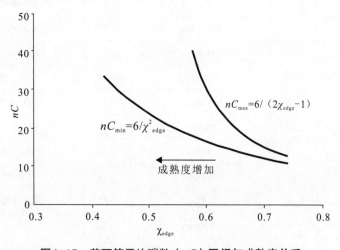

图4-15　芳环簇平均碳数（nC）区间与成熟度关系

（四）芳环簇稠合参数

为了更加准确地评估缩合过程中干酪根芳环簇的增长情况，研究中建立了芳环簇稠合参数模型，并且结合前人研究，建立Ⅰ型、Ⅱ型干酪根芳环簇增长模式，评估不同温度段中，结合到干酪根结构中的芳环簇的大小。

该参数基于X_{BP}在热解过程中的变化，研究首先对文献中的部分不同干酪根结构的X_{BP}进行统计，结果如表4-9所示。Ⅰ、Ⅱ、Ⅲ型干酪根原始样品的平均X_{BP}分别为0.27、0.36、0.56，X_{BP}统计结果表明Ⅰ型干酪根中芳环簇的平均数量为2环，Ⅱ型干酪根中芳环簇的平均数量为3环，Ⅲ型干酪根中芳环簇的平均数量为4环（Behar et al.，1987；Wei et al.，2005；Kelemen et al.，2007；Tong et al.，2011；Guan et al.，2015；Gao et al.，2017；Huang et al.，2018）。统计数据计算了不同干酪根X_{BP}的四分位值，并以3种类型干酪根平均X_{BP}为基础，结合本次实验数据，建立芳环簇增长模型（图4-16）。

表4-9　四川盆地西北部烃源岩干酪根碳同位素统计

Ⅰ型干酪根	X_{BP}	Ⅱ型干酪根	X_{BP}	Ⅲ型干酪根	X_{BP}
Morocco	0.28	Huadian	0.48	Gippsland	0.61
Huadian	0.25	Longkou	0.24	Proprietary	0.45
Huadian	0.20	Tongchuan	0.35	Douala	0.40
Green River	0.40	Yilan	0.49	KQ-4456	0.42
Rundle	0.19	Toarcian shale	0.40	KQ-4463	0.52
Green river	0.23	Zhuanhua	0.38	KQ-4949	0.57
Maoming	0.36	Burma	0.31	KQ-4467	0.58
平均值	0.27	Duvernay	0.28	AR-2719	0.62
最低值	0.19	Oxford Clay	0.37	KQ-2718	0.63
Q1	0.22	Paradox	0.41	KQ-2717	0.60
Q2	0.24	Malm	0.30	AR-2720	0.65
Q3	0.36	Draupne	0.38	KP-85	0.65
最高值	0.40	Bakken	0.32	AR-2721	0.64
		Monterey	0.30	平均值	0.56
		平均值	0.36	最低值	0.40
		最低值	0.24	Q1	0.52
		Q1	0.30	Q2	0.60
		Q2	0.36	Q3	0.63
		Q3	0.40	最高值	0.65
		最高值	0.49		

数据来源：Behar et al.，1987；Wei et al.，2005；Kelemen et al.，2007；Tong et al.，2011；Guan et al.，2015；Gao et al.，2017；Huang et al.，2018。

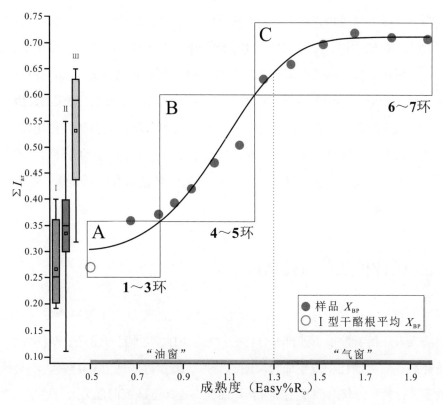

图4-16 Ⅰ型干酪根芳环簇增长模型示意图

纵坐标（$\sum I_{ar}$）的计算过程中，先利用公式（4-8）计算不同样品点的I_{ar}值：

$$I_{ar} = X_{BP}(i) - X_{BP}(i-1)，\quad (i = 1，\cdots，n) \tag{4-8}$$

式中，I_{ar}是缩合过程中相邻样品点中高成熟度与低成熟度样品点的X_{BP}差值，这一差值代表了随着热解过程的进行，总干酪根中芳环簇稠合作用下X_{BP}的增长，可以准确地通过该值累加的形式反映出缩合作用结合到干酪根主干分子上的平均芳环簇的环数。图4-16中，左侧为3种干酪根类型X_{BP}的四分位图，以某一类型干酪根平均X_{BP}为起始值，将热解过程中计算出的样品I_{ar}，根据成熟度变化逐步累加之前所有I_{ar}到起始干酪根值中，便可得到图中的变化曲线。图4-16以王161所代表的Ⅰ型干酪根为例，在整个热解过程中，干酪根结构中芳环簇的缩合作用主要分为3个阶段。图中A框内代表初始缩合阶段，Ⅰ型干酪根缩合作用主要结合碎片中的1~3环芳环簇化合物，缩合作用进程较慢，$\sum I_{ar}$增长较缓。图中B框内代表快速缩合阶段，并且这个阶段内，$\sum I_{ar}$快速增长，与干酪根结合的芳环簇分子以4~5环为主，并且环数在这一过程中也同步快速增长。C框中代表了稳定缩合阶段，在这一阶段内，通过缩合作用与干酪根结合的芳环簇平均芳环数以6~7环为主，并且在这个阶段后，$\sum I_{ar}$已经没有增长的趋势，说明原始干酪根裂解的过程中能够产生的芳环簇平均值最大为6～7环。当这些芳环碎片完成缩合作用后，干酪根只能通过芳环簇内部缩合的形式来增大芳环簇的结构，而无法从产物中结合更大的芳环结构单元。图中缩合作用的3个阶段与上文所述的X_{BP} 3个变化阶段较为类似，但有着不同的意义：图4-16中的3个阶段所代表的是加入干酪根结构中的芳环簇大小，该图解释了X_{BP}阶段性增长的原因。从生烃过程来看，Ⅰ型干酪根在缩合作用的过程中，在"气窗"阶段之前缩合作用以5环以下的芳环簇为主，而进入"气窗"阶段后，缩合进入干酪根结构中的平均芳环簇才增长到6～7环，这或许说明不同芳环簇发生缩合反应时产生的产物也略有区别，这一点需要进一步探索。

（五）缩合指数及微孔指数

生烃潜力是常见的用于评价有机大分子结构在热演化过程中裂解产生烃类物质的潜力，但目前没有任何参数用于评价缩合这一过程。因此本研究中建立了缩合指数（Con）用于评价样品在后续演化中发生缩合反应的能力。该参数区别于X_{BP}体系，不对缩合作用芳环簇数量进行判断，仅对因发生缩合作用而能够连接芳碳簇的能力进行评估。缩合指数由2部分组成，计算方法如公式（4-9）至公式（4-11）所示：

$$Con_L = (f_a^S - f_{CH_3al} - f_{CH_3ar}) / (f_a^H + f_a^B + f_a^O) \tag{4-9}$$

$$Con_U = f_a^S / (f_a^H + f_a^B + f_a^O) \tag{4-10}$$

$$Con = Con_L - Con_U \tag{4-11}$$

其中，f_{CH_3al}、f_{CH_3ar}、f_a^H、f_a^B、f_a^S、f_a^O分别代表样品中支链甲基、芳碳甲基、质子芳碳、桥接芳碳、侧枝芳碳与接氧芳碳在结构中的比率。由于缩合作用中结合芳碳簇需要侧枝芳碳的参与，因此将每个甲基都视为一个独立的脂碳结构与侧枝芳碳相连，再从已有的侧枝芳碳中扣除甲基的数量，便可得到结构中用于连接芳环簇的侧枝芳碳的相对数量最低值，在公式中即为Con_L。将所有甲基单元都视为仅通过一个侧枝芳碳与干酪根结构相连，则此时所有的侧枝芳碳均用于连接有机质中的芳环簇，这一极端情况下通过计算侧枝芳碳与其他3种芳碳比例之和的积便可得到理论条件下缩合度的最大值，即公式（4-10）中的Con_U。Con_L与Con_U 2个参数均为理想条件下的极端情况，并不会真正出现在样品缩合反应中，不过却为样品的缩合反应提供了可以参考的极值。公式（4-11）将二者做差，便可得到固体大分子有机质样品的缩合指数（表4-8）。缩合指数作为2种极值情况的差值，在随热解过程变化中，缩合指数大则意味着样品中未用于缩合作用的侧枝芳碳数量较多，有着更大的缩合潜力，而指数的减小则预示着2个极值的接近，越来越多的侧枝芳碳已经被用于芳环簇之间的连接，能够自由连接其他游离芳环簇的侧枝芳碳数量较少，缩合潜力下降。

由于不同样品有着不同的缩合指数变化，本节中以王161干酪根为例展示计算结果，罗69样品与火石岭固体沥青样品的3个参数展示于表4-8中。图4-17显示，王161干酪根在热解过程中2组缩合指数（Con_L和Con_U）的区间随成熟度变化逐渐变窄，预示着样品中与脂碳单元连接的侧枝芳碳数量减少，样品的缩合潜力逐渐降低。随着成熟度的持续升高，样品的缩合作用更有可能发生在芳环簇之间的缩合，即芳环簇芳环数量的增加，而不是游离芳环簇与干酪根结构相连接，这一结论与前文所述的结果一致。

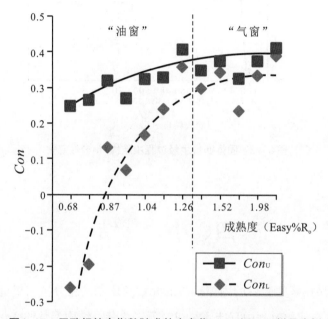

图4-17　干酪根缩合指数随成熟度变化——以王161样品为例

根据表4-8的结果，3个样品的Con_L均有由负转正的过程。其中，2个干酪根样品的这一过程发生在生油高峰附近，而固体沥青Con_L在原始样品中呈负值，而在固相发生转化后便为持续增加的正值。Con_L由负转正的过程代表了分子结构中侧枝芳碳的数量开始多于甲基的数量，表明结构中此时一定有部分侧枝芳碳用于连接2个不同的芳环簇。在干酪根结构中，侧枝芳碳特别是用于连接芳环簇的侧枝芳碳的比例上升有利于结构中形成结构微孔（图4-18）。本研究中，将Con_L值在结构微孔计算中作为PM参数，用于评估样品中结构微孔的发育程度。当PM参数大于0时，认为结构中可能有结构微孔的存在，并且随着该值的持续增大，微孔发育程度越来越高。3个样品中PM（Con_L）均随着成熟度增加而增大，说明大分子地质有机体结构中的微孔发育程度随成熟度增加而增大，微孔发育程度与样品吸附能力有着直接关系，在后续研究中可以辅助评价天然地质体中有机质的气态烃吸附能力。

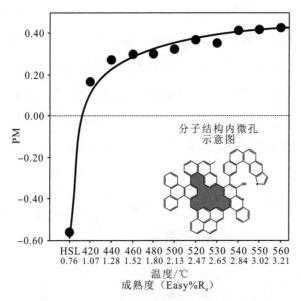

图4-18　固体沥青生烃过程中结构PM参数变化

四、小　　结

本章对3个样品热解实验后的固体残渣的元素及核磁共振分析结果进行讨论，分析了干酪根及固体沥青在演化过程中官能团组成、元素含量、结构参数的变化，并且优化建立了一系列结构参数用于评价3个样品的化学结构变化，得到以下结论。

①裂解-缩合作用与大分子固体有机质的元素组成息息相关，碳元素作为有机质的骨架，在热解过程中呈现先下降、后上升的变化趋势，这一现象由裂解-缩合作用强弱转化而决定。与之相对的氢元素在整个热解过程中持续减少，2种反应类型都能够导致烃类物质的生成和氢元素的减少，热解过程也是一个脱氢的过程。

②氮、氧、硫等杂原子在有机大分子地质体中的存在形式多样，但能够保持稳定的杂原子结构多是与芳环连接，包括连接在芳碳上的氧原子及吡咯、吡啶、噻吩及其衍生物，直接与脂碳相连接的杂原子官能团则更加容易脱落。

③热解过程中，3个样品的脂碳率持续下降，芳碳率上升，伴随着这一过程的是脂链

的脱落和缩合作用的持续加强导致的X_{BP}的上升。样品脂碳率的变化与生烃阶段划分相一致，说明脂碳部分为烃类物质的主要来源，随着脂碳率的持续降低，样品的生烃能力逐渐下降，最终趋于稳定。

④研究中优化了脂链长度的计算方法；提出了芳环簇平均碳数的波动区间、芳环簇稠合参数用于预测缩合作用中芳环簇的大小变化；建立了缩合指数与微孔指数，将微观结构参数与样品的微孔特征结合起来，能够运用化学结构的研究成果，帮助预测实际样品的性质。

此外，本章中对缩合作用有着较为全面的研究，但受技术手段、缩合反应的具体过程及2类缩合反应的发生细节限制，目前难以准确计算。同时，研究还发现干酪根与固体沥青的化学结构存在一定的区别，这些问题值得笔者持续探索。

第五章　分子模型建立及优化

基于元素分析、X_{PS}分析及^{13}C NMR检测，干酪根及固体沥青的元素组成与化学结构特征已经得到了充分的认识。在本章之中，将利用检测结果，通过软件建立干酪根及固体沥青的二维化学结构模型，展示二维分子模拟在固体沥青溯源研究中的实际应用。并以二维模型为基础，通过软件优化至三维空间内的最稳定状态，实现大分子固体有机质生烃过程中的化学结构的模型化。同时，本章中还包含了对三维分子结构形貌的评价公式，以及在传统核磁共振图谱预测之外，首次实现有机大分子的拉曼光谱预测。

一、二维分子模型模拟方法

核磁共振检测是建立有机大分子模型的重要参数（Dennis et al.，1982；Huang，1999；姜波 等，1998；赵融芳 等，2000；Suggate et al.，2004；李岩 等，2012），本研究中以核磁共振图谱为基础，借鉴煤研究中二维分子模型的建立方法（Chen et al.，2009；赵融芳 等，2001；常海洲 等，2008；贾建波 等，2011），建立干酪根及固体沥青随成熟度变化的化学结构模型。具体步骤如下。

①根据样品元素组成，确定分子模型中各元素的原子数量。由于本研究中使用的ACD/CNMR软件计算能力极限为255个原子（不包含氢原子），因此结构模型中需要合理分布碳、氮、氧、硫的原子数量。

②在确定原子比的基础上，根据官能团信息及核磁共振检测结果，初步建立分子模型，并通过ACD/CNMR与gNMR软件模拟该分子模型的核磁共振图谱（ACD/Labs，2016）。

③将模拟核磁共振图谱与样品核磁共振检测图谱进行对比，通过修改步骤2中的分子模型结构，直至模拟图谱接近检测图谱为止。

④当模拟图谱与检测图谱一致性较好、基本重合后，认为此时的分子模型与样品化学结构有较高的相似度，能够反映样品的结构信息，则将该结构模型视为样品的平均分子结构。

（一）干酪根二维分子模型

本研究中，共建立罗69、王161及芦草沟3组干酪根样品随成熟度变化的系列结构模型，3组样品在模型建立上具有一定的相似性，因此以罗69样品为例，对热演化过程中的分子模型进行详细说明，在第六章中的固-液有机质相互作用研究中，选用有机碳含量更高的芦草沟组干酪根模型进行计算。

1. 罗69样品二维分子模拟

罗69干酪根样品演化过程中，选择原始样品及Easy%R_o为0.80、0.94、1.15、1.38、1.66、1.98这6个不同成熟度的样品进行结构模拟研究，成熟度范围涵盖整个"油窗"和绝大部分"气窗"范围，能够反映干酪根生烃过程中的化学结构变化。

图5-1为罗69干酪根原始样品的分子模型及核磁共振图谱对比，模型的分子式为$C_{220}H_{306}N_4O_{28}S_3$。原始干酪根的化学结构中有着较长的脂链，次甲基、季碳等脂碳组分含

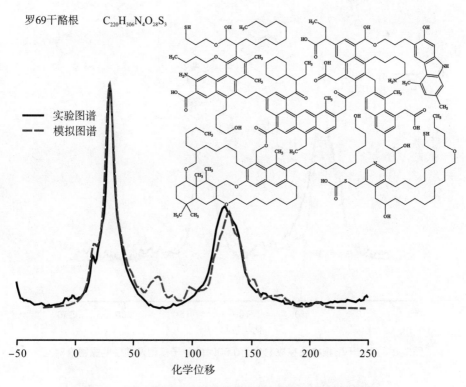

图5-1　罗69原始干酪根样品分子模型及核磁共振图谱对比

地质体中固体有机分子模拟与对接研究

量高，有较强的生烃潜力。依据脂碳结构特征，在模型中加入了一个生物标志化合物单元，以观察热解过程中生物标志分子可能的断裂情况。结构中杂原子数量较高，主要与脂碳连接，部分氮原子以吡啶、吡咯的形式存在。芳环结构以1~3环为主，整体缩合程度较低。从核磁共振对比图谱中可以看出，模拟图谱与实验图谱有着较好的一致性，模拟图谱中的主要特征都能够与实测图谱一一对应，说明此时分子模型能够准确地反映原始干酪根的结构特征。

图5-2为罗69干酪根样品在0.80成熟度时的分子模型及核磁共振图谱对比，模型的分子式为$C_{209}H_{296}N_2O_{12}S$，此时干酪根中的碳数较罗69干酪根原始样品有所下降。该成熟度属于热解作用初期，与原始干酪根结构相比没有明显变化，结构中脂链长度较长，仅有少量的碳键发生断裂。模型左下方的萜烷碎片开始出现断裂，但尚未完全脱落。芳环结构依旧以1~3环为主，没有明显的缩合作用产生。Easy%R_o＝0.80时样品分子结构与原始干酪根样品结构相比，变化主要集中在结构中的杂原子数量明显减少，部分与脂碳连接的氧原子与氮原子官能团发生断裂并脱落。

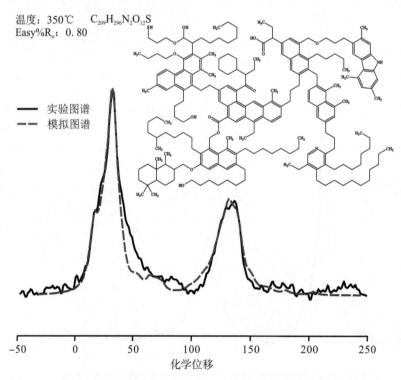

图5-2　罗69干酪根样品在成熟度为0.80时的分子模型及核磁共振图谱对比

图5-3为罗69干酪根样品在成熟度为0.94时的分子模型及核磁共振图谱对比，模型的分子式为$C_{183}H_{233}NO_{16}S$，分子模型中的碳数持续降低，这一点与干酪根裂解过程中剩余干酪根减少相关。该成熟度位于生油高峰之前，生烃实验中已经有部分烃类物质生成，因此，结构中左下角的萜烷碎片与干酪根结构相连的化学键再次发生断裂。相较于上一个样品点，该分子模型中的其他的脂链也开始大量断裂，脂碳率明显降低，这一现象与生烃结果相吻合。芳碳中一环结构消失，并且结构中开始出现五环芳碳簇，说明此时缩合作用开始进行，样品中芳碳簇规模开始增加。样品检测数据计算X_{BP}为0.49，模型中的X_{BP}为0.50，两值相差较小，从侧面说明该分子模型很大程度上还原了样品的真实结构特征。

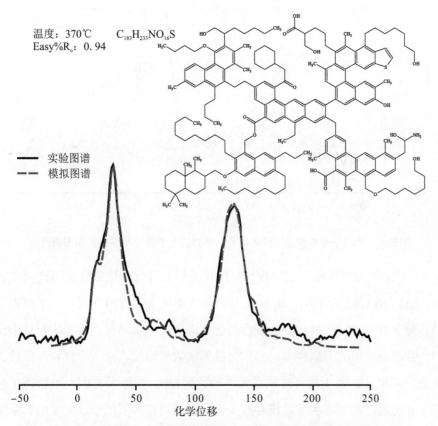

图5-3　罗69干酪根样品在成熟度为0.94时的分子模型及核磁共振图谱对比

　　图5-4为罗69干酪根样品在成熟度为1.15时的分子模型及核磁共振图谱对比，模型的分子式为$C_{159}H_{145}NO_{16}S_2$。该成熟度下，干酪根的生油高峰刚刚结束，脂碳数量大量减少，芳碳率高于脂碳率，结构中几乎不存在长脂链。此时干酪根分子模型中仅有159个碳原子，为各模型中的最低值，这与干酪根元素检测及干酪根剩余率结果相一致。脂碳以甲基的方式为主，亚甲基、次甲基等官能团数量较少。在持续增强的缩合作用下，结构中的芳

环簇组成发生跃变，芳环簇的最低芳环数量已经增加到4个。值得注意的是，该成熟度的分子模型中，萜烷碎片已经完全从干酪根主体结构中脱落，脂碳含量已经不足以出现生物标志物这样含脂碳较多的基团。也同时说明在生油高峰之后的干酪根虽然依旧具有一定的生烃能力，但已经较难有较大的脂碳基团发生裂解脱落。

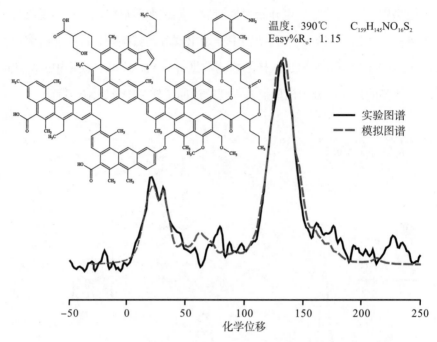

图5-4 罗69干酪根样品在成熟度为1.15时的分子模型及核磁共振图谱对比

图5-5为罗69干酪根样品在成熟度为1.38时的分子模型及核磁共振图谱对比，模型的分子式为$C_{178}H_{153}NO_{14}S$。从Easy%R_o = 1.38开始，即进入"气窗"以后，干酪根平均结构中的碳数开始上升。此时干酪根的大规模裂解反应已经基本结束，样品中仅剩余少量的亚甲基基团，并出现大量的芳碳甲基，导致侧枝芳碳数量增加。进入"气窗"以后，干酪根的缩合度进一步增加，最大的芳环簇单元已经达到7环。杂原子方面，与脂碳相连的氮原子与硫原子官能团已经全部脱落，仅存在少量与脂碳相连的氧原子，大量的氧原子以羧基的方式存在于结构中。样品结构中由于数量持续上升的侧枝芳碳，此时开始发育分子内微孔。

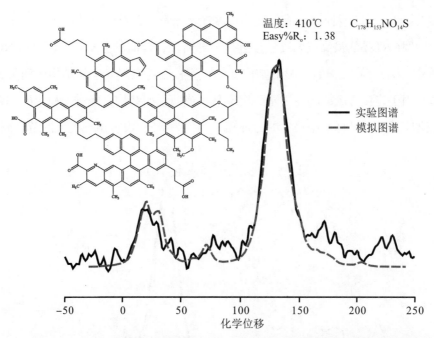

温度：410℃　　C$_{178}$H$_{153}$NO$_{14}$S
Easy%R$_o$：1.38

—— 实验图谱
‑‑‑ 模拟图谱

化学位移

图5-5　罗69干酪根样品在成熟度为1.38时的分子模型及核磁共振图谱对比

图5-6是罗69干酪根样品在成熟度为1.66时的分子模型及核磁共振图谱对比，模型的分子式为C$_{192}$H$_{133}$NO$_{18}$S。干酪根开始逐渐演化到高熟阶段，干酪根结构中脂碳进一步减少，侧枝脂链几乎完全消失，亚甲基几乎只存在于芳环簇之间的脂链中。缩合反应进一步增强，结构中首次出现了环状连接的芳环簇（Solum et al.，1989）。结构中微孔发育程度进一步提高，此时样品实验与模拟的X_{BP}均达到0.70。

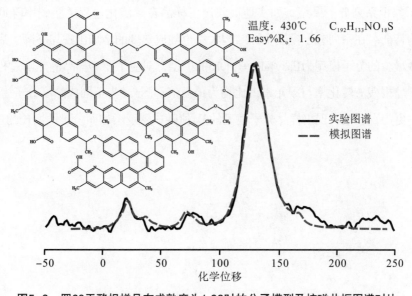

温度：430℃　　C$_{192}$H$_{133}$NO$_{18}$S
Easy%R$_o$：1.66

—— 实验图谱
‑‑‑ 模拟图谱

化学位移

图5-6　罗69干酪根样品在成熟度为1.66时的分子模型及核磁共振图谱对比

图5-7为罗69干酪根样品在成熟度为1.98时的分子模型及核磁共振图谱对比，也是本热解实验中罗69样品的最高成熟度，接近过成熟阶段，此时的分子式为$C_{200}H_{135}NO_{22}S$。该成熟度样品与图5-6相比没有明显的结构变化，侧枝脂链已经完全从结构中消失，脂碳以芳碳甲基和用于连接芳碳簇的亚甲基、次甲基组成。说明结构已经进入稳定的缩合反应阶段，X_{BP}仅增长到0.72。样品中最大的芳环簇结构仍为8环，没有出现更大的芳环簇单元。

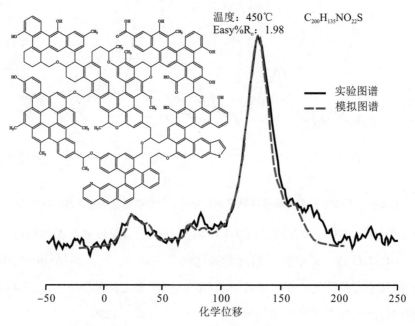

温度：450℃　　$C_{200}H_{135}NO_{22}S$
Easy%R_o：1.98

—— 实验图谱
- - - 模拟图谱

化学位移

图5-7　　罗69干酪根样品在成熟度为1.98时的分子模型及核磁共振图谱对比

　　罗69干酪根系列分子模型，如实地反映出了样品在热演化过程中脂碳率降低、缩合度增加等结构特征。在系列分子模型中，结构大小也随成熟度的增加出现先下降、后上升的趋势，含碳数最少的分子模型为Easy%R_o = 1.15的模型，对应了罗69样品的热解过程中，生油高峰阶段干酪根残渣转化率与碳元素占比均为最低值。图5-8为不同成熟度分子模型与X_{BP}的变化，图中更为直观地表现出样品分子模型的X_{BP}值随成熟度增加而阶段性增长的过程。

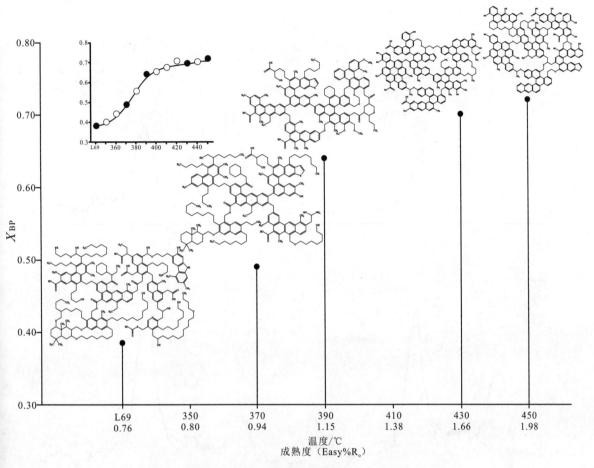

图5-8 罗69干酪根分子模型与X_{BP}变化关系

2. 王161样品二维分子模拟

图5-9为王161干酪根样品随成熟度变化的二维分子模型及核磁共振图谱对比。研究中，对王161干酪根原始样品，以及成熟度为0.80、0.94、1.15、1.38及1.66的干酪根样品进行了二维分子建模。从图中可以看出，随着成熟度的增加，干酪根结构中脂碳含量明显减少，芳环簇平均环数持续增加。脂链在原始干酪根到成熟度为0.94阶段内发生了大量断裂，脂碳率明显降低。在热解作用后期，王161干酪根中的芳碳簇不断增加，缩合程度不断提高，连接芳碳簇之间的亚甲基也出现了大量的脱落。此外，王161干酪根样品在Easy%R_o为1.66时结构中同样出现了微孔。核磁共振图谱中，模拟图谱与检测图谱的一致性较高，说明干酪根结构模型与实际样品的结构特征基本吻合，演化特点能够代表王161干酪根的演化过程。

地质体中固体有机分子模拟与对接研究

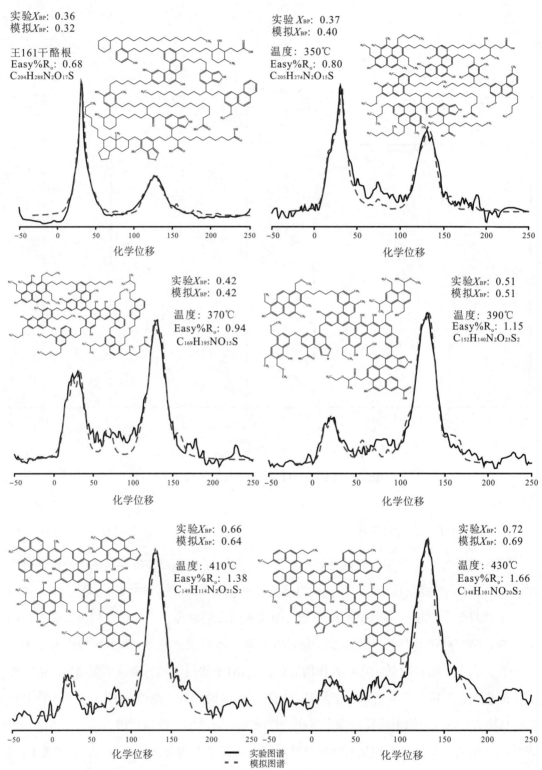

图5-9　王161干酪根样品随成熟度变化的二维分子模型及核磁共振图谱对比

3. 芦草沟组干酪根的二维分子模拟

图5-10为芦草沟组干酪根不同成熟度样品的核磁共振检测结果，原始干酪根样品中芳碳含量较少，说明芦草沟组干酪根生烃潜力强于罗69及王161干酪根。在热解过程中，脂碳率持续下降而芳碳占比随成熟度的升高不断上升，当Easy%R_o为1.27时，即"油窗"结束时，结构中已经难以从核磁共振图谱中直观观测到脂碳的存在。因此，建立芦草沟组干酪根分子模型时（图5-11），选择成熟度为0.56、0.75、0.95和1.27的干酪根进行分子建模，成熟度达1.27之后的干酪根脂碳含量极低，模型变化不明显。初始的芦草沟组干酪根与成熟度达0.56时的干酪根没有明显的结构变化，均含有较多的长侧脂链，生烃潜力强。成熟度增加到0.75时，干酪根结构中的脂链开始断裂，并开始出现大量4～5环的芳环簇。当成熟度到达1.27时，几乎没有脂碳的存在，芳碳甲基和芳环簇间的亚甲基数量极少，几乎完全由芳碳构成，并且结构中出现6环芳碳簇。

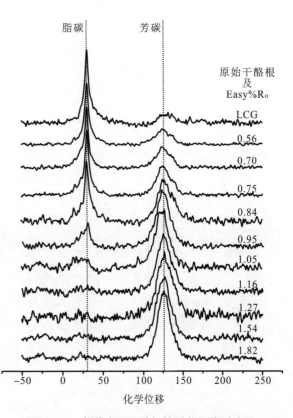

图5-10 芦草沟组干酪根核磁共振检测结果

芦草沟组干酪根样品热解成熟度较低，根据核磁共振检测结果，成熟度达1.27之后，样品中几乎没有检测到脂碳，生烃潜力较差，可以认为此时干酪根一次裂解完全结束，分子模型区间涵盖了整个"油窗"范围内的生烃过程。反观罗69与王161样品，在成熟度1.98时模型中依旧含有少量的脂碳官能团，理论上仍具有一定的生烃能力，未到达一次裂解作用的终点。从实验完整性出发，第六章中的固-液有机质相互作用研究，选用芦草沟组干酪根作为固体有机质实验对象开展实验。

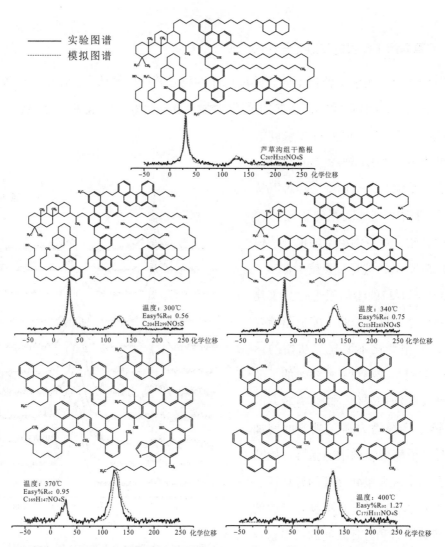

图5-11 芦草沟组干酪根随成熟度变化的二维分子模型及核磁共振图谱对比

（二）固体沥青二维分子模型

图5-12为青川火石岭固体沥青随成熟度变化的二维分子模型及核磁共振图谱对比，结合已有的研究，本研究将固体沥青结构中碳数限定在60～90个碳原子范围内（Craddock et al.，2015；Bolin et al.，2016；Shi et al.，2017）。如图所示，固体沥青原始样品中包含较多的侧脂链，但脂链长度较短，符合上述研究中固体沥青脂碳结构中以大量短脂链为主的结论，并且结构中仅有2个芳环簇的存在。当成熟度增加到1.07时，固体沥青成分发生变化，脂链断裂，芳环簇数量增加。随着成熟度持续增加，固体沥青中的脂碳持续减少，芳

碳缩合度不断上升，生烃潜力不断下降。同时，固体沥青分子的碳数规模也在不断扩大，这一点印证了固体沥青缩合反应过程中产物数量的上升与缩合度增加的相关关系。当成熟度达到3.21时，过成熟的沥青分子中仅存1个亚甲基，完全丧失生烃能力。此时固体沥青缩合度较高，并已经发育分子内的微孔结构。

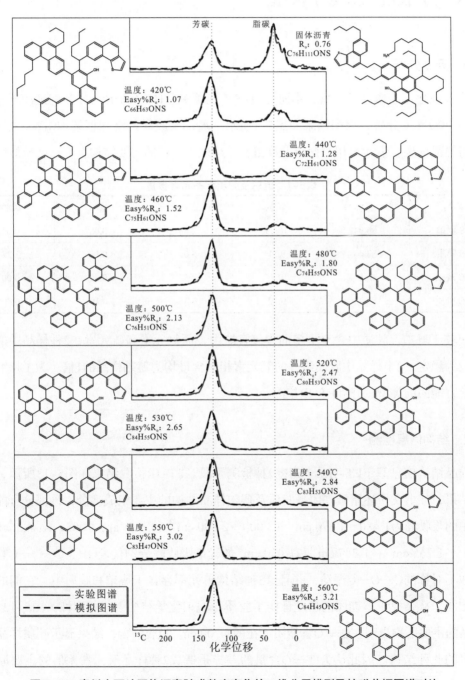

图5-12 青川火石岭固体沥青随成熟度变化的二维分子模型及核磁共振图谱对比

在整个分子演化的过程中，核磁共振图谱与分子模型预测图谱都完整重合，模型极大程度地还原了固体沥青分子的结构特征，这为后续的三维分子计算提供了高质量的模型基础。

（三）胶质二维分子模型

1. 元素分析

为准确建立胶质分子模型，本研究对FS（抚顺）及HC（珲春）样品的纯净琥珀与胶质组分开展元素分析，检测结果如表5-1所示。琥珀及胶质的结构框架均由碳-氢结构构成，且样品内碳、氢元素相对含量大致相当，这说明二者的主要结构有着高度相似性。

表5-1 琥珀及胶质样品元素含量

样品	碳/%	氢/%	氧/%	氮/%	硫/%
FS 琥珀	86.94	10.29	2.68	0.08	0.01
FS 胶质	82.40	9.11	5.09	0.16	3.24
HC 琥珀	86.57	10.85	2.52	0.06	0.00
HC 胶质	83.43	9.72	6.35	0.10	0.40

相较于琥珀，胶质中含有更多的含氧官能团，而氮元素和硫元素在2种样品中的相对含量较为稳定，2个样品中胶质组分的氧元素相对含量均为琥珀样品的1倍。为了探究胶质中含氧官能团的类型，开展FT-IR检测。

2. 结构信息检测

样品结构信息基于FT-IR及NMR 2种检测手段。FT-IR检测结果如图5-13所示，根据检测结果，如上文所述脂碳基团是胶质及琥珀样品结构的主要组成部分，该部分官能团在图谱中的吸收峰为1 480～1 370 cm^{-1}和3 000～2 800 cm^{-1}（Lis et al.，2005；Alstadt et al.，2012）。1 265 cm^{-1}、1 247 cm^{-1}和1 030 cm^{-1}的光谱吸收峰分别代表OH、C—O—C官能团组成和不对称的C—O—C振动，并且这3种结构单元都存在于琥珀和胶质中，它们的比例大致相同，从杂原子官能团的角度证明了胶质与琥珀化学结构上的相似性（图5-13）。2种样品的主要区别出现在C═O官能团所在的1 700 cm^{-1}吸收峰处，结果显示胶质样品中拥有更多的此种结构。因此认为C═O含量的差异是造成2种样品氧元素差值的主要原因。胶质与琥珀样品在FT-IR检测中的另一个明显区别位于1 605 cm^{-1}处的C═C吸收峰，相较于胶质样品，琥珀结构中拥有相对比例更高的C＝C，这说明琥珀芳碳含量更高，且缩合程度高于胶质。FT-IR检测为官能团的定性研究提供了重要依据，并且为化学结构的建立提供了重要的结构信息。

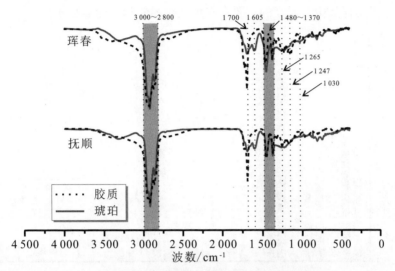

图5-13　胶质及琥珀样品FT-IR检测结果

琥珀样品的固体核磁共振检测结果如图5-14所示，样品中的甲基主要通过芳碳与结构相连接，次甲基成为脂链的最主要存在形式，亚甲基和季碳均在结构中被检测到，但组成长脂链的亚甲基数量较少。这说明琥珀样品中的脂碳主要构成形式为芳碳甲基和环烷烃，含有少量脂链，但长度较短。

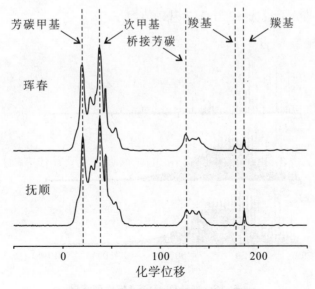

图5-14　琥珀样品固体核磁共振检测

琥珀芳碳部分主要由化学位移在125上下的桥接芳碳组成，同时检测到了略少于桥接芳碳的侧枝芳碳，以及接氧芳碳，这说明琥珀结构中芳碳缩合程度较高但规模较小。此外，核磁共振结果中还检测到了明显的羧基与羰基信号响应，这说明这2种官能团及与芳环连接的氧原子是样品中氧元素的主要存在形式（图5-14、图5-15）。

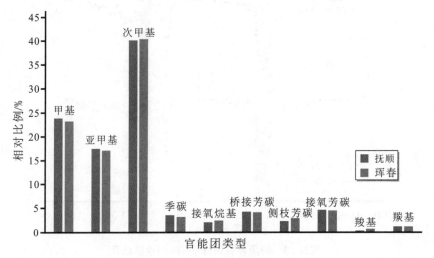

图5-15　琥珀样品官能团类型

3. MALDI-TOF MS检测

图5-16为MALDI-TOF MS检测结果，除去基质影响后，胶质样品化合物分子量位于100～750 Da，并且2组胶质样品的信号响应最高值位于370 Da附近，因此在本次研究中，胶质平均化学结构的分子量选择370 Da为基础值。

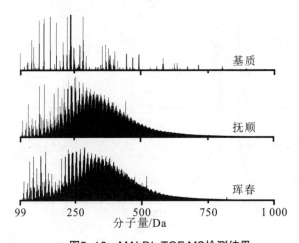

图5-16　MALDI-TOF MS检测结果

4. 胶质二维平均分子模型建立

基于检测结果，建立抚顺及珲春样品二维平均分子模型并计算模型核磁共振图谱，图5-17中实验图谱与模拟图谱有着较高的一致性，说明模型能够反映样品的平均分子特征。

抚顺样品分子式为$C_{26}H_{40}O$，分子量为368 Da，珲春样品分子式为$C_{28}H_{44}O$，分子量为396 Da。2组胶质样品的分子模型均以环烷烃为主，并包含1个较小的芳环单元。模型中含有大量的甲基及次甲基，表明胶质样品有着一定的生烃能力。受总分子量的限制，结构中仅添加了含量最高的氧原子。

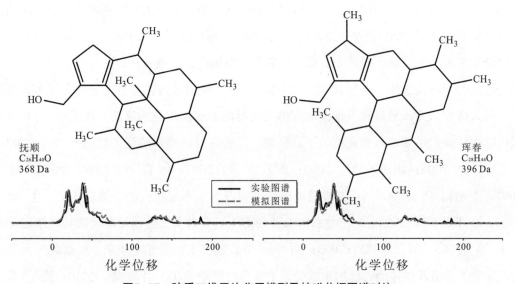

图5-17　胶质二维平均分子模型及核磁共振图谱对比

二、天然固体沥青分子模拟研究

本研究运用分子模拟的技术方法，建立四川盆地广元地区地表天然固体沥青的二维分子结构模型。根据模型的结果推断出该地区固体沥青结构中有演化关系，结合拉曼光谱、镜质体反射率、稳定碳同位素检测结果，探究了固体沥青成熟度的同时，还为该地区地表固体沥青来自寒武系地层这一观点提供了重要的依据。本研究首次运用分子模拟方法判断大分子有机地质体的演化关系，是运用该技术解决地球化学问题的典型案例。

（一）研究背景

四川盆地是位于我国西南部重要的含油气盆地，经过研究人员多年的勘探，已在震旦系、石炭系、二叠系、三叠系、侏罗系等层位中发现含油气地层（刘春 等，2010）。其中，川西北地区是四川盆地中主要的天然气产区，该区域内震旦系陡山沱组、下寒武统、上奥陶统、下志留统、中泥盆统、二叠统、上三叠统等层位中都含有较厚的烃源岩（戴鸿鸣 等，2007；谢邦华 等，2003；王兰生 等，2005；陈竹新 等，2008；王金琪，1994；周文 等，2007；童崇光 等，1997）。仅在川西北龙门山北段地区，地表出露油苗及固体沥青脉边多达200余处（徐世琦 等，2005；邓虎成 等，2008）。区域内地表油砂主要分布在天井山、碾子坝、矿山梁、阳泉等背斜构造，以及青林口、厚坝、双鱼石、永平等地区的单斜构造中（孙晓猛 等，2010）。由于该地区构造背景复杂且含有多套烃源岩，前人研究认为该地区地表油苗和固体沥青脉的来源层位较为复杂：寒武系-石炭系地层出露固体沥青主要来自寒武统、下志留统、二叠系及三叠系地层（戴鸿鸣 等，2007；王兰生 等，2005；谢邦华 等，2003；黄第藩 等，2008；何军 等，1989；刘光祥 等，2003；李艳霞 等，2007）；二叠系地层产出油苗源于本层位内的烃源岩（王兰生 等，2005；谢邦华 等，2003）；三叠系内油苗则源于三叠系及二叠系烃源岩的共同作用（王兰生 等，2005；谢邦华 等，2003；谢增业 等，2005）。近几十年来，川西北广元地区地表油砂、油苗及固体沥青脉的来源受到了学界的广泛关注（刘春 等，2010；饶丹 等，2008；徐世琦 等，2005；罗茂 等，2011；戴鸿鸣 等，2007；王兰生 等，2005；谢邦华 等，2003；黄第藩 等，2008；王广利 等，2014；Li et al.，2020；Wu et al.，2012）。在研究中，较多以生物标志化合物和碳同位素为研究对象，几乎没有关注到固体有机质的结构组成及演化关系。本次研究以分子模拟技术为工具，开展四川盆地广元地区固体沥青结构演化及溯源研究。

研究中选用广元地区天井山—矿山梁—碾子坝一带地表的4个天然固体沥青样品：青川黄沙样品采自中泥盆系金宝石组，青川金子山样品采自泥盆系堆积围岩，青川火石岭和青川青沟样品均来自寒武系长江沟组，采样地点具体位置见图2-1。固体沥青样品进行前处理后，通过相关测试分析其地球化学参数、成熟度及结构特征。研究的主要目的如下。

①通过多种检测方法描述该地区地表天然固体沥青成熟度特征、演化阶段及二次生烃

潜力。

②建立该区固体沥青分子模型，厘清该区地表固体沥青演化关系和来源。

（二）分析测试及结果

利用Rock-Eval分析、元素分析、拉曼光谱检测、反射率检测、^{13}C固体核磁共振检测对固体沥青样品进行了分析。

1. Rock-Eval分析

表5-2为4个固体沥青样品基于热解分析的基础地球化学参数。4个固体沥青样品中青川火石岭样品的总有机碳含量（TOC）为80.6%，是4个样品中的最高值；青沟、黄沙、金子山固体沥青的TOC分别为47.32%、50.4%及61.78%。说明火石岭固体沥青样品的有机物纯度较高，几乎没有无机矿物混入，而另外3个样品，即青沟、黄沙、金子山固体沥青，在运移的过程中可能包裹了部分密度较低的黏土矿物，导致溴化锌浮选无法除掉这部分无机物。不过，无机矿物的混入对后续有机分析没有不良影响。

Rock-Eval分析显示，固体沥青样品中S_1与S_3均低于1 mg/g，而4个样品的S_2值有着较大的差异：火石岭、青沟固体沥青的S_2指数分别为428.62 mg/g和321.34 mg/g，明显大于黄沙、金子山固体沥青。说明在生烃能力上，4个样品有明显的区别。与S_2相对应的氢指数（HI）在4个样品的检测中出现了同样的结果，火石岭与青沟样品的氢指数明显高于其他2个固体沥青的氢指数。样品的T_{max}同样有着较大的不同，黄沙样品生烃高峰时的温度（425℃）比火石岭样品低14℃。

Rock-Eval的初步结果显示，虽然4个样品采样地点处于同一大构造单元中，但其在生烃潜力及T_{max}参数上有明显的差别，说明4个样品之间有着较大的成熟度和结构上的区别。图5-18为基于Rock-Eval的有机质类型图解。青沟样品介于Ⅰ型有机质与Ⅱ型有机质之间，火石岭和黄沙固体沥青为Ⅱ型有机质，但火石岭样品更靠近Ⅰ型，金子山样品为Ⅲ型有机质。如图5-18所示，青沟样品与火石岭样品的性质更佳。

表5-2　固体沥青基础地球化学参数

样品	采样层位	$S_1/$ $(mg \cdot g^{-1})$	$S_2/$ $(mg \cdot g^{-1})$	$S_3/$ $(mg \cdot g^{-1})$	$T_{max}/℃$	HI（TOC）/ $(mg \cdot g^{-1})$	OI（TOC）/ $(mg \cdot g^{-1})$	PI	TOC/%
青川火石岭	寒武系长江沟组	0.37	428.62	0.16	439	532	0	0	80.6
青川青沟	寒武系长江沟组	0.8	321.34	0.12	433	679	0	0	47.32
青川黄沙	泥盆系金宝石组	0.79	112.06	0.39	425	222	1	0.01	50.4
青川金子山	泥盆系堆积围岩	0.95	64.48	0.51	435	104	1	0.01	61.78

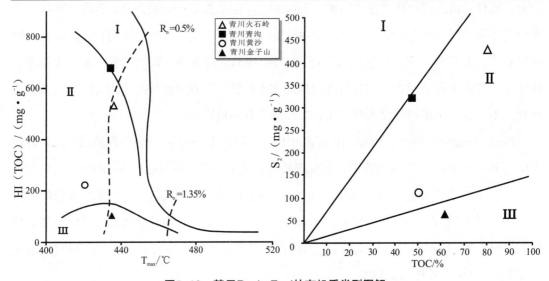

图5-18　基于Rock-Eval的有机质类型图解

2. 元素分析

样品的元素组成在元素分析仪上完成。表5-3为样品元素组成及将5种元素进行100个碳原子归一化的计算结果。固体沥青样品中碳元素的含量在5种元素中占比最高，火石岭样品中碳元素相对占比达到80.93%，其他3个样品中碳元素的相对含量也都在70%以上。作为固体沥青分子结构骨架的另一重要元素——氢元素，在火石岭与青沟样品中的占比分别为7.33%及7.48%，而在黄沙与金子山样品中则为6.54%及6.41%。

杂原子中，氮元素在4个样品中的相对占比都低于1%，说明广元地区固体沥青中氮元素含量普遍较低。金子山样品中的硫元素为1.21%，明显低于其他3个固体沥青样品。氧元素的含量在火石岭样品中含量仅为3.78%，其余3个样品分别为10.24%（青川青沟）、12.00%（青川黄沙）、15.38%（青川金子山）。氧含量数据表明，4个固体沥青样品可能都受到了不同程度的后期氧化作用，导致其结构中氧含量差别很大。

固体沥青样品的相对原子数量计算中将5种元素质量归一化为100个碳原子数量（表5-3），样品中每100个碳原子中氮原子含量不足1个，氢原子数量在4个样品中均大于100。硫原子数量在金子山样品中含量较低，每100个碳原子中仅含0.6个。青沟样品的H/C值在4个样品中最高，达到1.20，而O/C值变化趋势与氧元素相对含量一致。

表5-3　固体沥青样品元素组成

样品	元素相对含量/%					相对原子数					H/C	O/C
	氮	碳	硫	氧	氢	氮	碳	硫	氧	氢		
青川火石岭	0.62	80.93	7.35	3.78	7.33	0.66	100.00	3.41	3.50	108.63	1.09	0.06
青川青沟	0.73	74.91	6.64	10.24	7.48	0.84	100.00	3.33	10.25	119.77	1.20	0.18
青川黄沙	0.81	72.78	7.87	12.00	6.54	0.95	100.00	4.05	12.37	107.86	1.08	0.22
青川金子山	0.46	76.54	1.21	15.38	6.41	0.51	100.00	0.60	15.07	100.52	1.01	0.27

3. 拉曼光谱检测

拉曼光谱是有机地球化学研究中用于评价烃源岩、干酪根等有机质成熟度、结构特征的重要检测方法（刘德汉 等，2013）。常见有机物的拉曼光谱中包含G峰与D峰2个明显的结构主峰，用于评价加测样品的演化阶段（Kelemen et al.，2001）。其中D峰与G峰的拉曼光谱位移分别为1 350 cm^{-1}及1 600 cm^{-1}左右，并且在有机物结构研究中，D峰主要由无定形碳及晶格结构单元缺陷引起，而G峰主要反映堆叠芳环簇中C—C键的伸缩振动（Nemanich et al.，1979；Wopenka et al.，1993；杨序纲 等，2008）。在以往的研究中，G峰与D峰的间距、面积比、半峰宽比及峰高比都曾作为计算有机质成熟度的重要参数（Jehlička et al.，2003；Schopf et al.，2005）。实验分析用搭载He-Ne激光器（源功率30 mV）的全自动显微拉曼光谱仪HORIBA-JY LabRAM对固体沥青样品进行拉曼光谱分析。检测中使用50～100倍显微镜物镜对块状固体沥青样品进行观察。通过532 nm固态激光检测光谱结果，波数范围为4 000～100 cm^{-1}，曝光时间为10～40 s（刘德汉 等，2013）。

图5-19为4个固体沥青样品拉曼光谱检测结果及得到该检测结果时对应的显微图像。拉曼光谱中，由于固体沥青样品成熟度较低，导致检测的干扰比较严重。除火石岭样品外，其余3个固体沥青的D峰位置不明显且对称性很差，其中青沟样品与黄沙样品仅能勉强分辨出D峰位置。G峰峰型在火石岭样品与金子山样品中较为明显，且对称性较好，青沟样品与黄沙样品则仅能分辨出该峰位置。从显微图像来看，火石岭样品与金子山样品的

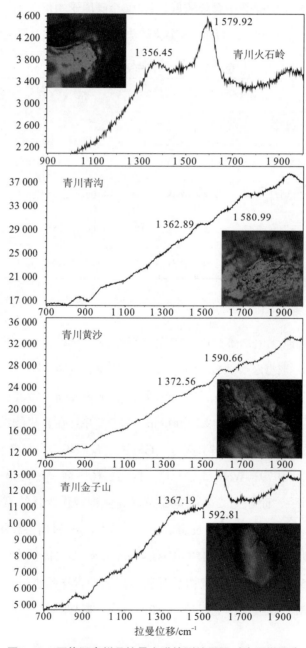

图5-19　固体沥青样品拉曼光谱检测结果及对应显微图像

固体沥青颗粒更加完整且平整，青沟样品和黄沙样品沥青颗粒完整性较差。拉曼光谱检测结果主要用于鉴定固体沥青成熟度分布。

4. 反射率检测

为实现广元地区固体沥青样品成熟度的准确测量，对样品进行反射率检测。采用3Y-Leica DMR XP显微光度计和50/0.85油浸物镜测量样品的反射率（Dai et al.，2012）。为保证测量的准确性，选择了3种不同成熟度的标准样品对仪器进行校准：YAG-08-57（$\%R_o = 0.904$）、NR1149（$\%R_o = 1.24$）和立方氧化锆（$\%R_o = 3.11$）（Zhou et al.，2014）。每个沥青样品重复多次测试点，计算平均值作为固体沥青的反射率。

图5-20为样品反射率检测结果及显微图像，如图所示，火石岭、青沟、黄沙及金子山4个沥青样品分别进行了49次、50次、47次、48次独立测试后，绘制样品成熟度分布直方图。图中显微图像显示，4个样品固体沥青样品颗粒较平整。火石岭样品反射率结果集中在0.36～0.40，青沟样品反射率中位数位于0.51～0.55，黄沙样品反射率中位数同样位于0.51～0.55，金子山样品反射率中位数为0.53～0.57。样品的反射率结果将用于计算固体沥青的成熟度参数。

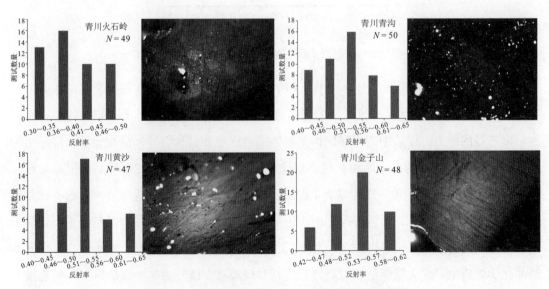

图5-20 固体沥青样品反射率检测结果及显微图像

5. ^{13}C固体核磁共振检测

核磁共振检测仪器与方法详见第二章。图5-21为4个固体沥青样品核磁共振检测结果。在火石岭样品与青沟样品的NMR图谱中，可以清晰地分辨出支链甲基峰与芳碳甲基峰，二者在结构中占有较高的比例。由脂碳率（f_{al}）与芳碳率（f_{ar}）计算结果可知，火石岭样品与青沟样品中的脂碳数量多于芳碳，而黄沙样品与金子山样品中的芳碳率大于脂碳率（图5-21）。

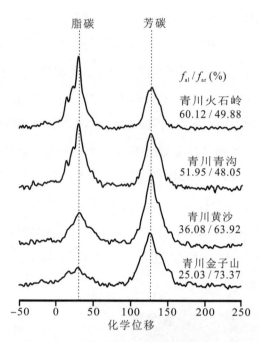

图5-21　固体沥青样品核磁共振检测结果

表5-4列出了核磁共振的分峰结果及10个官能团的相对比例。在固体沥青的脂碳组成中，4个样品中亚甲基都是占比最高的脂碳官能团类型，这表明固体沥青样品有着一定的生成液态烃的能力。样品中的甲基同样是重要的组成部分，火石岭样品与金子山样品结构中支链甲基与芳碳甲基占比之和，甚至超过了亚甲基的含量，其余2个样品中甲基总量与亚甲基含量同样相差不大。次甲基在4个样品中的占比略低于亚甲基含量，火石岭样品中的次甲基含量为12.11%，青沟样品中的次甲基含量为11.64%，而黄沙样品与金子山样品中的次甲基含量分别为8.53%与5.27%。大量的甲基与次甲基含量表明，该地区的固体沥青样品化学结构中存在大量脂链，但脂链长度相对较短且支链较多，大量脂链并不是直接与芳环簇相连，而是通过次甲基和季碳等结构单元与其他脂链相连接。这导致了样品的结构稳定性较差，易发生裂解作用。

芳碳结构单元中，质子芳碳的相对比例为9.46%～15.96%不等，4个样品中的质子芳碳相对含量均低于桥接芳碳与侧枝芳碳。桥接芳碳是样品中占比最高的芳碳类型，其中，火石岭样品中桥接芳碳占比最低（为17.51%），而金子山样品中的桥接芳碳含量高达33.04%。但由于青川金子山样品的芳碳率较高，因此桥接芳碳占比并不能直接反映样品在缩合度上的区别，需要后续计算相关参数对样品进行评估。样品中侧枝芳碳的含量略大于质子芳碳的含量。3种芳碳的含量结果表明，该地区固体沥青结构中，边缘碳的组成以侧枝芳碳为主，结合脂碳分析结果，许多侧枝芳碳上仅连接1个甲基，并没有连接侧脂链。这也就使得固体沥青在二次裂解和缩合作用的过程中，能够生成甲烷等气态烃化合物。

固体沥青结构中的含氧官能团主要为接氧脂碳与接氧芳碳，并没有检测到羰基和羧基的存在。根据核磁共振检测结果，固体沥青样品中接氧脂碳的相对含量均在1%～2%，而接氧芳碳的占比在金子山样品中达到5.86%。因此固体沥青中氧元素的存在形式以与芳碳连接为主，接氧脂碳的稳定性较弱。核磁共振检测结果清晰地反映了样品的结构特征，并为结构参数的计算和沥青性质的研究提供了重要的数据支持。

表5-4　固体沥青样品核磁共振结果

样品	脂碳（化学位移为0～92）/%						芳碳（化学位移为92～155）/%				f_{al}/%	f_{ar}/%
	f_{CH_3al}	f_{CH_3ar}	f_{CH_2}	f_{CH}	f_C	f_O	f_a^H	f_a^B	f_a^S	f_a^O		
青川火石岭	9.02	13.28	19.53	12.11	4.79	1.39	9.46	17.51	10.91	2.00	60.12	39.88
青川青沟	6.80	9.55	16.12	11.64	5.68	1.26	10.47	21.17	14.00	3.30	51.05	48.95
青川黄沙	3.40	6.68	14.37	8.53	1.77	1.33	13.95	27.54	17.20	5.22	36.08	63.92
青川金子山	3.46	5.66	7.53	5.27	1.75	1.38	15.96	33.04	18.51	5.86	25.03	73.37

（三）固体沥青成熟度研究

根据相关检测结果，本节对广元青川地区固体沥青样品进行成熟度特征分析，确定该地区固体沥青样品演化阶段。

Rock-Eval热解中T_{max}参数在已有的研究中被广泛地应用于评价样品的成熟度特征（Mastalerz et al.，2018；Liang et al.，2020a）。样品的T_{max}参数如表5-2所示，黄沙样品有着最低的T_{max}值，为425℃，青沟、金子山及火石岭样品的T_{max}值依次上升。研究中，基于T_{max}参数，选用公式（5-1）来计算样品的成熟度：

$$\%R_o = 0.018 \times T_{max} - 7.16 \qquad (5-1)$$

计算后得到的成熟度值如表5-5所示。表中基于T_{max}参数计算的成熟度最低为黄沙样品的0.49，最高的为火石岭样品的0.74。不过，由于T_{max}参数计算得到的成熟度值取决于样品的生烃高峰，并不是结构特征的直接体现，因此有一定的误差。并且Rock-Eval只进行1次实验，无对照组确定数据的重复性，因此，研究中引入拉曼光谱与反射率检测，在3种检测的基础上，进一步确定样品的成熟度特征。

拉曼光谱共进行5次测试，对5次测试的结果取平均值后样品的D峰与G峰位置如表5-5所示。4个样品的D峰在1 372.56～1 356.45 cm^{-1}变化，而G峰位置则均位于1 592.81～1 579.92 cm^{-1}。2个样品峰位置区间均没有过大位移出现，因此可以初步判断，广元地区固体沥青成熟度没有过大的差异。选用公式（5-2）对4个样品拉曼光谱结果进行成熟度计算（刘德汉 等，2013）：

$$_{VER}\%R_o = 0.053\ 7 \times (G - D) - 11.21 \tag{5-2}$$

计算结果如表5-5所示，黄沙样品与青沟样品的拉曼光谱计算成熟度均为0.50，火石岭样品成熟度为0.79，而金子山样品的成熟度在4个沥青中最高，达到了0.91。通过拉曼光谱的计算，得到的样品成熟度分布与T_{max}计算值更为接近，只是4个样品之间难以确定具体的数值。并且如图5-19所示，样品由于成熟度较低，拉曼光谱受到样品的荧光干扰较为严重，部分样品的G峰位置难以准确判断，而由此产生误差。为了得到更准确的成熟度数据，通过对固体沥青进行反射率检测做进一步确定。

固体沥青的镜质体反射率检测结果在图5-20中已经进行了展示，4个样品均进行了50次左右的实验，并针对实验结果绘制了镜质体反射率分布直方图。对直方图最高区间中反射率进行平均值计算，得到表5-5中4个样品的反射率分布后，利用公式（5-3）对成熟度进行计算，以得到基于反射率的样品成熟度（Bertrand，1990）：

$$_{VER}\%R_o = (SBR_o + 0.03) / 0.96 \tag{5-3}$$

火石岭样品在此次计算中成熟度值最低，为0.49，金子山样品的成熟度最高，为0.59（表5-5）。黄沙样品与青沟样品的成熟度均为0.57。

经过了3种检测方式对固体沥青成熟度进行计算，得到的结果如表5-5所示，综合全部结果，该地区固体沥青最低成熟度为镜质体反射率计算得到的火石岭固体沥青样品成熟度与利用T_{max}计算得到的黄沙固体沥青样品成熟度0.49，而最高成熟度为拉曼光谱计算得到的金子山固体沥青样品成熟度0.91，总体看来该地区固体沥青处于初级演化阶段，没有发生剧烈的快速生烃作用。

表5-5 固体沥青样品成熟度检测结果

样品	检测结果		镜质体反射率	成熟度计算（%R。）			极值区间[d]	平均成熟度
	拉曼光谱峰位置/cm⁻¹			T_{max}[a]	拉曼光谱[b]	反射率[c]		
	D峰	G峰						
青川火石岭	1 356.45	1 579.92	0.44	0.74	0.79	0.49	0.3	0.77
青川青沟	1 362.89	1 580.99	0.51	0.63	0.50	0.57	0.13	0.57
青川黄沙	1 372.56	1 590.66	0.51	0.49	0.50	0.57	0.08	0.52
青川金子山	1 367.19	1 592.81	0.54	0.67	0.91	0.59	0.32	0.63

注：[a] 在表中指%R_o = 0.018 × T_{max} – 7.16。
　　[b] 在表中指$_{VER}$%R_o = 0.053 7 × （G – D）– 11.21。
　　[c] 在表中指$_{VER}$%R_o = （SBR_o + 0.03）/ 0.96。
　　[d] 在表中指极值区间 = 成熟度$_{max}$ – 成熟度$_{min}$。

图5-22中展示了3种计算方法得到的所有样品成熟度分布直方图，从图中可以直观地看到，部分样品在3种成熟度检测中出现了较大的误差。为减少个别实验对结构的影响，没有选择对三者求平均值，而是计算了同一样品中3次结果的极差：火石岭样品为0.3，青沟样品为0.13，黄沙样品为0.08，金子山样品为0.32（表5-5）。在获得极差数据后，将同一沥青样品中偏离最大的结果去除后（去除火石岭样品的镜质体反射率计算结果与金子山样品的拉曼光谱计算结果），对剩余值取平均值。最终确定4个样品的成熟度值为火石岭0.77、青沟0.57、黄沙0.52、金子山0.63。结果显示，广元地区地表出露的固体沥青成熟度普遍低于0.80，属于热演化阶段初期，仍具有裂解生烃能力。

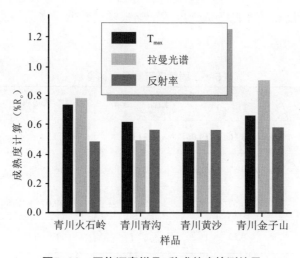

图5-22 固体沥青样品3种成熟度检测结果

（四）固体沥青分子模拟及地质应用

对固体沥青核磁共振结果进行分析，得到广元地区天然固体沥青样品结构参数，结合元素分析结果，建立二维分子模型。以结构参数和分子模型为基础开展样品类型划分及固体沥青溯源研究，并结合碳同位素数据为该地区地表沥青来源研究提供新的思路和证据。

1. 固体沥青化学结构参数

基于核磁共振分析结果，得到了广元地区天然固体沥青的化学结构参数。根据前人及本研究中提出的相关结构参数，对该地区固体沥青结构进行评价。

表5-6显示，4个固体沥青的X_{BP}分别为0.78（火石岭）、0.76（青沟）、0.76（黄沙）、0.82（金子山）。在分析样品结构单元时，虽然样品中桥接芳碳相对数量有着较大的差异，但在X_{BP}计算中，该区域固体沥青的整体缩合度区间相似，缩合反应中几乎处于同一阶段。这说明固体沥青在形成过程中，演化过程的剧烈程度较低且较均一。表中C_n'参数选用本次研究中优化的脂链长度计算公式进行评估（Liang et al.，2020a），根据计算结果，样品之间的侧脂链长度区别较大，火石岭样品为11.02，青沟样品为7.30，黄沙样品为4.20，而金子山样品的侧脂链长度仅为2.70（C_n'为芳环簇之间脂链长度或侧脂链长度的一半）。由此可见，该地区固体沥青样品中部分有着较强的生烃潜力（如火石岭样品），而多数样品的脂链长度相较于同等成熟度的干酪根样品较低，多为短脂链的形式连接在结构中。

表5-6　固体沥青样品结构参数

样品	X_{BP}	C_n'	χ_{edge}	nC_{min}	倾油型结构/%	倾气型结构/%	生烃结构单元/%	Con_L
青川火石岭	0.78	5.51	0.56	19.06	31.64	22.30	53.94	−0.39
青川青沟	0.76	3.65	0.57	18.63	27.76	16.35	44.11	−0.07
青川黄沙	0.76	2.10	0.57	18.53	22.90	10.07	32.97	0.15
青川金子山	0.82	1.35	0.55	19.86	12.79	9.11	21.9	0.17

完成区域固体沥青芳环簇评价工作后，本研究还通过样品的官能团组成，对4个沥青的生烃潜力进行进一步评价。前人研究中，将大分子有机地质体结构中的脂碳分为了倾油

型结构和倾气型结构，计算方法如公式（5-4）与（5-5）所示（Qin et al., 1991；Mao et al., 2010；Zhang et al., 2019）：

$$倾油型结构 = f_{CH_2} + f_{CH} \tag{5-4}$$

$$倾气型结构 = f_{CH_3al} + f_{CH_3ar} \tag{5-5}$$

式中，f_{CH_3al}、f_{CH_3ar}、f_{CH_2}、f_{CH}分别代表结构中支链甲基、芳碳甲基、亚甲基及次甲基的相对含量。前人研究认为，在生烃过程中，甲基在初次裂解中更倾向于生成气态烃，其含量与气态烃综合生成量成正比，而以亚甲基和次甲基为代表的脂链基团则更倾向于在一次裂解中生成轻烃、可溶组分等液态油类产物。将4种脂碳官能团进行分别计算后可知（表5-6），该地区固体沥青具有较好的一次裂解生烃潜力，4个样品均显示，在生油能力和生气能力两方面没有非常大的区别，其对应的倾油型结构比例和倾气型结构比例差距最高仅为10%左右。为了更加准确地评估沥青的裂解生烃能力，本次研究中将二者相加，得到基于样品结构的生烃能力评价值。根据表5-6中的生烃值可知，广元地区天然固体沥青的生烃潜力总体较大，但不同样品之间有着明显的区别，火石岭固体沥青生烃结构单元超过一半，而缩合度与成熟度大致相当的金子山固体沥青样品的生烃结构单元比重仅为21.9%。这一结构特征的区别，也表明或许在演化过程中，固体沥青受到地质作用、氧化作用或生物降解作用，在结构上产生了部分变化。

X_{BP}参数是评价样品芳环簇的重要参数，但由于其过于笼统，难以准确反映样品芳环簇的具体特征。本研究中优化了边缘碳计算方法与芳环簇平均碳数评估方法（χ_{edge}及nC），χ_{edge}计算结果示于表5-6。固体沥青结构中芳环簇边缘碳比例只在0.55～0.57区域内波动，并且通过公式计算得到的nC_{min}也极为相似：火石岭样品与金子山样品平均芳环簇碳数超过19个，而青沟样品与黄沙样品芳环簇碳数仅为18.63个与18.53个。4个样品结构中芳环簇平均碳数的极值也仅有1.33个的差距。这2个参数进一步说明了该区域固体沥青在演化过程中，芳环簇结构受到的影响较小，并且均一化程度极高，平均芳环簇尺寸几乎完全一致。

确定固体沥青缩合度及芳环簇大小后，依托本研究成果，对该区域固体沥青的缩合潜力进行评价。表5-6中，计算了样品的Con_L，并将该值投点到模型图中（图5-23）。图中火石岭样品与青沟样品的Con_L明显小于金子山样品与黄沙样品，这说明2个Con大于0的沥青样品已经经历过一定的缩合过程，样品中侧枝芳碳的含量有所下降，而Con较低的2个固体沥青演化过程中经历的缩合作用较弱，其结构中仍有大量可以用于结合其他芳环簇的侧枝芳碳结构。同时，根据本研究获得的参数可知，Con_L参数与PM参数有着等效性，因此可以判断，在金子山样品与黄沙样品的分子结构单元中可能有结构微孔的存在，而火石岭样品与青沟样品中大概率没有分子内结构微孔的存在，整个分子呈开放的状态，不过其吸附能力与PM参数较大的样品有所差距。

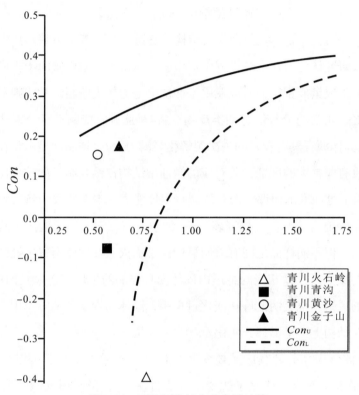

图5-23　固体沥青缩合度参数计算

2. 广元地区固体沥青生烃潜力

经过样品结构参数的计算，已经对广元地区固体沥青化学结构有着较为全面的研究。根据采样信息可知，4个固体沥青样品处于同一构造单元，采样点距离较近，但综合样品的生烃潜力及结构参数可以发现，广元地区固体沥青样品有着明显的分组，出现了下列特征。

①Rock-Eval结果中，火石岭样品与青沟样品的S_2与氢指数值明显大于黄沙样品与金子山样品。

②在固体沥青结构特征中，火石岭样品与青沟样品的脂碳率分别为60.12%及51.05%，在结构中占比过半，但黄沙样品与金子山样品的脂碳率分别为36.08%与25.03%，明显小于前2个样品。

③结构参数中，C_n'所评估的脂链长度中，火石岭样品与青沟样品的侧脂链长度的一半最低为3.65，而其余2个样品最大值也仅为2.10，在脂链长度上虽然均以短脂链簇的形式存在，平均长度仍有着较大的区别。

④将结构特征反映到生烃潜力参数上时，火石岭样品与青沟样品在倾油型、倾气型及总生烃结构单元的计算中均远远大于黄沙样品与金子山样品，这说明在脂碳率比较中，多出的部分集中在生烃结构而非季碳或接氧脂碳中。

⑤在缩合潜力Con_L计算中，火石岭样品与青沟样品为负值，而另外2种固体沥青为正值，这不仅表明呈负值的2个样品在后续演化过程中缩合能力更强，同时也表明黄沙样品与金子山样品已经经历过一定程度的缩合作用。与Con_L等效的PM参数也表示，黄沙样品与金子山样品的结构单元中，存在少量的结构微孔。

一系列现象都将本次研究中4个样品分为2组：火石岭样品与青沟样品生烃演化程度较低，不论是基础地球化学参数S_2、氢指数还是结构中脂碳单元，又或者是综合计算后的参数都表明该组样品生烃能力更强，在同等热力学条件下能够释放更多的烃类物质。而黄沙样品与金子山样品则在热解评价中生烃能力较低，脂碳含量与结构参数的计算也同样证明了这一点。

图5-24雷达图更清晰地描述了2组样品的区别。如图5-24所示，火石岭样品与青沟样品在S_2、氢指数、脂碳率、生烃结构单元及脂链长度上都明显较高，属于高生烃潜力沥青，黄沙样品与金子山样品则属于低生烃潜力沥青。

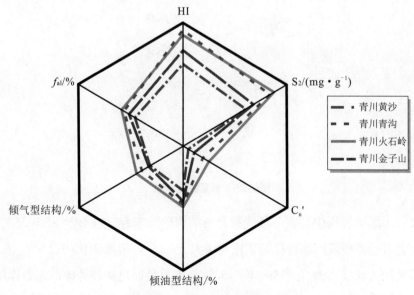

图5-24 固体沥青样品雷达图

除了生烃潜力的区别之外，低生烃潜力的沥青在Con_L缩合潜力上高于另一组样品，这说明黄沙沥青及金子山沥青的缩合能力较差，且结构中有着较多的分子内微孔。

4个固体沥青样品虽然有着不同的生烃潜力与结构特征，但成熟度区间却高度一致，都指示广元地区这一构造单元内固体沥青成熟度较低这一结果。如果黄沙样品与金子山样品生烃能力较差是因为热解作用，那在这一作用下为什么没有发生成熟度的变化？同样，样品X_{BP}参数、边缘碳比例、平均芳环簇碳数在4个样品间几乎完全一致。如果黄沙样品与金子山样品经历过缩合作用，那为什么芳环簇没有发生缩合反应，却降低了缩合潜力，且在结构中产生了分子内微孔构造呢？因此笔者推断，该地区固体沥青在同一构造带的前提下出现了明显的结构区别，或许并不是热解作用引起的裂解-缩合作用导致的，而是存在某种演化关系，使得样品发生了分组的情况。同时，考虑到黄沙样品与金子山样品缩合潜力降低而芳环缩合度没有提高这一现象，笔者认为，结构中发生了如图5-25所示的缩合类型的变化。

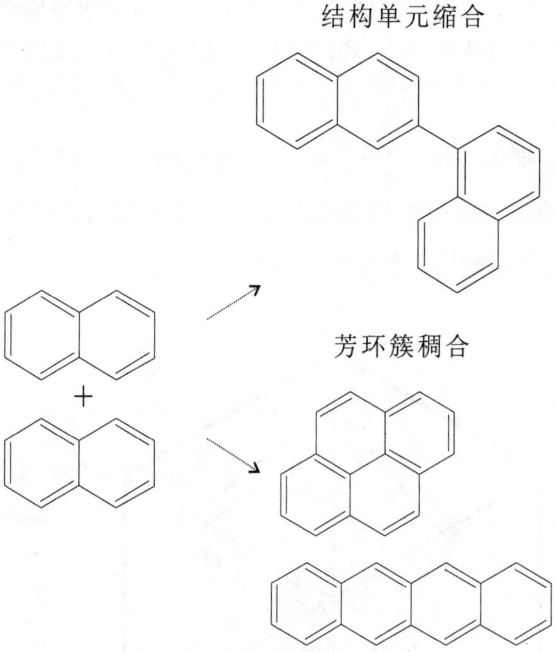

结构单元缩合

芳环簇稠合

图5-25　芳环缩合模式

有机大分子缩合过程中存在芳环簇稠合与结构单元缩合2种模式（图5-25）。其中，芳环簇稠合会引起芳环簇内部桥接芳碳比例增大（X_{BP}）、边缘碳比例减少（χ_{edge}）、芳环簇平均碳数增加（nC）等现象；而结构单元缩合则只是通过侧枝芳碳的缩合作用将2个不同的芳环簇共同连接在同一个结构单元内，仅增加了芳环簇的数量，而对芳环簇平均芳环数量、边缘碳比例、芳环簇平均碳数没有任何影响。

从黄沙和金子山固体沥青的结构特征来看，2组样品完全符合结构单元缩合模式的缩合反应，而没有发生芳环簇稠合。这也就解释了相同构造带、采样地点接近、成熟度相当的4个固体沥青样品为什么会出现缩合潜力差异。但2种缩合作用在常规的热解过程中本应同时出现，为什么在这里仅出现了结构单元缩合作用？发生缩合作用的黄沙样品与金子山样品又为什么出现了生烃潜力下降的情况？笔者将从接下来结构模型的建立中寻找可能的解释。

3. 分子模型建立

利用有机大分子模型建立方法，研究中建立了广元地区4个固体沥青样品的二维分子结构模型（图5-26、图5-27）。图5-26为火石岭样品与青沟样品的分子结构图，均为高生烃潜力固体沥青样品。火石岭样品模型的分子式为$C_{76}H_{111}NOS$，而青沟样品模型的分子式为$C_{61}H_{81}NO_3S$。从核磁共振对比结果来看，2个样品的结构能够准确地反映样品的结构特征。在高生烃潜力固体沥青分子模型中，包含了较多的脂链，芳环簇为3～4环。

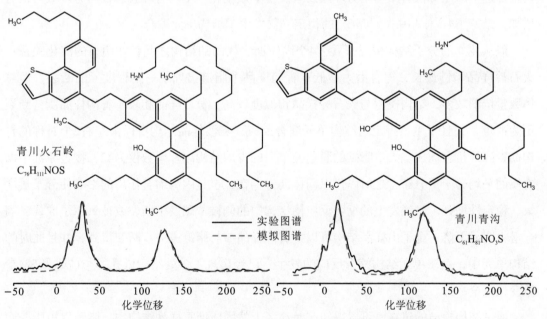

图5-26 青川火石岭样品及青川青沟样品分子模型及核磁共振图谱对比

图5-27中是黄沙样品与金子山样品的结构模型。二者的分子式分别为$C_{84}H_{84}O_6S_2$与$C_{76}H_{60}O_8S_2$，均为低生烃潜力固体沥青样品，2个模型中的脂链数量明显偏少，芳环簇环数仍为3～4环。

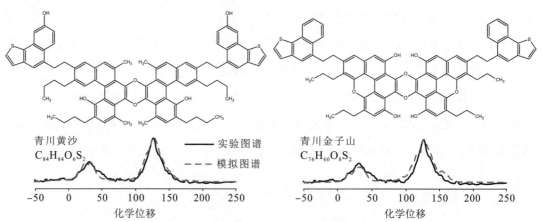

图5-27　青川黄沙样品及青川金子山样品分子模型及核磁共振图谱对比

综合4个固体沥青分子来看，模型都如实反映了样品的结构特征。模型碳数控制在60～90，与上文研究中所述的区间一致。模型中的脂链长度遵循火石岭样品＞青沟样品＞黄沙样品＞金子山样品的规律，与脂链长度计算结果一致。甲基、亚甲基、次甲基的含量均按照这一顺序降低。结构中芳环簇没有发生本质变化，平均芳环簇碳数与芳环数均没有增加，维持了4个样品中X_{BP}与nC_{min}的稳定，仅发生了结构单元缩合反应。

但从建立的分子结构情况来看，4个固体沥青样品的结构之间存在明显的演化关系：火石岭样品脂链最长，缩合潜力最低；青沟样品中脂链出现了一定程度上的断裂，但总体数量依旧较多，结构模型与火石岭样品相似度较高；黄沙样品相较于青沟样品脂链断裂更为严重，并且发生了一定的结构单元缩合反应，黄沙样品结构可以由左右2个对称的青沟沥青碎片拼合而成。大量脂碳的脱落使单一的青沟结构碎片碳数仅为42，接近原油中沥青质的平均分子量分布，之所以仍以固体沥青存在，也是因为缩合作用的影响使分子量增大、稳定性增强。已经发生的缩合反应使结构中的侧枝芳碳发生断裂或被氧原子取代，缩合潜力明显下降；金子山样品结构可以由黄沙样品参与脂链进一步断裂得到，并且此时的结构单元中，由于单元结构缩合反应的发生，已经出现了多处结构微孔，与Con_L及PM参数变化完全一致。

通过结构模型的建立，可以得知广元地区天然固体沥青样品结构中，脂碳以短脂链簇形式存在，拥有一定的生烃潜力。沥青中芳碳则是以3～4环为主的芳环簇形式存在，芳环簇之间通过官能团连接并可能发生结构单元缩合反应。但没有固体沥青样品出现芳环簇明显增加的现象，说明芳环簇稠合反应在该区域大分子有机地质体中发育不明显。同时基于结构模型，可以明显看出4个固体沥青样品存在一定的演化关系：青川火石岭—青川青沟—青川黄沙—青川金子山为结构中所推断的演化顺序。这预示着广元地区天井山—矿山梁—碾子坝构造带内的部分固体沥青脉为同源沥青，但在运移形成过程中受到外界影响，出现了不同程度的演化。结构中没有出现明显的芳环簇稠合现象，但出现了脂链断裂与结构单元缩合，说明这种演化过程区别于较为强烈的热解作用，外界提供的能量不足以使结构中的芳碳簇发生缩合反应。

4. 固体沥青演化及其来源

固体沥青分子结构模型显示，样品之间存在演化关系，在这一过程中，样品的脂碳含量、生烃能力降低，部分结构单元缩合。并且研究发现，青川火石岭—青川青沟—青川黄沙—青川金子山这一演化进程与固体沥青含氧量的变化相一致。表5-3中，样品氧元素含量及O/C原子比均随着这个演化进程而增加。图5-26与图5-27的分子结构模型中，4个模型的氧原子数量持续上升，并且2个青沟样品结构碎片也是通过氧原子连接进而发生结构缩合作用形成黄沙分子模型，在金子山样品中，氧原子直接参与了分子结构中微孔的形成。因此可以提出猜想：青沟样品为该构造带内接近原始固体沥青状态的样品，而不同样品之间虽都源自同一地层，但受到不同程度的氧化作用，使氧原子结合到结构之中。氧化作用使部分脂链发生脱落，并促进了结构单元缩合反应的发生。不过这一氧化过程时间较长，且温度较低，样品中芳环簇无法发生缩合反应。

为了验证这一猜想的正确性，以及寻找该区域固体沥青的来源，对固体沥青样品进行了稳定碳同位素检测，结果如表5-7所示。图5-28为研究中固体沥青样品氧含量与稳定碳同位素的变化关系。图中明显可以看出，随着氧元素含量的增加，碳同位素逐渐变重，二者的相关关系同样符合青川火石岭—青川青沟—青川黄沙—青川金子山这一推测的演化进程。因此可以确定，研究的4个固体沥青样品为同源沥青，但在后期过程中经历了不同程度的氧化作用，导致其在结构上出现了分化，生烃能力随氧化作用而降低。并且氧化作用使固体沥青中的脂碳脱落，引起了碳同位素的分馏，使其随着氧化作用的增强而变重。

表5-7　固体沥青稳定碳同位素检测结果

样品	$\delta^{13}C_{bit}$ /‰
青川火石岭	−35.2
青川青沟	−31.6
青川黄沙	−25.7
青川金子山	−23.8

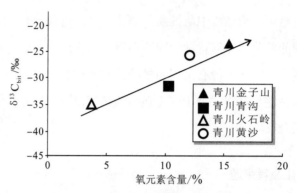

图5-28　氧含量与稳定碳同位素关系

确定了样品演化关系后，进一步尝试追溯该地区固体沥青来源。表5-8统计了基于前人研究的四川盆地西北缘不同层位烃源岩及干酪根稳定碳同位素分布。如表中所示，震旦系灯影组烃源岩与下寒武统泥岩中稳定碳同位素值与火石岭样品较为一致，其他地层同位素值均较重。在2组地层中，震旦系灯影组的稳定碳同位素平均值与火石岭样品更为接近，但难以确定地层层位。

表5-8　四川盆地西北缘烃源岩层位及干酪根稳定碳同位素统计

烃源岩层位	干酪根稳定碳同位素（平均值）（$\delta^{13}C$）/‰	类型
上三叠统泥岩	$-26.8 \sim -25.5$（-26.2）	Ⅱ—Ⅲ
下三叠统剑阁组	-27.5	Ⅱ
上二叠统	$-29.0 \sim -28.1$（-28.9）	Ⅰ—Ⅱ
中二叠统茅口组	$-30.7 \sim -28.2$（-29.4）	
下二叠统栖霞组	$-30.5 \sim -28.9$（-29.6）	
志留系小河坝组	$-29.7 \sim -30.0$（-28.9）	
志留系龙马溪组	$-32.0 \sim -28.8$（-30.2）	
中–上奥陶统泥岩	$-32.0 \sim -30.8$（-31.4）	Ⅰ
下寒武统泥岩	$-35.0 \sim -31.6$（-33.1）	
震旦系灯影组	$-36.1 \sim -31.6$（-34.9）	

因此该地区固体沥青演化过程为：固体沥青源于震旦–下寒武统烃源岩所生成的原油，在后期随构造作用原油发生运移，轻质组分分离并逃逸，最终形成固体沥青，并沿构造裂缝呈脉状分布。在运移的过程中，不同构造区域内的固体沥青受到不同程度的氧化作用，使其化学结构发生变化，生烃能力降低，缩合度提高，沥青结构中含氧量增加。在氧

化作用的影响下，样品稳定碳同位素值不断变重，但由于氧化作用较为缓慢且温度较低，该地区固体沥青成熟度普遍较低。

三、三维分子模型优化

地质体中，有机大分子是以三维立体形式存在的，在进行实际地质研究中需要将二维的分子模型优化为三维空间内最稳定结构。研究中分子结构优化通常在Gaussian软件中完成。

一个单一分子体系的总能量会随着分子结构的变化而改变，这个过程通常用势能面这一数学关系来描述。分子结构优化的过程，就是在势能面上寻找极小值点的过程，对于分子来说，是寻找分子平衡结构的过程（Fogarasi et al.，1992；Pulay，1969；Pulay et al.，1979；Pulay et al.，1992；Hratchian et al.，2012；Peng et al.，1996；Li et al.，2006）。在Gaussian软件中分子结构优化需要同时满足以下4个参数的收敛。

①力必须低于截断值0.000 45（Maximum Force）。

②力的平方根必须低于定义的公差0.000 3（RMS Force）。

③计算下一步的最大位移（Maximum Displacement）必须小于定义的界值0.001 8。

④下一步位移的平方根（RMS Displacement）必须低于界值0.001 2。

（一）干酪根三维分子结构

1. 王161干酪根三维分子模型

王161干酪根分子优化选用密度泛函理论，RB3LYP方法的3-21G基组进行优化。图5-29至图5-34分别为王161干酪根原始样品及350℃、370℃、390℃、410℃、430℃样品三维分子模型。

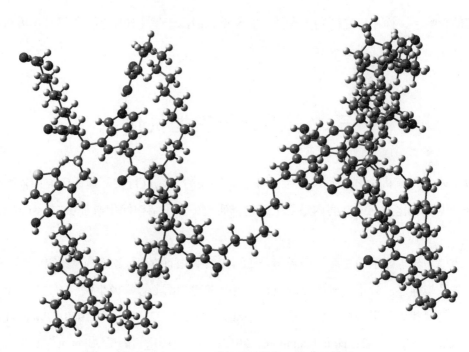

图5-29 王161干酪根原始样品三维分子模型

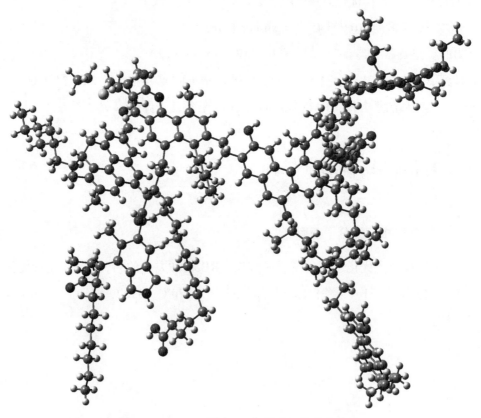

图5-30 王161干酪根350℃样品三维分子模型

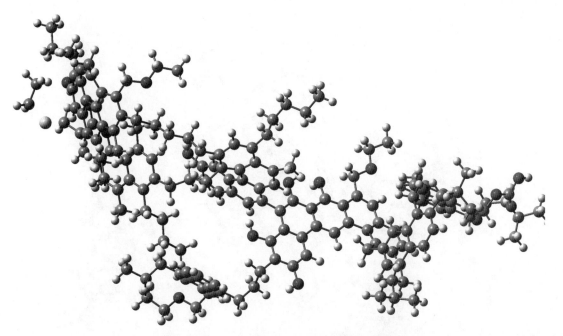

图5-31　王161干酪根370℃样品三维分子模型

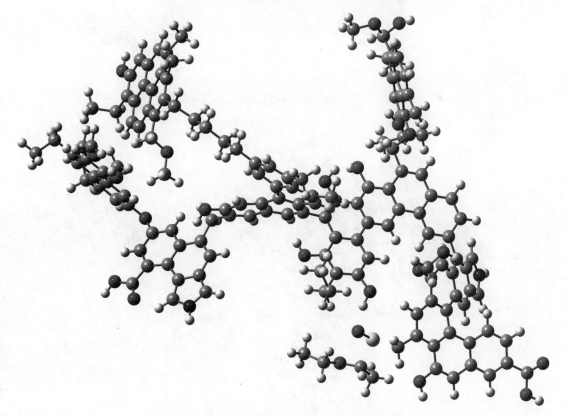

图5-32　王161干酪根390℃样品三维分子模型

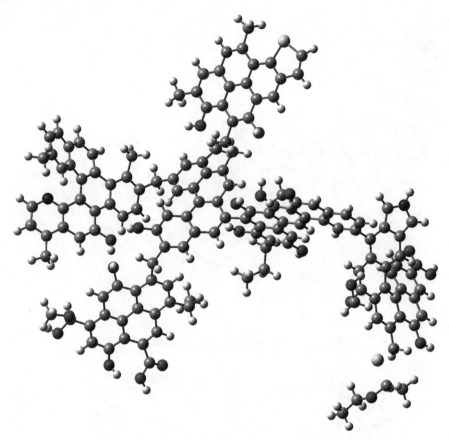

图5-33　王161干酪根410℃样品三维分子模型

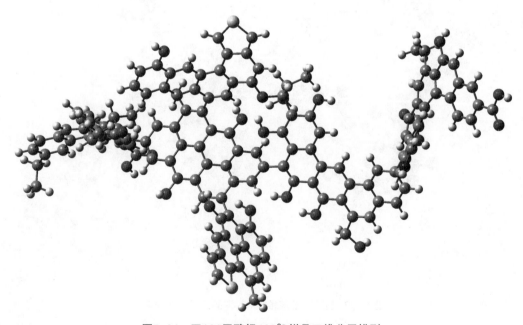

图5-34　王161干酪根430℃样品三维分子模型

2. 芦草沟组干酪根三维分子模型

芦草沟组干酪根分子优化选用密度泛函理论，RB3LYP方法的3-21G基组进行优化。分子优化结果如图5-35所示。图中脂碳连接的部分发生了明显的弯曲旋转，芳碳簇部分形变较少（分子模型参数见附录1）。

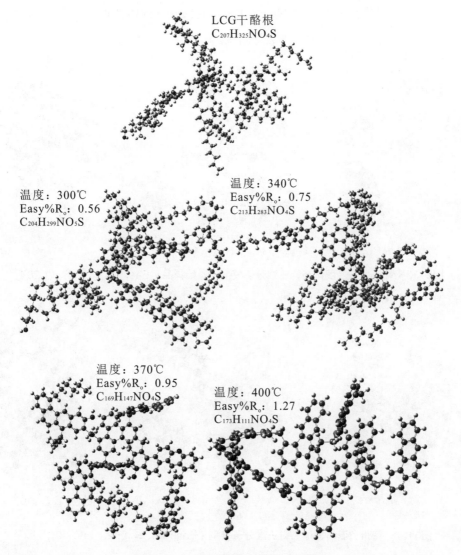

LCG干酪根
$C_{207}H_{325}NO_4S$

温度：300℃
Easy%R_o：0.56
$C_{204}H_{299}NO_5S$

温度：340℃
Easy%R_o：0.75
$C_{213}H_{283}NO_4S$

温度：370℃
Easy%R_o：0.95
$C_{169}H_{147}NO_4S$

温度：400℃
Easy%R_o：1.27
$C_{173}H_{111}NO_4S$

图5-35　芦草沟组干酪根三维分子模型

三维分子结构的建立标志着干酪根分子模拟工作的完整实现，虽然此时的三维分子仅能够代表干酪根不同成熟度时期样品的结构特点和平均结构单元，可以利用结构模型开展相关空间计算，但要真实还原地质条件下物质间相互作用，还需要分子对接的计算机模拟工作。

（二）固体沥青三维分子结构

青川火石岭固体沥青分子优化同样选用密度泛函理论，RB3LYP方法的3-21G基组进行优化（Liang et al.，2021）。图5-36至图5-39分别展示了固体沥青不同成熟度的三维分子结构模型。并且从图5-36至图5-39的变化中，我们发现固体沥青的三维分子结构可能存在一定形态的变化规律（分子模型参数见附录2）。

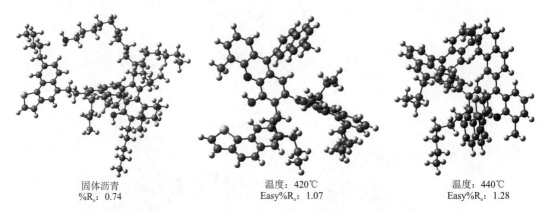

固体沥青　　　　　　　　　温度：420℃　　　　　　　　温度：440℃
%R。: 0.74　　　　　　　Easy%R。: 1.07　　　　　　Easy%R。: 1.28

图5-36　青川火石岭固体沥青三维分子模型（原始样品；Easy%R。= 1.07，1.28）

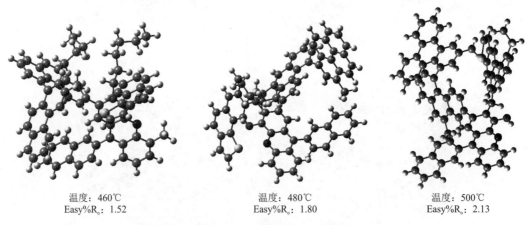

温度：460℃　　　　　　　温度：480℃　　　　　　　温度：500℃
Easy%R。: 1.52　　　　　Easy%R。: 1.80　　　　　Easy%R。: 2.13

图5-37　青川火石岭固体沥青三维分子模型（Easy%R。= 1.52，1.80，2.13）

图5-40为不同成熟度的固体沥青样品优化所需步长，即最终能量（Hartree），步长与优化过程中的计算时间成正比。如图所示，随着成熟度的增加，样品优化所需步长越来越少，即优化速度越来越快。而这一过程中，固体沥青的分子量却在不断增加。由此可知，步长与分子量没有直接关系，而是与模型中可旋转的化学键数量有关，这类化学键在固体

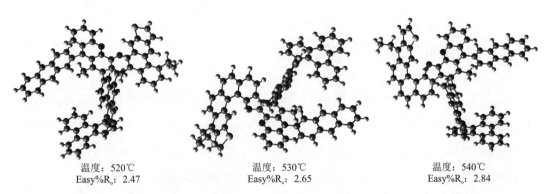

温度：520℃ Easy%R$_o$：2.47

温度：530℃ Easy%R$_o$：2.65

温度：540℃ Easy%R$_o$：2.84

图5-38 青川火石岭固体沥青三维分子模型（Easy%R$_o$ = 2.47，2.65，2.84）

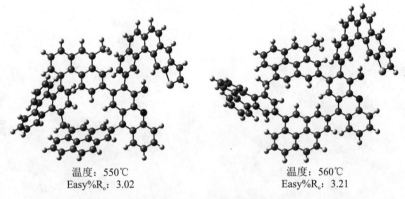

温度：550℃ Easy%R$_o$：3.02

温度：560℃ Easy%R$_o$：3.21

图5-39 青川火石岭固体沥青三维分子模型（Easy%R$_o$ = 3.02，3.21）

沥青中以C—C键的形式存在，芳环簇中的π键则不属于该类化学键，因此随着脂碳率的降低，固体沥青分子优化步长逐渐减少。

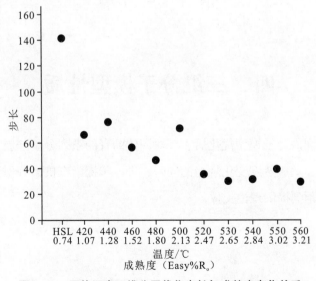

图5-40 固体沥青三维分子优化步长与成熟度变化关系

（三）胶质三维分子结构

2组样品的三维分子模型如图5-41所示，样品分子模型优化选用密度泛函理论，RB3LYP方法的6-311G（++）基组进行优化（Liang et al.，2021）。根据三维优化结果，胶质模型中环烷烃部分没有出现明显的化学键的扭动，扭动主要发生在连接的甲基上。这表明模型中结构微孔较少，物理吸附能力较差，与化合物间的相互作用以氢键为主（分子模型参数见附录3）。

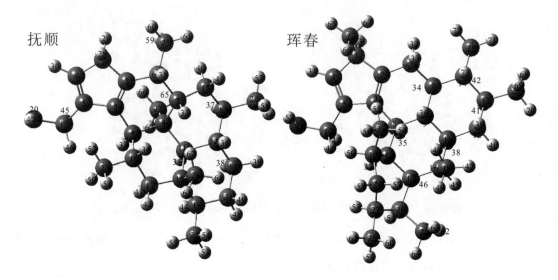

图5-41　胶质三维模型

四、三维分子模型性质

在完成三维空间内分子模型优化后，针对固体沥青的系列分子开展了进一步的研究。在揭示固体沥青分子随成熟度变化规律的同时，进一步探索有机大分子模型的参数预测方法，为更多的光谱预测提供理论支撑。

（一）固体沥青分子随成熟度的空间变化

为了更加准确地研究固体沥青分子在空间内的变化，本研究中对分子的尺寸进行了测量（表5-9）。由于分子在三维空间内没有固定的长、宽、高区别，因此将尺寸中的值由小到大定义为 a，b，c。将3个值利用公式（5-6）进行归一化计算：

$$A = a/(a+b+c) \times 100\%$$
$$B = b/(a+b+c) \times 100\% \qquad （5-6）$$
$$C = c/(a+b+c) \times 100\%$$

便可以得到每个值在3个值之和中的占比 A，B，C。以 A，B，C 分别为一边，作三角图可得到图5-42。图中3个角位置的样品点代表分子模型结构中一条边较长而另外2条边较短，空间形态为长柱状甚至针状；靠近3条边的样品点表示此时分子空间结构中有2条边长度相似，而另一条边长度较短，空间形态呈片状；靠近三角形中心的样品点中3条边长度比例大致相等，呈块状到立方体状。

表5-9　固体沥青分子模型尺寸

样品	a（Å）	b（Å）	c（Å）
HSL	21.97	13.17	22.92
H3	17.24	14.46	17.87
H4	14.81	14.86	15.02
H5	14.4	15.49	16.04
H6	13.31	15.54	18.39
H7	14.22	15.18	17.37
H8	10.12	19.09	19.73
H9	10.06	18.16	22.17
H10	14.37	17.89	21.99
H11	8.66	16.74	21.23
H12	10.06	18.43	22.39

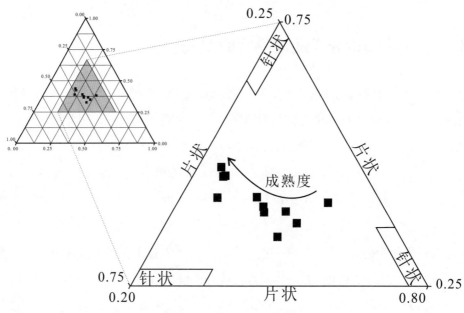

图5-42　分子模型构型三角图

由图5-42可知，固体沥青分子的三维空间形态随成熟度变化的过程中，经历了由边向中心再向边的变化过程。由于分子的a、b、c边仅通过数值大小确定，没有具体方位，因此无法判断沥青分子具体发生变化的面。但通过图5-42可以确定，在固体沥青热演化过程中，其分子的三维空间形态经历了板状—块状—板状的变化过程。且当固体沥青Easy%R。值为1.52时，分子的空间形态最接近正方体。随着成熟度的增加，固体沥青分子形态由块状向板状过渡，最终可能会形成片状形态。

（二）拉曼光谱预测

在以往的研究中，人们大多只对大分子固体有机质分子的核磁共振谱图进行预测（Gao et al.，2017；Huang et al.，2018；Liang et al.，2020a），基于固体沥青的三维分子模型，本研究开展了有机大分子拉曼光谱的预测工作。预测方法选用密度泛函理论，RB3LYP方法的3-21G基组（Liang et al.，2021）。

图5-43为固体沥青分子拉曼光谱的预测结果，从图中可以看出，样品的D峰和G峰区分明显，即使在成熟度较低的固体沥青原始样品中也没有出现明显的荧光干扰现象。

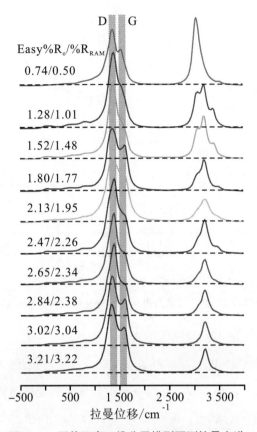

图5-43 固体沥青三维分子模型预测拉曼光谱

　　为了验证拉曼光谱的准确性，本次研究中计算了基于拉曼光谱的成熟度，计算公式（5-7，5-8）如下：

$$\%R_o = 0.039\ 2 \times (G - D) - 7.068 （成熟度为0.2\sim2.7） \tag{5-7}$$

$$\%R_o = 0.058 \times (G - D) - 12.27 （成熟度为1.0\sim3.5） \tag{5-8}$$

　　其中，G与D为拉曼光谱中G峰与D峰的峰位置，2个主峰分别代表了样品中C—C键及芳香环在光谱中的震动（Ferrari et al., 2000）。公式（5-7）为Bonoldi等（2016）提出的用于计算Ⅰ、Ⅱ、Ⅲ型干酪根成熟度的公式，其适用成熟度为0.2~2.7。但在本研究中，固体沥青样品的最高Easy%R_o达到3.21，因此补充了公式（5-8）用来计算高熟（%R_o>2.7）固体沥青的拉曼光谱成熟度（王茂林 等，2015）。

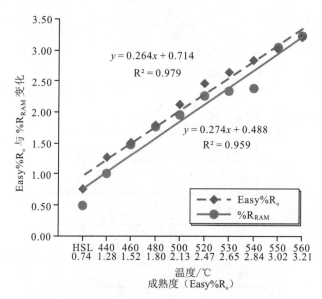

图5-44 实验样品成熟度与拉曼光谱预测成熟度对比

通过计算预测拉曼光谱得到的固体沥青分子成熟度（%R_{RAM}）与实验Easy%R_o数据示于图5-44。图中Easy%R_o与%R_{RAM}随样品点变化的线性方程的拟合优度（R^2）分别为0.979与0.959，都在95%以上，表明方程能够很好地拟合样品的变化趋势。两方程的斜率分别为0.264与0.274，几乎处于平行状态，说明Easy%R_o与%R_{RAM}两值的变化过程有着极强的相似度，基于分子模型预测拉曼光谱计算的成熟度几乎与实验得到的Easy%R_o一致，意味着拉曼光谱预测方法完全符合有机大分子的化学结构特征，能够被用于解决地球化学及相关领域的研究问题。

五、小　结

本章中结合干酪根及固体沥青的元素参数及核磁共振结果，完成了随成熟度变化的二维分子模型，并进行了三维空间内分子优化的研究。在三维空间分子的基础上，建立了分子空间变化的三角图，评估了固体沥青分子模型随成熟度的结构变化特点。预测了三维分子模型的拉曼光谱，并且根据光谱结果计算了成熟度变化。具体成果如下。

①建立了罗69、王161、芦草沟组干酪根3组样品及青川火石岭固体沥青样品随成熟度变化的一系列二维分子模型。

②建立了川西北广元地区固体沥青二维分子模型，较好地还原了该区域固体沥青的结

构特点，为相关研究提供了可靠的模型基础。依托固体沥青分子模型的变化，推断出该区域固体沥青存在演化关系这一假说，并利用相关检测证实这一观点。成功运用分子模拟研究方法解决了实际地质问题，是分子模拟技术在应用上的一大进步。

③以芦草沟组干酪根样品为例，展示了三维空间分子优化过程和方法，建立了随成熟度增加的干酪根三维空间最稳定模型系列。同时建立了首套固体沥青随成熟度增加的三维空间分子模型。

④建立分子空间变化的三角图，并发现固体沥青随着成熟度的增加，其三维分子形态出现板状—块状—板状的变化规律。当成熟度为1.52时，固体沥青的分子最接近立方体。随着成熟度的增加，固体沥青分子逐渐向板状过渡，模型显示，在成熟度越过3.21（本次实验最高成熟度）后，其分子形态可能会持续向片状结构演化。

⑤首次实现了针对有机大分子的拉曼光谱预测，并且计算了拉曼光谱的成熟度，与Easy%R。结果非常接近，从而证明了这一方法的准确性。该方法不受样品影响，为有机大分子（包括煤、干酪根、沥青、石墨）的分子模拟研究提供了全新的光谱预测方法，拓展了化学结构研究的新方向。

现有的结构模型能够反映干酪根结构演化特征，但受困于软件限制，难以建立超过255个原子的分子结构。同时，干酪根分子量的鉴定在学界依旧没有达成一致（秦匡宗，1986）。这2点导致干酪根模型分子量的准确性成为本研究的一大障碍，如何在能够准确实现核磁共振波谱的计算的基础上，真实还原干酪根分子量的模型，成为后续需要持续跟进的研究方向。

第六章　固-液有机质相互作用

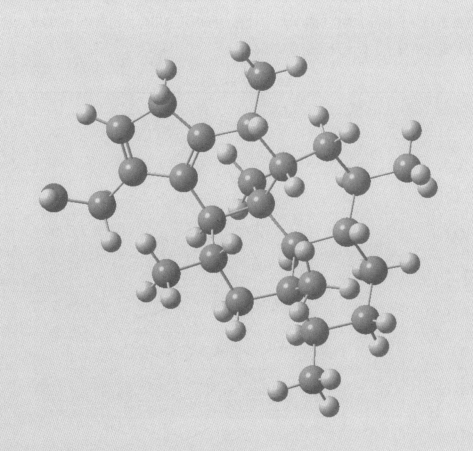

地质条件下，热解作用产生的烃类物质会与干酪根结构发生相互作用，固体有机质对液态烃有着较强的溶解和吸附能力，这直接影响到烃源岩对烃类化合物的选择性滞留及生排烃量。开展固-液有机质相互作用研究，对油气地球化学基础理论、油气初次运移及油页岩研究都有重要意义。本研究将在干酪根及固体沥青三维模型的基础上，计算大分子有机质与烃类化合物分子的相互作用关系，揭示固-液有机质相互作用机理与分子结构的关系。

一、分子对接计算

　　本研究以芦草沟组干酪根及火石岭固体沥青样品为例，由于通过软件优化得到了三维空间内干酪根分子的最稳定形态，为保证大分子结构的稳定性，选用AutoDock软件对干酪根与液态烃分子进行半柔性对接计算。计算过程中共选用包括饱和烃、芳烃化合物在内的60个烃类物质分子，烃类分子信息如表6-1所示。

表6-1　分子对接配体

配体分子	分子模型	X_{BP}
正构烷烃		
乙烷（C_2H_6）	H_3C—CH_3	0
丙烷（C_3H_8）		0
正丁烷（C_4H_{10}）		0
正戊烷（C_5H_{12}）		0
正己烷（C_6H_{14}）		0
正庚烷（C_7H_{16}）		0
正辛烷（C_8H_{18}）		0
正壬烷（C_9H_{20}）		0

续表

配体分子	分子模型	X_{BP}
正癸烷（$C_{10}H_{22}$）	H₃C～～～～～CH₃	0
正十一烷（$C_{11}H_{24}$）	H₃C～～～～～CH₃	0
正十二烷（$C_{12}H_{26}$）	H₃C～～～～～CH₃	0
正十三烷（$C_{13}H_{28}$）	H₃C～～～～～CH₃	0
正十四烷（$C_{14}H_{30}$）	H₃C～～～～～CH₃	0
正十五烷（$C_{15}H_{32}$）	H₃C～～～～～CH₃	0
正十六烷（$C_{16}H_{34}$）	H₃C～～～～～CH₃	0
正十七烷（$C_{17}H_{36}$）	H₃C～～～～～H₃C	0
正十八烷（$C_{18}H_{38}$）	H₃C～～～～～H₃C	0
正十九烷（$C_{19}H_{40}$）	H₃C～～～～～H₃C	0
正二十烷（$C_{20}H_{42}$）	H₃C～～～～～H₃C	0

续表

配体分子	分子模型	X_{BP}
正二十一烷 （$C_{21}H_{44}$）		0
正二十二烷 （$C_{22}H_{46}$）		0
正二十三烷 （$C_{23}H_{48}$）		0
正二十四烷 （$C_{24}H_{50}$）		0
正二十五烷 （$C_{25}H_{52}$）		0
正二十六烷 （$C_{26}H_{54}$）		0
正二十七烷 （$C_{27}H_{56}$）		0
正二十八烷 （$C_{28}H_{58}$）		0
正二十九烷 （$C_{29}H_{60}$）		0
正三十烷 （$C_{30}H_{62}$）		0

续表

配体分子	分子模型	X_{BP}
十六烷异构		
类型一（$C_{16}H_{34}$）		0
类型三（$C_{16}H_{34}$）		0
类型五（$C_{16}H_{34}$）		0
类型七（$C_{16}H_{34}$）		0
类型八（$C_{16}H_{34}$）		0
类型九（$C_{16}H_{34}$）		0
环烷烃		
环丙烷（C_3H_6）		0
环丁烷（C_4H_8）		0

续表

配体分子	分子模型	X_{BP}
环戊烷（C_5H_{10}）		0
环己烷（C_6H_{12}）		0
环庚烷（C_7H_{14}）		0
环辛烷（C_8H_{16}）		0
环壬烷（C_9H_{18}）		0
环癸烷（$C_{10}H_{20}$）		0
稠环芳烃		
苯（C_6H_6）		0
萘（$C_{10}H_8$）		0.25

续表

配体分子	分子模型	X_{BP}
蒽（$C_{14}H_{10}$）		0.4
并四苯（$C_{18}H_{12}$）		0.5
芘（$C_{16}H_{10}$）		0.6
并五苯（$C_{22}H_{14}$）		0.57
苯并芘（$C_{20}H_{12}$）		0.67
并六苯（$C_{26}H_{16}$）		0.63
$C_{22}H_{12}$		0.83

续表

配体分子	分子模型	X_{BP}
蔻（$C_{24}H_{12}$）		0.5
并七苯（$C_{30}H_{18}$）		0.67
$C_{26}H_{14}$		0.86
萘衍生物		
甲基萘（$C_{11}H_{10}$）	CH_3	0.25
丙基萘（$C_{13}H_{14}$）	CH_3	0.25
戊基萘（$C_{15}H_{18}$）	CH_3	0.25
三甲基萘（$C_{13}H_{14}$）	H_3C CH_3 H_3C	0.25
五甲基萘（$C_{15}H_{18}$）	H_3C CH_3 H_3C CH_3 CH_3	0.25

（一）干酪根分子对接研究

1. 饱和烃

干酪根与饱和烃分子计算中，选择链烷烃与环烷烃分别与5个成熟度不同的芦草沟组样品分子模型进行对接计算，以探究饱和烃与干酪根分子结合能力及造成影响的官能团因素（Liang et al.，2023）。

（1）链烷烃

选用C_2-C_{30} 29种原油中常见的化合物代表正构烷烃与5个干酪根分子进行分子对接计算，对接结果如表6-2所示。表中所有正构烷烃与干酪根分子之间的吉布斯自由能均为负值，这说明二者之间结合能力较强，在不施加外界作用的影响下干酪根便能够吸附正构烷烃分子。

表6-2　正构烷烃分子对接结果

分子式	芦草沟组 初始干酪根 吉布斯自由能/ （kcal·mol⁻¹）	300℃ Easy%R。：0.56 吉布斯自由能/ （kcal·mol⁻¹）	340℃ Easy%R。：0.75 吉布斯自由能/ （kcal·mol⁻¹）	370℃ Easy%R。：0.95 吉布斯自由能/ （kcal·mol⁻¹）	400℃ Easy%R。：1.27 吉布斯自由能/ （kcal·mol⁻¹）
C_2H_6	−1.5	−1.56	−1.9	−2	−1.91
C_3H_8	−2.13	−2.27	−2.7	−2.85	−2.66
C_4H_{10}	−2.45	−2.66	−3.22	−3.23	−3.05
C_5H_{12}	−2.74	−3.06	−3.63	−3.51	−3.34
C_6H_{14}	−3.04	−3.39	−4.03	−3.76	−3.62
C_7H_{16}	−3.22	−3.68	−4.3	−4.03	−3.79
C_8H_{18}	−3.61	−3.9	−4.47	−4.07	−4.03
C_9H_{20}	−3.78	−4.01	−4.66	−4.34	−4.31
$C_{10}H_{22}$	−3.94	−4.35	−4.76	−4.52	−4.28
$C_{11}H_{24}$	−4.19	−4.32	−4.69	−4.57	−4.64
$C_{12}H_{26}$	−4.42	−4.32	−4.99	−4.77	−4.76
$C_{13}H_{28}$	−4.56	−4.78	−4.89	−4.76	−4.91
$C_{14}H_{30}$	−4.27	−4.98	−4.82	−5.21	−5.27

续表

分子式	芦草沟组初始干酪根吉布斯自由能/（kcal·mol^{-1}）	300℃ Easy%R_o: 0.56 吉布斯自由能/（kcal·mol^{-1}）	340℃ Easy%R_o: 0.75 吉布斯自由能/（kcal·mol^{-1}）	370℃ Easy%R_o: 0.95 吉布斯自由能/（kcal·mol^{-1}）	400℃ Easy%R_o: 1.27 吉布斯自由能/（kcal·mol^{-1}）
$C_{15}H_{32}$	−4.35	−4.03	−5.54	−5.17	−5.1
$C_{16}H_{34}$	−4.88	−4.44	−5.87	−5.3	−5.1
$C_{17}H_{36}$	−4.6	−4.8	−5.14	−5.55	−5.49
$C_{18}H_{38}$	−2.46	−3.09	−2.8	−3.29	−3.4
$C_{19}H_{40}$	−4.1	−4.39	−5.43	−5.7	−5.33
$C_{20}H_{42}$	−4.42	−4.33	−5.17	−5.94	−5.53
$C_{21}H_{44}$	−4.17	−3.98	−4.93	−5.74	−5.06
$C_{22}H_{46}$	−3.92	−3.17	−5.05	−5.85	−5.36
$C_{23}H_{48}$	−4.21	−4.2	−5.29	−5.58	−5.52
$C_{24}H_{50}$	−4.57	−3.68	−4.02	−5.02	−5.92
$C_{25}H_{52}$	−3.54	−3.89	−4.53	−5.71	−4.96
$C_{26}H_{54}$	−3.51	−4.06	−4.57	−6	−4.65
$C_{27}H_{56}$	−4.13	−2.47	−4.27	−5.46	−4.79
$C_{28}H_{58}$	−4.17	−3.18	−4.13	−5.8	−4.84
$C_{29}H_{60}$	−4.59	−3.49	−3.19	−5.41	−4.34
$C_{30}H_{62}$	−3.42	−2.17	−4.21	−5.76	−4.99

注：1 kcal＝4.185 5 kJ。

图6-1为不同成熟度时干酪根与正构烷烃分子的吉布斯自由能分布，如图所示，正构烷烃分子与干酪根结合能分为3个阶段。C_2-C_{14}正构烷烃随着碳原子数量的不断增加，与干酪根之间结合作用趋于紧密。这一阶段的烃类物质经历了由气态烃向轻烃及液态烃转化的过程，油气地球化学研究中C_1-C_5为气态烃，通常情况下为气态，C_6-C_{14}为轻烃，可以以液态形式存在但较易挥发。C_{15}-C_{20}正构烷烃与干酪根分子间的吉布斯自由能始终处于较低值，n-C_{17}是常温常压下分子量最大的正构烷烃化合物，这表示该区间内的正构烷烃处于由固态向液态转化的阶段，稳定性优于轻烃，活跃性高于C_{20+}正构烷烃化合物，更倾向于与干酪根分子结合。C_{20}-C_{30}正构烷烃化合物与干酪根结合能处于波动上升趋势。随着饱和烃能分子量持续增加，饱和烃分子趋于稳定，与干酪根结合能力出现降低的趋势。因此正构烷烃化合物中，干酪根结构中更倾向于富集C_{15}-C_{20}组分。

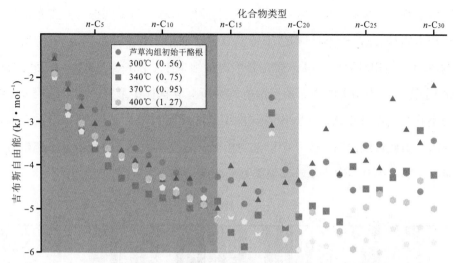

图6-1 芦草沟组干酪根分子与饱和烃分子间结合能变化

图6-1显示，成熟度为0.75时的干酪根样品与饱和烃化合物结合更加紧密，成熟度较低、脂碳含量较高的干酪根原始样品与饱和烃之间的结合能反而低于成熟度为0.75的干酪根分子。这说明脂碳含量可能不是影响链烷烃与干酪根分子结合的主要官能团。从图6-2中可以看出，在5个建立分子模型的干酪根样品中，Easy%R_o = 0.75的样品拥有最高的甲基含量，这说明或许甲基对干酪根及链烷烃间相互作用有着重要影响。为了验证这一点，本研究中选择了C_{15}-C_{20}中结合最紧密的十六烷作为研究对象，建立了6个十六烷异构体，分别与5个成熟度的干酪根样品进行分子对接研究。

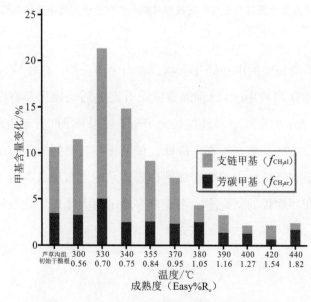

图6-2 芦草沟组干酪根甲基含量随成熟度变化

i-C_{16}与干酪根对接结果如图6-3所示，图中异构十六烷与干酪根之间吉布斯自由能大都低于正构十六烷，这一点与异构体中甲基数量增加相一致。并且如表6-1中所示，类型七的异构体中甲基相对数量最高，而在分子对接结果中，除Easy%R_o= 0.95时类型五之外，其余4个样品中类型七的吉布斯自由能均为所有异构体中最低，与干酪根分子结合最紧密。类型八与类型九中增加了亚甲基与次甲基的相对数量，在5次结果中没有出现明显的变化规律。由此可以说明，体系中甲基的相对含量直接影响了链烷烃与干酪根分子之间的结合能力，而亚甲基与次甲基等其他类型的脂碳影响不大。

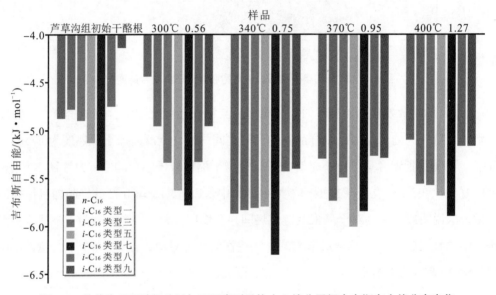

图6-3　芦草沟组干酪根分子与不同类型异构十六烷分子间吉布斯自由能分布变化

（2）环烷烃

环烷烃为存在不饱和度的饱和烃化合物，在石油组分中，C_3H_6-$C_{10}H_{20}$环烷烃化合物均较为常见，因此本次研究中选择8种碳数依次升高的环烷烃化合物作为计算对象（表6-1）。计算结果如表6-3所示，8种环烷烃分子与干酪根分子间吉布斯自由能均为负值，且都随着环烷烃碳数增加，结合能逐渐降低，说明干酪根更倾向于与结构较大的环烷烃化合物结合。但考虑到链烷烃中碳数增加到14时体系的吉布斯自由能才从持续降低的阶段稳定下来，因此在环烷烃的研究中，不能草率地定论为环烷烃碳数越高，越易与干酪根结合。

表6-3 环烷烃对接结果

分子式	芦草沟组 初始干酪根 吉布斯自由能/ （kcal·mol⁻¹）	300℃ Easy%R₀: 0.56 吉布斯自由能/ （kcal·mol⁻¹）	340℃ Easy%R₀: 0.75 吉布斯自由能/ （kcal·mol⁻¹）	370℃ Easy%R₀: 0.95 吉布斯自由能/ （kcal·mol⁻¹）	400℃ Easy%R₀: 1.27 吉布斯自由能/ （kcal·mol⁻¹）
C_3H_6	−1.92	−2.03	−2.47	−2.52	−2.48
C_4H_8	−2.68	−2.89	−3.46	−3.52	−3.36
C_5H_{10}	−3.19	−3.47	−4.09	−4.12	−3.92
C_6H_{12}	−3.62	−3.97	−4.57	−4.58	−4.32
C_7H_{14}	−4.11	−4.43	−5.09	−5.11	−4.76
C_8H_{16}	−4.49	−4.85	−5.69	−5.29	−5.11
C_9H_{18}	−5.03	−5.34	−6.09	−5.82	−5.57
$C_{10}H_{20}$	−5.24	−5.62	−6.26	−6.27	−5.91

　　为了探究相同碳数下链烷烃与环烷烃结合不同的结合能力，图6-4展示了C_3-C_{10}正构烷烃与C_3H_6-$C_{10}H_{20}$环烷烃的吉布斯自由能计算结果。除环丙烷与干酪根的结合能力低于丙烷外，其余7种环烷烃相较于相同碳数的正构烷烃，其与干酪根的结合都更加紧密（吉布斯自由能更低）。这说明或许不饱和结构比甲基更能够将固–液有机分子结合在一起，这一点在本章接下来的研究中将进一步进行证明。

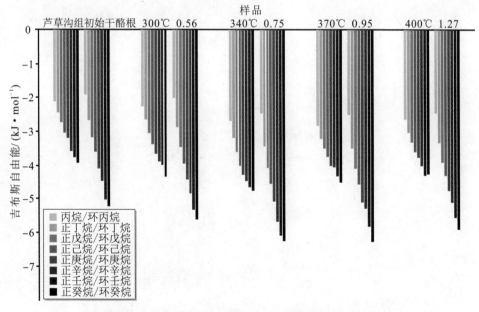

图6-4　芦草沟组干酪根分子与不同类型环烷烃分子间吉布斯自由能分布变化
注：图中每个样品左侧为正构烷烃对接结果，右侧为环烷烃对接结果

2. 芳烃

本研究中选用芳烃化合物如表6-1所示，其中稠环芳烃结构中的芳环数量从1环增加到7环，除了独立的苯及稠环芳烃外，研究中还加入了甲基萘等稠环芳烃衍生物以区分不同官能团对固-液有机质之间吉布斯自由能的影响。表中的芳烃化合物部分在常温常压下为液态，部分为固态，但均可溶解在有机质中，随石油发生运移（Liang et al.，2023）。

（1）苯及稠环芳烃

研究中以苯及稠环芳烃为对象，进行相互作用计算，其中稠环芳烃包括常规连接芳碳簇与环状连接芳碳簇2种连接方式（Solum et al.，1989）。但在此次研究中发现，2环与3环的稠环芳烃没有异构体，而从4环开始，出现了$C_{18}H_{12}$与$C_{16}H_{10}$ 2种缩合度不同（化合物X_{BP}）的结构类型，本次研究中将$C_{16}H_{10}$、$C_{20}H_{12}$、$C_{22}H_{12}$、$C_{26}H_{14}$命名为聚合连接芳环簇。当聚合连接芳环簇发展到6环的稠环芳烃时，出现了环状连接方式（图6-5），因此研究中对X_{BP}不同，但环数相同的稠环芳烃分别进行了计算。

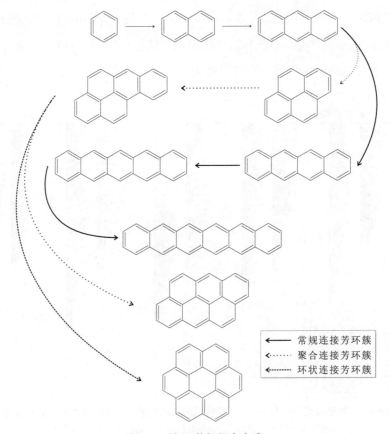

常规连接芳环簇
聚合连接芳环簇
环状连接芳环簇

图6-5　多环芳烃稠合方式

表6-4中为苯及稠环芳烃与不同成熟度干酪根对接的吉布斯自由能结果，在与同一成熟度干酪根样品进行对接时，常规连接的稠环芳烃随着碳数的增加而持续降低，聚合连接形式下的稠环芳烃与干酪根间的结合能同样符合这一规律。这说明，稠环芳烃的分子量与干酪根分子间的结合强度有着一定的关系。图6-6为苯环数量相同时，不同连接方式的稠环芳烃化合物吉布斯自由能分布，当多核芳烃中芳环数量相等时，常规连接形式的稠环芳烃吉布斯自由能最低，聚合连接稠环芳烃和环状连接稠环芳烃与干酪根结构间的吉布斯自由能均较大。这说明分子质量在与固体有机分子结合的过程中起到了决定性的作用。在干酪根成熟度相同的情况下，稠环芳烃分子质量越大，与干酪根之间的吉布斯自由能越低，结合越紧密，与表中所示的单个化合物的X_{BP}无关。

表6-4 稠环芳烃对接结果

分子式	芦草沟组初始干酪根吉布斯自由能/（kcal·mol⁻¹）	300℃ Easy%R。: 0.56 吉布斯自由能/（kcal·mol⁻¹）	340℃ Easy%R。: 0.75 吉布斯自由能/（kcal·mol⁻¹）	370℃ Easy%R。: 0.95 吉布斯自由能/（kcal·mol⁻¹）	400℃ Easy%R。: 1.27 吉布斯自由能/（kcal·mol⁻¹）
C_6H_6	−3.36	−3.59	−4.26	−4.26	−4.05
$C_{10}H_8$	−5.14	−5.56	−6.62	−5.74	−5.71
$C_{14}H_{10}$	−6.62	−7.4	−7.74	−7.36	−7.08
$C_{18}H_{12}$	−8.16	−8.86	−8.79	−8.92	−8.46
$C_{22}H_{14}$	−8.74	−9.67	−9.62	−10.08	−9.31
$C_{26}H_{16}$	−10.01	−10.49	−10.22	−11.01	−9.94
$C_{30}H_{18}$	−10.79	−11.25	−10.62	−11.94	−10.23
$C_{16}H_{10}$	−7.01	−7.83	−7.89	−7.94	−7.45
$C_{20}H_{12}$	−8.41	−9.54	−9.44	−9.75	−9.17
$C_{22}H_{12}$	−8.94	−10.05	−9.65	−10.06	−9.54
$C_{26}H_{14}$	−9.98	−11.23	−10.71	−11.99	−10.72
$C_{24}H_{12}$	−8.65	−10.46	−10.05	−10.94	−9.37

地质体中固体有机分子模拟与对接研究

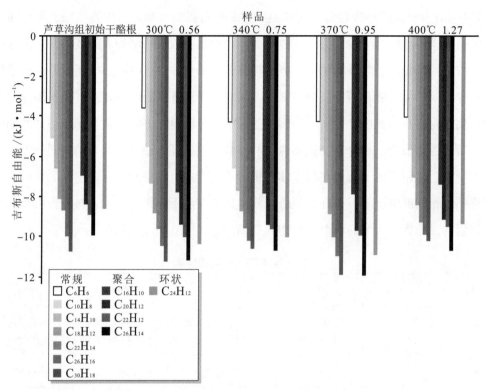

图6-6　芦草沟组干酪根分子与不同类型稠环芳烃分子间吉布斯自由能分布变化

（2）稠环芳烃衍生物

在表6-1中，稠环芳烃衍生物主要包括甲基萘、丙基萘、戊基萘、三甲基萘和五甲基萘5种化合物。如表6-5为萘及5种稠环芳烃衍生物与干酪根分子的对接结果，并依据表6-5结果绘制图6-7，更加清晰地表示能量的关系。

表6-5　萘系物对接结果

分子式	芦草沟组初始干酪根吉布斯自由能/（kcal·mol⁻¹）	300℃ Easy%R₀: 0.56 吉布斯自由能/（kcal·mol⁻¹）	340℃ Easy%R₀: 0.75 吉布斯自由能/（kcal·mol⁻¹）	370℃ Easy%R₀: 0.95 吉布斯自由能/（kcal·mol⁻¹）	400℃ Easy%R₀: 1.27 吉布斯自由能/（kcal·mol⁻¹）
$C_{10}H_8$	−5.14	−5.56	−6.62	−5.74	−5.71
烷基萘					
$C_{11}H_{10}$	−5.6	−6.13	−6.75	−6.11	−5.99
$C_{13}H_4$	−6.02	−6.61	−7.11	−6.58	−6.36
$C_{15}H_{18}$	−6.41	−6.99	−7.09	−6.9	−6.94
多甲基萘					
$C_{13}H_{14}$	−6.15	−6.88	−7.17	−6.71	−6.71
$C_{15}H_{18}$	−6.56	−7.11	−7.38	−7.34	−6.97

158

如图6-7所示，在同一成熟度的干酪根样品中，萘分子为相关化合物中吉布斯自由能最高的芳烃化合物，所有的衍生物与干酪根的结合能力都强于萘分子。同时，甲基萘、丙基萘、戊基萘3种化合物基本遵循吉布斯自由能逐渐降低的规律，说明3种化合物中戊基萘与干酪根样品结合最为紧密。在多甲基萘中，甲基萘的吉布斯自由能大于三甲基萘又大于五甲基萘，这说明当化合物缩合度相等时，在体系内的甲基数量及分子质量的共同影响下，五甲基萘在3种化合物中与固体有机质结合最为紧密。

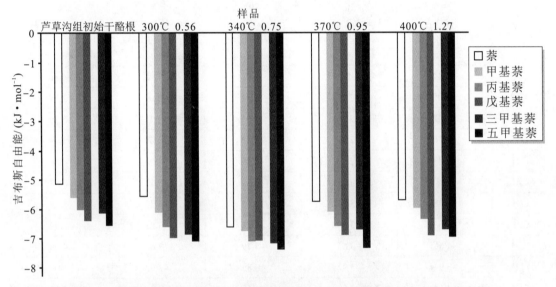

图6-7　芦草沟组干酪根分子与不同类型芳烃衍生物分子间吉布斯自由能分布变化

在衍生物中，丙基萘与三甲基萘的分子质量相同，戊基萘与五甲基萘的分子质量相同，但在样品中，三甲基萘与五甲基萘的吉布斯自由能分别低于丙基萘与戊基萘2种化合物。这进一步证明了亚甲基在固-液有机质相互作用时的影响力较低，当化合物分子质量相同时，甲基数量直接对有机质结合产生决定性影响。

（二）固体沥青分子对接研究

1. 饱和烃

固体沥青与饱和烃分子计算中，选择链烷烃与环烷烃分别与5个成熟度不同的火石岭样品分子模型进行对接计算，以探究饱和烃与沥青分子结合能力及造成影响的官能团因素。

地质体中固体有机分子模拟与对接研究

（1）链烷烃

选用表6-1中C_2-C_{30} 29种原油中常见的化合物代表正构烷烃与5个固体沥青分子进行分子对接计算，对接结果如表6-6所示。表中所有正构烷烃与固体沥青分子之间的吉布斯自由能均为负值，这说明二者之间结合能力较强，固体沥青在不施加外界作用的影响下便能够吸附正构烷烃分子。

表6-6　固体沥青正构烷烃分子对接结果

分子式	火石岭天然固体沥青吉布斯自由能/（kcal·mol^{-1}）	420℃ Easy%R_o: 1.07 吉布斯自由能/（kcal·mol^{-1}）	480℃ Easy%R_o: 1.80 吉布斯自由能/（kcal·mol^{-1}）	530℃ Easy%R_o: 2.65 吉布斯自由能/（kcal·mol^{-1}）	550℃ Easy%R_o: 3.02 吉布斯自由能/（kcal·mol^{-1}）
C_2H_6	−1.44	−1.5	−1.5	−1.43	−1.86
C_3H_8	−2.05	−2.16	−2.11	−2.07	−2.59
C_4H_{10}	−2.42	−2.46	−2.37	−2.37	−2.89
C_5H_{12}	−2.76	−2.79	−2.68	−2.68	−3.19
C_6H_{14}	−3.03	−2.99	−3.09	−2.9	−3.4
C_7H_{16}	−3.3	−3.16	−3.34	−3.13	−3.68
C_8H_{18}	−3.48	−3.26	−3.53	−3.32	−3.48
C_9H_{20}	−3.63	−3.35	−3.71	−3.51	−3.99
$C_{10}H_{22}$	−3.8	−3.63	−3.79	−3.67	−4.06
$C_{11}H_{24}$	−3.94	−3.97	−3.85	−3.93	−4.1
$C_{12}H_{26}$	−4.14	−3.68	−4.18	−3.91	−4.14
$C_{13}H_{28}$	−4.11	−4.08	−4.04	−4.29	−4.37
$C_{14}H_{30}$	−4.03	−4.36	−4.14	−4.21	−4.26
$C_{15}H_{32}$	−4.25	−3.99	−4.04	−4.66	−4.65
$C_{16}H_{34}$	−4.31	−4.22	−4.43	−4.83	−4.08
$C_{17}H_{36}$	−4.13	−4.58	−4.15	−4.57	−4.29
$C_{18}H_{38}$	−1.76	−1.78	−1.18	−2.71	−1.65
$C_{19}H_{40}$	−4.25	−3.91	−4.19	−5.36	−4.39
$C_{20}H_{42}$	−4.31	−4.05	−4.05	−5.48	−3.98
$C_{21}H_{44}$	−3.91	−3.53	−3.71	−5.9	−4.64
$C_{22}H_{46}$	−3.74	−4.01	−3.72	−5.47	−3.9
$C_{23}H_{48}$	−3.41	−3.8	−3.79	−5.41	−3.27
$C_{24}H_{50}$	−3.77	−3.66	−3.64	−5.14	−4.32
$C_{25}H_{52}$	−3.79	−3.07	−3.17	−5.25	−4.29
$C_{26}H_{54}$	−3.53	−2.93	−3.37	−5.3	−3.4
$C_{27}H_{56}$	−3.01	−3.14	−2.96	−4.83	−3.52

续表

分子式	火石岭天然固体沥青 吉布斯自由能/ (kcal·mol^{-1})	420℃ Easy%R_o: 1.07 吉布斯自由能/ (kcal·mol^{-1})	480℃ Easy%R_o: 1.80 吉布斯自由能/ (kcal·mol^{-1})	530℃ Easy%R_o: 2.65 吉布斯自由能/ (kcal·mol^{-1})	550℃ Easy%R_o: 3.02 吉布斯自由能/ (kcal·mol^{-1})
$C_{28}H_{58}$	−3.36	−3.13	−3.1	−4.81	−3.65
$C_{29}H_{60}$	−4.26	−2.37	−2.87	−4.7	−3.4
$C_{30}H_{62}$	−2.98	−2.65	−2.42	−3.99	−3.3

图6-8为不同成熟度时固体沥青分子与正构烷烃分子的吉布斯自由能分布图，如图所示，固体沥青同干酪根一样，与正构烷烃分子间吉布斯自由能分布分为3个主要区间：C_2-C_{14}正构烷烃随着碳原子数量的不断增加，与固体沥青分子间的吉布斯自由能逐渐降低；C_{15}-C_{20}正构烷烃与固体沥青分子间的吉布斯自由能始终处于较低值；C_{20}-C_{30}正构烷烃化合物与固体沥青结合能处于波动上升趋势。该过程的形成过程推测与上述原因相同，这里不做赘述。因此固体沥青更倾向于富集C_{15}-C_{20}组分。

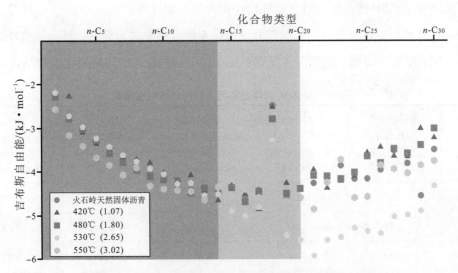

图6-8 火石岭固体沥青分子与正构烷烃分子间结合能变化

为了探究含甲基较多的异构烷烃对分子间作用力的影响，本研究计算了表6-1中5个不同甲基数量的正十六烷异构体分子，对接结果如图6-9所示。

除原始沥青外，其余所有样品与甲基含量最高的类型七异构十六烷分子间吉布斯自由能均为所有样品的最低值。因此研究认为固体沥青在与饱和烃相互作用时，分子间作用力同样受到甲基数量的影响。

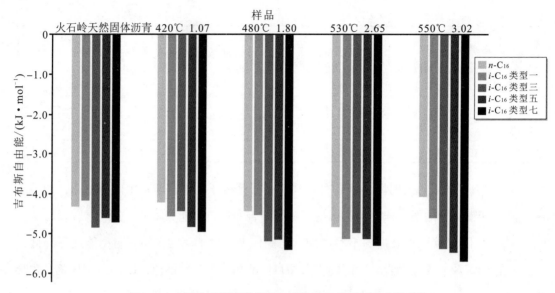

图6-9　火石岭固体沥青分子与异构烷烃分子间结合能变化

（2）环烷烃

本次研究选择8种碳数依次升高的环烷烃化合物作为计算对象（表6-1）。计算结果如表6-7所示，8种环烷烃分子与固体沥青分子间吉布斯自由能均为负值，且都随着环烷烃碳数增加，结合能逐渐降低，说明固体沥青更倾向于与结构较大的环烷烃化合物结合。

表6-7　火石岭固体沥青与环烷烃分子对接结果

分子式	火石岭天然固体沥青 吉布斯自由能/（kcal·mol^{-1}）	420℃ Easy%R$_o$: 1.07 吉布斯自由能/（kcal·mol^{-1}）	480℃ Easy%R$_o$: 1.80 吉布斯自由能/（kcal·mol^{-1}）	530℃ Easy%R$_o$: 2.65 吉布斯自由能/（kcal·mol^{-1}）	550℃ Easy%R$_o$: 3.02 吉布斯自由能/（kcal·mol^{-1}）
C_3H_6	−1.83	−1.98	−1.95	−1.89	−2.39
C_4H_8	−2.59	−2.76	−2.72	−2.68	−3.33
C_5H_{10}	−3.15	−3.34	−3.23	−3.21	−3.77
C_6H_{12}	−3.61	−3.77	−3.66	−3.63	−4.14
C_7H_{14}	−4.05	−4.19	−4.12	−4.09	−4.47
C_8H_{16}	−4.44	−4.7	−4.48	−4.61	−4.76
C_9H_{18}	−4.65	−5.1	−4.83	−4.94	−5.18
$C_{10}H_{20}$	−4.94	−5.41	−5.32	−5.26	−5.49

图6-10为固体沥青分子与不同碳数链烷烃及环烷烃分子对接结果，除环丙烷与固体沥青的结合能力低于丙烷外，其余7种环烷烃相较于相同碳数的正构烷烃，其与固体沥青的结合都更加紧密（吉布斯自由能更低）。

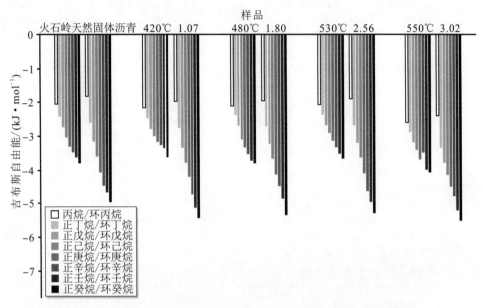

图6-10 火石岭固体沥青分子与环烷烃分子间吉布斯自由能分布变化

注：图中每个样品左侧为正构烷烃对接结果，右侧为环烷烃对接结果

2. 芳烃

（1）苯及稠环芳烃

与火石岭沥青开展分子对接的稠环芳烃分子选择与芦草沟组干酪根对接计算相同的模型，共计11个稠环芳烃分子，包括6个常规连接形式、4个聚合连接形式及1个环状连接形式化合物。

表6-8和图6-11为苯及稠环芳烃与不同成熟度固体沥青对接的吉布斯自由能结果，在与同一成熟度样品进行对接时，常规连接形式的稠环芳烃随着碳数的增加而持续降低，聚合连接形式的稠环芳烃同样符合这一规律。这说明，稠环芳烃的分子量与大分子固体有机质的结合强度有着一定的关系，这一现象与芦草沟组干酪根完全一致。研究表明，分子质量在与固体有机分子结合的过程中起到了决定性的作用。在固体沥青成熟度相同的情况下，稠环芳烃分子质量越大，与大分子间的吉布斯自由能越低，结合越紧密。

表6-8　火石岭沥青与稠环芳烃分子对接结果

分子式	火石岭天然固体沥青 吉布斯自由能/ （kcal·mol⁻¹）	420℃ Easy%Rₒ：1.07 吉布斯自由能/ （kcal·mol⁻¹）	480℃ Easy%Rₒ：1.80 吉布斯自由能/ （kcal·mol⁻¹）	530℃ Easy%Rₒ：2.65 吉布斯自由能/ （kcal·mol⁻¹）	550℃ Easy%Rₒ：3.02 吉布斯自由能/ （kcal·mol⁻¹）
C_6H_6	−3.38	−3.49	−3.36	−3.37	−3.88
$C_{10}H_8$	−5.21	−5.29	−5.17	−5.03	−5.52
$C_{14}H_{10}$	−6.71	−6.42	−6.49	−6.35	−6.69
$C_{18}H_{12}$	−7.71	−6.67	−7.44	−7.44	−7.89
$C_{22}H_{14}$	−8.24	−7.39	−8.33	−8.2	−8.63
$C_{26}H_{16}$	−7.31	−7.86	−9.01	−8.59	−9.34
$C_{30}H_{18}$	−7.15	−7.91	−9.42	−8.93	−9.66
$C_{16}H_{10}$	−6.77	−6.91	−6.27	−6.77	−7.86
$C_{20}H_{12}$	−8.2	−7.83	−7.63	−8.07	−9.04
$C_{22}H_{12}$	−7.46	−8.22	−8.14	−8.4	−9.5
$C_{26}H_{14}$	−8.11	−8.91	−8.53	−9.26	−10.35
$C_{24}H_{12}$	−7.81	−3.79	−7.38	−8.24	−9.63

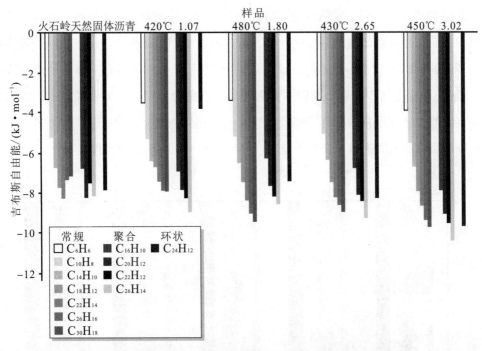

图6-11　火石岭固体沥青与稠环芳烃分子间吉布斯自由能分布变化

（2）稠环芳烃衍生物

在表6-1中，稠环芳烃衍生物主要包括甲基萘、丙基萘、戊基萘、三甲基萘及五甲基萘5种化合物。如表6-9为萘及5种稠环芳烃衍生物与固体沥青分子的对接结果，并依据表6-9结果绘制图6-12，更加清晰地表示能量的关系。

表6-9　萘系物对接结果

分子式	火石岭天然固体沥青 吉布斯自由能/ （kcal·mol⁻¹）	420℃ Easy%Rₒ：1.07 吉布斯自由能/ （kcal·mol⁻¹）	480℃ Easy%Rₒ：1.80 吉布斯自由能/ （kcal·mol⁻¹）	530℃ Easy%Rₒ：2.65 吉布斯自由能/ （kcal·mol⁻¹）	550℃ Easy%Rₒ：3.02 吉布斯自由能/ （kcal·mol⁻¹）
$C_{10}H_8$	-5.21	-5.29	-5.17	-5.03	-5.52
烷基萘					
$C_{11}H_{10}$	-5.74	-5.68	-5.66	-5.4	-5.98
$C_{13}H_4$	-6.17	-5.76	-5.99	-3.94	-6.32
$C_{15}H_{18}$	-6.51	-6.06	-6.05	-6.18	-6.71
多甲基萘					
$C_{13}H_{14}$	-6.41	-6.15	-6.41	-6.08	-6.7
$C_{15}H_{18}$	-6.37	-6.39	-5.97	-6.39	-7.35

如图6-12所示，在同一成熟度的固体沥青样品中，除成熟度为2.65时，萘分子为相关化合物中吉布斯自由能最高的芳烃化合物，基本所有的衍生物与固体沥青的结合能力都强于萘分子。同时，甲基萘、丙基萘、戊基萘3种化合物基本遵循吉布斯自由能逐渐降低的规律，说明3种化合物中戊基萘与固体沥青样品结合最为紧密。在多甲基萘中，甲基萘的吉布斯自由能大于三甲基萘和五甲基萘，这说明当化合物缩合度相等时，在体系内的甲基数量及分子质量的共同影响下，五甲基萘在3种化合物中与固体有机质结合较为紧密。

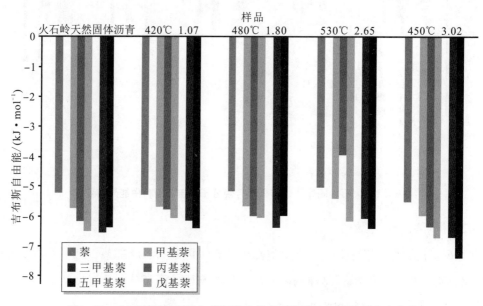

图6-12　火石岭固体沥青与芳烃衍生物分子间吉布斯自由能分布变化

在衍生物中，丙基萘与三甲基萘、戊基萘与五甲基萘的分子质量相同，但在样品中，三甲基萘与五甲基萘的吉布斯自由能基本分别低于丙基萘与戊基萘2种化合物。这进一步证明了亚甲基在固-液有机质相互作用时的影响力较低，当化合物分子质量相同时，甲基数量直接对有机质结合产生决定性影响。

二、固-液有机分子间相互作用机理

通过一系列的计算结果可知，影响固-液有机分子间相互作用的因素主要包括化合物分子量、体系内甲基数量。在本节内，综合所有计算结果，在这2点的基础上，结合化合物及干酪根分子的缩合程度演化阶段，全面探究固-液有机分子间相互作用机理。

（一）分子间相互作用影响因素

1. 分子质量

正构烷烃、环烷烃、稠环芳烃分子与干酪根对接的计算结果表明，正构烷烃分子量与吉布斯自由能分布在C_2-C_{14}阶段内成反比，而后维持在低位并波动上升；环烷烃与稠环芳烃化合物的分子量与干酪根的结合强度成正比，这一现象在干酪根及固体沥青样品研究中均得到证实。芳烃化合物分子对接研究中，随着稠环芳烃衍生物的分子质量逐渐增大，萘-甲基萘-丙基萘-戊基萘化合物系列与同等成熟度干酪根分子间的吉布斯自由能呈下降趋势。

由此可见，化合物分子量在固-液有机分子间相互作用过程中有着较大的影响力，石油内大部分的环烷烃及稠环芳烃化合物均随着分子质量上升，与干酪根及固体沥青结合得更加紧密，饱和烃化合物则在C_{15}-C_{20}更倾向于与大分子固体有机分子结合。

2. 甲基含量

图6-3、图6-7、图6-9、图6-12为甲基含量对固-液有机分子间相互作用力的影响。图6-3、图6-9中随着链烷烃异构体中甲基数量的增加，同等分子质量下甲基最多的类型七异构体与干酪根及固体沥青分子的结合力更强；图6-7、图6-12中，三甲基萘和五甲基萘与干酪根之间的吉布斯自由能分别低于同等分子质量的丙基萘和戊基萘，固体沥青研究中也表现出相同的规律。这说明，甲基含量与分子质量对固-液有机分子间相互作用力的影响相互作用。

3. 缩合度（X_{BP}）影响

表6-2、表6-4及表6-6、表6-8这2组数据表明，对分子量大致相等的链烷烃和稠环芳烃化合物与干酪根分子结合进行比较，稠环芳烃化合物与大分子固体有机质的结合能力明显强于链烷烃类化合物。这说明在不同化合物之间，化合物的缩合度对固-液有机分子间作用力有着较大的影响。且同一连接方式下的稠环芳烃缩合度增加同样会造成吉布斯自由能的降低。但当稠环芳烃的芳环连接形式发生变化时，聚合连接方式的稠环芳烃化合物与干酪根的结合能力低于芳环数相等的常规连接方式，而六环化合物的环状连接方式低于同

样为六环的聚合连接方式。这种情况下，虽然聚合性连接方式的X_{BP}更高，但由于聚合连接的稠环芳烃化合物分子量低于同等芳环数量的常规性化合物，受到分子质量的制约，高缩合度化合物的结合能力反而低于常规连接方式。

不同成熟度的干酪根及固体沥青与同等缩合度下稠环芳烃化合物分子间的吉布斯自由能同样有所差异。以干酪根为例，如表6-4所示，成熟度为0.95的干酪根分子模型与几乎所有的稠环芳烃化合物分子间吉布斯自由能均为最低值，即结合能力最强。根据第五章中建立的芦草沟组干酪根不同成熟度下分子模型计算可知，成熟度为0.95的干酪根分子模型的X_{BP}最高，这一点说明高缩合度的固体有机分子能够更好地固定高缩合度的稠环芳烃化合物，这一点也印证了体系X_{BP}对吉布斯自由能分布的影响。而在表6-5中，稠环芳烃衍生物与成熟度为0.75的干酪根分子结合最为紧密，根据图6-2所示，在5个建立分子模型的干酪根样品中，该成熟度下的干酪根样品甲基含量最高，与衍生物中的甲基作用力更强。这一现象说明，当稠环芳烃衍生物中有甲基存在时，体系内甲基含量会降低缩合度对分子间作用力的影响。

（二）分子间作用力机理

综合来看，固-液有机质相互作用过程中受到化合物分子质量、体系内甲基含量及整体缩合度的影响。3个影响因素相互作用，之间没有明显的优先级。在饱和烃化合物中，干酪根更倾向于富集环烷烃、C_{15}-C_{20}的正构烷烃及甲基数量更多的异构体。在芳烃化合物中，干酪根更容易富集甲基数量多的稠环芳烃衍生物。但相比于饱和烃，大分子固体有机质与芳烃化合物分子间的结合能力普遍较强，说明干酪根对芳烃化合物有着明显的选择性吸附现象，而饱和烃则更容易从固体有机质中饱和并排出、运移、富集、成藏。

三、小　结

以干酪根及固体沥青三维分子模型为基础，与60种烃类化合物进行半柔性分子对接研究，探究影响固-液有机质之间相互作用机理。对计算得到的吉布斯自由能进行统计分析后，得到以下认识。

①化合物分子质量对固-液有机分子间相互作用力有着重要影响。正构烷烃化合物与

干酪根分子的相互作用根据化合物分子量不同而不同：C_2-C_{14}正构烷烃随着分子量的增加与同一成熟度固体样品结合逐渐紧密；C_{15}-C_{20}的正构烷烃与固体有机分子间的吉布斯自由能保持较低，结合能力最强；C_{20+}的正构烷烃分子与固体有机分子间结合能力呈波动下降的趋势。环烷烃及芳烃化合物系列中，随着化合物分子质量的上升，化合物与同一固体有机质样品间的吉布斯自由能持续降低。

②体系内甲基的相对含量对固-液有机质间作用力有着较强的影响力，如在干酪根演化过程中，成熟度为0.75的干酪根分子模型中甲基含量最高，同时与饱和烃分子及稠环芳烃衍生物的结合能力同样最强。而对于同一成熟度固体有机分子模型，甲基数量较多的异构烷烃和稠环芳烃衍生物的结合能力明显高于同类型物质中甲基数量较少的化合物。但这一过程中的甲基数量与相互作用力的定量关系尚不明确，还需要进一步研究。

③缩合度（X_{BP}）是影响固-液有机质间相互作用的另一重要因素。芳烃化合物与大分子有机质的结合能力强于同等分子质量的饱和烃化合物，并且稠环芳烃与缩合度更高的固体有机质样品拥有更强的结合能力。

④相较于饱和烃分子，大分子固体有机质与芳烃化合物的结合能力较强，特别是含有甲基的稠环芳烃衍生物，这一发现验证了干酪根及固体沥青对芳烃的选择性吸附现象。在烃源岩地层中及后期运移原油发生分异作用时，芳烃化合物及芳香度较高的化合物更容易被束缚在固体有机质结构中，而饱和烃更容易从干酪根中排出、运移、富集、成藏。

参 考 文 献

常海洲，蔡雪梅，李改仙，等，2008. 不同还原程度煤显微组分堆垛结构表征［J］. 山西大学学报（自然科学版），31（2）：223-227.

陈竹新，李本亮，贾东，等，2008. 龙门山冲断带北段前锋带新生代构造变形［J］. 地质学报，82（9）：1178-1185.

戴鸿鸣，刘文龙，杨跃明，等，2007. 龙门山北段山前带侏罗系油砂岩成因研究［J］. 石油实验地质，29（6）：604-608.

邓虎成，周文，丘东洲，等，2008. 川西北天井山构造泥盆系油砂成矿条件与资源评价［J］. 吉林大学学报（地球科学版），38（1）：69-75.

冯乔，李海斌，周海峰，等，2017. 准噶尔盆地东南缘西大龙口梧桐沟组—锅底坑组烃源岩地球化学特征［J］. 山东科技大学学报（自然科学版），36（2）：1-10.

傅家谟，秦匡宗，1995. 干酪根地球化学［M］. 广州：广东科技出版社.

付少英，彭平安，张文正，等，2002. 鄂尔多斯盆地上古生界煤的生烃动力学研究［J］. 中国科学（D辑：地球科学），32（10）：812-818.

高健，2019. 中国页岩油开发潜力巨大［J］. 中国石化（11）：87.

郝雪峰，尹丽娟，林璐，2016. 济阳坳陷油藏类型及属性分布有序性［J］. 油气地质与采收率，23（1）：8-13.

何军，于三公，1989. 龙门山推覆体形成机制及其北段含油气性［J］. 天然气工业（3）：16-21，7.

侯读杰，冯子辉，2011. 油气地球化学［M］. 北京：石油工业出版社.

胡素云，赵文智，侯连华，等，2020. 中国陆相页岩油发展潜力与技术对策［J］. 石油勘探与开发，47（4）：819-828.

黄第藩，王兰生，2008. 川西北矿山梁地区沥青脉地球化学特征及其意义［J］. 石油学报，29（1）：23-28.

贾建波，曾凡桂，孙蓓蕾，2011. 神东2^{-2}煤镜质组大分子结构模型^{13}C-NMR谱的构建与修正［J］. 燃料化学学报，39（9）：652-657.

姜波，秦勇，1998. 实验变形煤结构的^{13}C NMR特征及其构造地质意义［J］. 地球科学，23（6）：36-39.

姜帅，2014. 渤海湾盆地油气勘探潜力及重点勘查区区划评价［D］. 青岛：中国石油大学（华东）.

金文革，2014. 原位开采油页岩技术获进展［J］. 国土资源（10）：58.

金之钧，白振瑞，高波，等，2019. 中国迎来页岩油气革命了吗?［J］. 石油与天然气地质，40（3）：451-458.

李成博，郭巍，宋玉勤，等，2006. 新疆博格达山北麓油页岩成因类型及有利区预测［J］. 吉林大学学报（地球科学版），36（6）：949-953.

李富兵，白羽，王建忠，等，2015. 美国页岩油气发展趋势及影响［J］. 中国国土资源经济，28（10）：34-36.

李国欣，朱如凯，2020. 中国石油非常规油气发展现状、挑战与关注问题［J］. 中国石油勘探，25（2）：1-13.

李婧婧，汤达祯，许浩，等，2009. 准噶尔盆地南缘大黄山矿区二叠系芦草沟组油页岩沉积特征［J］. 西安科技大学学报，29（1）：68-72.

李世臻，刘卫彬，王丹丹，等，2017. 中美陆相页岩油地质条件对比 [J]. 地质论评，63（S1）：39-40.

李岩，王云鹏，赵长毅，等，2012. 煤在热演化过程中结构变化的核磁共振波谱 [J]. 新疆石油地质，33（2）：175-178.

李艳霞，钟宁宁，2007. 川东石炭系气藏中固体沥青形成机理探讨 [J]. 石油实验地质，29（4）：402-404，410.

刘春，张惠良，沈安江，等，2010. 川西北地区泥盆系油砂岩地球化学特征及成因 [J]. 石油学报，31（2）：253-258.

刘德汉，肖贤明，田辉，等，2013. 固体有机质拉曼光谱参数计算样品热演化程度的方法与地质应用 [J]. 科学通报，58（13）：1228-1241.

刘光祥，王守德，潘文蕾，等，2003. 四川广元天井山古油藏剖析 [J]. 海相油气地质，8（Z1）：10，103-107.

刘招君，柳蓉，孙平昌，等，2020. 中国典型盆地油页岩特征及赋存规律 [J]. 吉林大学学报（地球科学版），50（2）：313-325.

罗茂，耿安松，廖泽文，等，2011. 四川盆地江油厚坝油砂有机地球化学特征与成因研究 [J]. 地球化学，40（3）：280-288.

庞建春，徐耀辉，马可聪，等，2015. 准噶尔盆地南缘JZK1井二叠系芦草沟组烃源岩地球化学特征 [J]. 长江大学学报（自科版），12（26）：3，5-8.

彭雪峰，汪立今，姜丽萍，2012. 准噶尔盆地东南缘芦草沟组油页岩元素地球化学特征及沉积环境指示意义 [J]. 矿物岩石地球化学通报，31（2）：121-127，151.

钱伯章，2015. 全球页岩油和页岩气资源盘点 [J]. 石油知识（2）：8-9.

秦匡宗，1986. 茂名和抚顺油页岩组成结构的研究——Ⅲ. 有机质的平均结构单元 [J]. 燃料化学学报（1）：1-8.

秦匡宗，劳永新，1985. 茂名和抚顺油页岩组成结构的研究Ⅰ. 有机质的芳碳结构 [J]. 燃料化学学报（2）：133-140.

饶丹，秦建中，腾格尔，等，2008. 川西北广元地区海相层系油苗和沥青来源分析 [J]. 石油实验地质，30（6）：596-599，605.

单云，邹艳荣，闵育顺，等，2018. Ⅰ型干酪根热成熟过程中拉曼光谱特征及其成熟度意义 [J]. 地球化学，47（5）：586-592.

孙波，陶文芳，张善文，等，2015. 济阳坳陷断层活动差异性与油气富集关系 [J]. 特种油气藏，22（3）：18-21，151.

孙晓猛，许强伟，王英德，等，2010. 川西北龙门山冲断带北段油砂成藏特征及其主控因素 [J]. 吉林大学学报（地球科学版），40（4）：886-896.

童崇光，胡受权，1997. 龙门山山前带北段油气远景评价 [J]. 成都理工学院学报（2）：5-12.

王广利，王铁冠，韩克猷，等，2014. 川西北地区固体沥青和油砂的有机地球化学特征与成因 [J]. 石油实验地质，36（6）：731-735，743.

王金琪，1994. 龙门山构造演化与山前带油气关系 [J]. 地球学报（Z2）：167-179.

王居峰，2005. 济阳坳陷东营凹陷古近系沙河街组沉积相 [J]. 古地理学报，7（1）：45-58.

王兰生，韩克猷，谢邦华，等，2005. 龙门山推覆构造带北段油气田形成条件探讨 [J]. 天然气工业（S1）：1-5，14.

王茂林，肖贤明，魏强，等，2015. 页岩中固体沥青拉曼光谱参数作为成熟度指标的意义 [J]. 天然气地球科学，26（9）：1712-1718.

王倩楠，游一，李茜，等，2019. 中国页岩油勘探开发前景 [J]. 石化技术，26（11）：224-225.

王倩茹，陶士振，关平，2020. 中国陆相盆地页岩油研究及勘探开发进展 [J]. 天然气地球科学，31（3）：417-427.

王鑫，蒋有录，王永诗，等，2017. 济阳坳陷生烃洼陷沉降类型及其油气地质意义 [J]. 特种油气藏，24（2）：24–29.

谢邦华，王兰生，张鉴，等，2003. 龙门山北段烃源岩纵向分布及地化特征 [J]. 天然气工业，23（5）：21–23，139.

谢亮，孙仁金，2020. 页岩革命对美国油气价格长期关系的影响研究 [J]. 国际石油经济，28（8）：85–93.

谢增业，魏国齐，李剑，等，2005. 川西北地区发育飞仙关组优质烃源岩 [J]. 天然气工业，25（9）：26–28，150–151.

徐世琦，曾庆，唐大海，等，2005. 江油厚坝油砂岩成藏条件分析 [J]. 天然气勘探与开发，28（3）：1–5.

杨序纲，吴琪琳，2008. 拉曼光谱的分析与应用 [M]. 北京：国防工业出版社.

张威，陈弘，2019. 国外页岩油开发技术进展及其启示 [J]. 化工管理（33）：219–220.

张欣，刘吉余，侯鹏飞，2019. 中国页岩油的形成和分布理论综述 [J]. 地质与资源，28（2）：165–170.

赵融芳，黄伟，常丽萍，等，2000. 三种不同煤阶煤的模拟热解实验研究（Ⅰ）气态产物组成特性及其演化规律 [J]. 煤炭转化，23（4）：37–41.

赵融芳，黄伟，朱素渝，等，2001. 三种不同煤阶煤的模拟热解实验研究（Ⅱ）固态产物分析 [J]. 煤炭转化，24（4）：16–20.

周庆凡，金之钧，杨国丰，等，2019. 美国页岩油勘探开发现状与前景展望 [J]. 石油与天然气地质，40（3）：469–477.

周文，邓虎成，丘东洲，等，2007. 川西北天井山构造泥盆系古油藏的发现及意义 [J]. 成都理工大学学报（自然科学版），34（4）：413–417.

朱德顺，2016. 渤海湾盆地东营凹陷和沾化凹陷页岩油富集规律 [J]. 新疆石油地质，37（3）：270–274.

邹才能，潘松圻，荆振华，等，2020. 页岩油气革命及影响 [J]. 石油学报，41（1）：1–12.

邹艳荣，杨起，刘大锰，1999. 华北晚古生代煤二次生烃的动力学模式 [J]. 地球科学，24（2）：81–84.

AGUIAR J I S, MANSUR C R E, 2015. Study of the interaction between asphaltenes and resins by microcalorimetry and ultraviolet–visible spectroscopy [J]. Fuel, 140: 462–469.

ALSTADT K N, KATTI D R, KATTI K S, 2012. An in situ FTIR step–scan photoacoustic investigation of kerogen and minerals in oil shale [J]. Spectrochimica Acta, A, 89: 105–113.

ASHFAQ M Y, AL–GHOUTI M, QIBLAWEY H, et al., 2019. Isolation, identification and biodiversity of antiscalant degrading seawater bacteria using MALDI–TOF–MS and multivariate analysis [J]. Science of the Total Environment, 656: 910–920.

BEHAR F, BEAUMONT V, PENTEADO H D B, 2001. Rock–Eval 6 technology: performances and developments [J]. Oil & Gas Science and Technology, 56（2）: 111–134.

BEHAR F, VANDENBROUCKE M, 1987. Chemical modelling of kerogens [J]. Organic Geochemistry, 11: 15–24.

BERTRAND R, 1990. Correlations among the reflectances of vitrinite, chitinozoans, graptolites and scolecodonts [J]. Organic Geochemistry, 15: 565–574.

BOLIN T B, BIRDWELL J E, LEWAN M D, et al., 2016. Sulfur species in source rock bitumen before and after hydrous pyrolysis determined by X–ray absorption near–edge structure [J]. Energy and Fuels, 30: 6264–6270.

BONDALETOV V, BONDALETOVA L, HAMLENKO A, et al., 2014. Modification of aliphatic petroleum resin by peracetic acid [J]. Procedia Chemistry, 10: 275–279.

BONOLDI L, PAOLO L D, FLEGO C, 2016. Vibrational spectroscopy assessment of kerogen maturity in organic-rich source rocks [J]. Vibrational Spectroscopy, 87: 14–19.

BOUCHER R J, STANDEN G, PATIENCE R L, et al., 1990. Molecular characterization of kerogen from the Kimmeridge clay formation by mild selective chemical degradation and solid state ^{13}C NMR [J]. Organic Geochemistry, 16: 951–958.

BURDELNAYA N, BUSHNEV D, MOKEEV M, et al., 2014. Experimental study of kerogen maturation by solid-state ^{13}C NMR spectroscopy [J]. Fuel, 118: 308–315.

BURLINGAME A L, HAUG P A, SCHNOES H K, et al., 1969. Fatty acids derived from the Green River Formation oil shale by extractions and oxidations – a review [M]. Oxford: Advances in Organic Geochemistry Pergamon Press.

CAO X Y, AIKEN G R, SPENCER R G M, et al., 2016. Novel insights from NMR spectroscopy into seasonal changes in the composition of dissolved organic matter exported to the Bering Sea by the Yukon River [J]. Geochimica et Cosmochimica Acta, 181: 72–88.

CAO X Y, CHAPPELL M A, SCHIMMELMANN A, et al., 2013. Chemical structure changes in kerogen from bituminous coal in response to dike intrusions as investigated by advanced solid-state ^{13}C NMR spectroscopy [J]. International Journal of Coal Geology, 108: 53–64.

CAO X Y, XIAO F, DUAN P, et al., 2019. Effects of post-pyrolysis air oxidation on the chemical composition of biomass chars investigated by solid-state nuclear magnetic resonance spectroscopy [J]. Carbon, 153: 173–178.

CARLSON G A, 1992, Computer simulation of the molecular structure of bituminous coal [J]. Energy and Fuels, 6: 771–778.

CASTELLANO O, GIMON R, SOSCUN H, 2011. Theoretical study of the σ–π and π–π interactions in heteroaromatic monocyclic molecular complexes of benzene, pyridine, and thiophene dimers: Implications on the resin-asphaltene stability in crude oil [J]. Energy and Fuels, 25: 2526–2541.

CHEN H, LI J W, LEI Z, et al., 2009. Microwave-assisted extraction of Shenfu coal and its macromolecule structure [J]. Mining Science and Technology, 1: 19–24.

CHEN Y Y, MASTALERZ M, SCHIMMELMANN A, 2012. Characterization of chemical functional groups in macerals across different coal ranks via micro-FTIR spectroscopy [J]. International Journal of Coal Geology, 104: 22–33.

CHESHKOVA T V, SERGUN V P, KONALENKO E Y, et al., 2019. Resins and asphaltenes of light and heavy oils: their composition and structure [J]. Energy and Fuels, 33: 7971–7982.

CHRIST A P G, RAMOS S R, CAYÔ R, et al., 2017. Characterization of Enterococcus species isolated from marine recreational waters by MALDI-TOF MS and Rapid ID API® 20 Strep system [J]. Marine Pollution Bulletion, 118 (1/2): 376–381.

CLOUGH A, SIGLE J L, JACOBI D, et al., 2015. Characterization of kerogen and source rock maturation using solid-state NMR spectroscopy [J]. Energy and Fuels, 29: 6370–6382.

COELHO R R, HOVELL I, MONTE M M B, et al., 2006. Characterisation of aliphatic chains in vacuum residues (VRs) of asphaltenes and resins using molecular modelling and FTIR techniques [J]. Fuel Processing Technology, 87: 325–333.

CRADDOCK P R, DOAN T V L, BAKE K, et al., 2015. Evolution of Kerogen and Bitumen during Thermal Maturation via Semi-Open Pyrolysis Investigated by Infrared Spectroscopy [J]. Energy and Fuels, 29: 2197–2210.

DAI J X, ZOU C N, LIAO S M, et al., 2014. Geochemistry of the extremely high thermal maturity Longmaxi shale gas, southern Sichuan Basin [J]. Organic Geochemistry, 74: 3-12.

DAI S F, JIANG Y F, WARD C R, et al., 2012. Mineralogical and geochemical compositions of the coal in the Guanbanwusu Mine, Inner Mongolia, China: Further evidence for the existence of an Al (Ga and REE) ore deposit in the Jungar Coalfield [J]. International Journal of Coal Geology, 98: 10-40.

DENNIS L W, MACIEL G E, HATCHER P G, et al., 1982. ^{13}C nuclear magnetic resonance studies of kerogen from Cretaceous black shales thermally altered by basaltic intrusions and laboratory simulations [J]. Geochimica et Cosmochimica Acta, 46: 901-907.

DICKIE J P, YEN T F, 1967, Macrostructures of the asphaltic fractions by various instrumental methods [J]. Analytical Chemistry, 39: 1847-1852.

DUAN D D, ZHANG D N, MA X X, et al., 2018. Chemical and structural characterization of thermally simulated kerogen and ite relationship with microporosity [J]. Marine and Petroleum Geology, 89: 4-13.

DURAND B, 1980. Sedimentary organic matter and kerogen. Definition and quantitative importance of kerogen. In: Durand, B. (ed.), Kerogen, Insoluble organic matter from sedimentary rocks [M]. Paris: Editions Technip.

EMMANUEL S, ELIYAHU M, DAY-STIRRAT R J, et al., 2016. Impact of thermal maturation on nano-scale elastic properties of organic matter in shales [J]. Marine and Petroleum Geology, 70: 175-184.

FAULON J L, VANDENBROUCKE M, DRAPPIER J M, et al., 1990. 3D chemical model for geological macromolecules [J]. Organic Geochemistry, 16: 981-993.

FERRARI A C, ROBERTSON J, 2000. Interpretation of Raman spectra of disordered and amorphous carbon [J]. Physical Review B, 61: 14095-14107.

FLETCHER T H, GILLIS R, ADAMS J, et al., 2014. Characterization of macromolecular structure elements from a Green River oil shale, Ⅱ. Characterization of pyrolysis products by ^{13}C NMR, GC/MS, and FTIR [J]. Energy and Fuels, 28: 2959-2970.

FOGARASI G, ZHOU X F, TAYLOR P W, et al., 1992. The calculation of ab initio molecular geometries: Efficient optimization by nataral internal coordinates and empirical correction by offset forces [J]. Journal of the American Chemical Society, 114: 8191-8201.

FORSMAN J P, 1963. Geochemistry of kerogen [M]. Oxford: Pergamon Press.

GAO P, LIU G D, JIA C Z, et al., 2016. Redox variations and organic matter accumulation on the Yangtze carbonate platform during Late Sinian-Early Cambrian: Constraints from petrology and geochemistry [J]. Palaeogeography, Palaeoclimatology, Palaeoecology, 450: 91-110.

GAO Y, ZOU Y R, LIANG T, et al., 2017. Jump in the structure of Type I kerogen revealed from pyrolysis and ^{13}C DP MAS NMR [J]. Organic Geochemistry, 112: 105-118.

GIVEN P H, 1960. The distribution of hydrogen in coals and its relation to coal structure [J]. Fuel, 39: 147-153.

GIVEN P H, SPACKMAN W, PAINTER P C, et al., 1984. The fate of cellulose and lignin in peats: an exploratory study of the input to coalification [J]. Organic Geochemistry, 6: 399-407.

GUAN X H, LIU Y, WANG D, et al., 2015. Three-dimensional structure of a huadian oil shale kerogen model: An experimental and theoretical study [J]. Energy and Fuels, 29: 4122-4136.

GUO X W, LIU K Y, SHENG H, et al., 2012. Petroleum generation and charge history of the northern Dongying Depression, Bohai Bay Basin, China: Insight from integrated fluid inclusion analysis and basin modelling [J]. Marine and Petroleum Geology, 32: 21-35.

HACKLEY P C, CARDOTT B J, 2016. Application of organic petrography in North American shale petroleum systems: A review [J]. International Journal of Coal Geology, 163: 8-51.

HRATCHIAN H P, LI X S, 2012. Thirty years of geometry optimization in quantum chemistry and beyond: A tribute to Berny Schlegel [J] . Journal of Chemical Theory and Computation, 8: 4853–4855.

HUANG D, 1999. Advances in hydrocarbon generation theory: II. Oils from coal and their primary migratin model [J] . Journal of Petroleum Science and Engineering, 22: 131–139.

HUANG S P, LIU D, WANG Z C, et al., 2015. Genetic origin of gas condensate in Permian and Triassic strata in the southern Sichuan Basin, SW China [J] . Organic Geochemistry, 85: 54–65.

HUANG Z K, LIANG T, ZHAN Z W, et al., 2018. Chemical structure evolution of kerogen during oil generation [J] . Marine and Petroleum Geology, 98: 422–436.

HUNT J M, 1979. Petroleum geochemistry and geology [M] . San Francisco: Freeman.

ISHIWATARI R, MACHIHARA T, 1983. Early stage incorporation of biolipids into kerogen in a lacustrine sediment: Evidence from alkaline potassium permanganate oxidation of sedimentary lipids and humic matter [J] . Organic Geochemistry, 4: 179–184.

JACOB H, 1967. Petrologie von asphaltiten und asphaltischen pyrobitumina [J] . Erdöl und Kohle, 20: 393–400.

JEHLIČKA J, URBAN O, POKORNÝ J, 2003. Raman spectroscopy of carbon and solid bitumens in sedimentary and metamorphic rocks [J] . Spectrochimica Acta Part A: Molecular and Biomolecular Spectroscopy, 59: 2341–2352.

JEWELL D M, WEBER J H, BUNGER J W, et al., 1972. Ion–exchange, coordination, and adsorption chromatographic separation of heavy–end petroleum distillates [J] . Analytical Chemistry, 44: 1391–1395.

JEWELL D M, ALBAUGH E W, DAVIS B E, et al., 1974. Integration of chromatographic and spectroscopic techniques for the characterization of tesidual oils [J] . Industrial and Engineering Chemistry Fundamentals, 13: 278–282.

JIA W L, SHUAI Y H, PENG P A, et al., 2004. Kinetic study of hydrocarbon generation of oil ashphaltene from Lunnan area, Tabei uplift [J] . Chinese Science Bulletin, 49: 83–88.

JIA W L, WANG Q L, LIU J Z, et al., 2014. The effect of oil expulsion or retention on further thermal degradation of kerogen at the high maturity stage: A pyrolysis study of type II kerogen from Pingliang shale, China [J] . Organic Geochemistry, 71: 17–29.

JIU K, DING W L, HUANG W H, et al., 2013. Fractures of lacustrine shale reservoirs, the Zhanhua Depression in the Bohai Bay Basin, eastern China [J] . Marine and Petroleum Geology, 48: 113–123.

KATTI D R, THAPA K B, KATTI K S, 2017. Modeling molecular interactions of sodium montmorillonite clay with 3D kerogen models [J] . Fuel, 199: 641–652.

KELEMEN S R, AFEWORKI M, GORBATY M L, et al., 2002. Characterization of organically bound oxygen forms in Lignites, Peats, and Pyrolyzed Peats by X–ray photoelectron spectroscopy (XPS) and Solid–State ^{13}C NMR methods [J] . Energy and Fuels, 16: 1450–1462.

KELEMEN S R, AFEWORKI M, GORBATY M L, et al., 2007. Direct characterization of kerogen by X–ray and Solid–State ^{13}C nuclear magnetic resonance methods [J] . Energy and Fuels, 21: 1548–1561.

KELEMEN S R, FANG H L, 2001. Maturity trends in Raman spectra from kerogen and coal [J] . Energy and Fuels, 15: 653–658.

KELEMEN S R, GEORGE G N, GORBATY M L, 1990. Direct determination and quantification of sulphur forms in heavy petroleum and coals 1. The X–ray photoelectron spectroscopy (XPS) approach [J] . Fuel, 69: 939–944.

KELEMEN S R, SANSONE M, WALTERS C C, et al., 2012. Thermal transformations of organic and inorganic sulfur in Type II kerogen quantified by S–XANES [J] . Geochimica et Cosmochimica Acta, 83: 61–78.

KLEIN G C, ANGSTRÖM A, RODGERS R P, et al., 2006. Use of saturates/aromatics/resins/ asphaltenes

（SARA）fractionation to determine matrix effects in crude oil analysis by electrospray ionization Fourier transform ion cyclotron resonance mass spectrometry [J]．Energy and Fuels，20：668–672.

LANDIS C R，CASTAÑO J R，1995．Maturation and bulk chemical properties of a suite of solid hydrocarbons [J]．Organic Geochemistry，22：137–149.

LASHKARBOLOOKI M，AYATOLLAHI S，2018．Effects of asphaltene，resin and crude oil type on the interfacial tension of crude oil/brine solution [J]．Fuel，223：261–267.

LAWAL L O，OLAYIWOLA T，ABDEL-AZEIM S，et al.，2020．Molecular simulation of kerogen–water interaction：Theoretical insights into maturity [J]．Journal of Molecular Liquids，299：112224.

LI T，XU J，ZOU R，et al.，2018．Resin from Liaohe heavy oil：Molecular structure，aggregation behavior，and effect on oil viscosity [J]．Energy and Fuels，32：306–313.

LI X S，FRISCH M J，2006．Energy-represented DIIS within a hybrid geometry optimization method [J]．Journal of Chemical Theory And Computation，2：835–839.

LI Y，CHEN S J，WANG Y X，et al.，2020．Relationships between hydrocarbon evolution and the geochemistry of solid bitumen in the Guangwushan Formation，NW Sichuan Basin [J]．Marine and Petroleum Geology，111：116–134.

LIANG T，ZHAN Z W，GAO Y，et al.，2020b．Molecular structure and origin of solid bitumen from northern Sichuan Basin [J]．Marine and Petroleum Geology，122：104654.

LIANG T，ZHAN Z W，MEJIA J，et al.，2021．Hydrocarbon generation characteristics of solid bitumen and molecular simulation based on the density functional theory [J]．Marine and Petroleum Geology，134：105369.

LIANG T，ZHAN Z W，ZOU Y R，et al.，2023．Research on type I kerogen molecular simulation and docking between kerogen and saturated hydrocarbon molecule during oil generation [J]．Chemical Geology，617：121263.

LIANG T，ZOU Y R，ZHAN Z W，et al.，2020a．An evaluation of kerogen molecular structures during artifificial maturation [J]．Fuel，265：116979.

LILLE Ü，HEINMAA I，PEHK T，2003．Molecular model of Estonian kukersite kerogen evaluated by ^{13}C MAS NMR spectra [J]．Fuel，82：799–804.

LIN R，RITZ G P，1993．Studying individual macerals using i.r. microspectroscopy，and implications on oil versus gas/condensate proneness and "low–rank" generation [J]．Organic Geochemistry，20：695–706.

LIS G P，MASTALERZ M，SCHIMMELMANN A，et al.，2005．FTIR absorption indices for thermal maturity in comparison with vitrinite reflectance R_o in type-Ⅱ kerogens from Devonian black shales [J]．Organic Geochemistry，36：1533–1552.

LIU B，YANG Y Q，LI J T，et al.，2020．Stress sensitivity of tight reservoirs and its effect on oil saturation：A case study of Lower Cretaceous tight clastic reservoirs in the Hailar Basin，Northeast China [J]．Journal of Petroleum Science and Engineering，184：106484.

LIU H M，WEI G L，XU Z，et al.，2016．Quantitative analysis of Fe and Co in Co–substituted magnetite using XPS：The application of non–linear least squares fitting（NLLSF）[J]．Applied Surface Science，389：438–446.

LUO Q Y，XIAO Z H，DONG C Y，et al.，2019．The geochemical characteristics and gas potential of the Longtan formation in the eastern Sichuan Basin，China [J]．Journal of Petroleum Science and Engineering，179：1102–1113.

MA Y S，GUO X S，GUO T L，et al.，2007．The Puguang gas field：New giant discovery in the mature Sichuan Basin，southwest China [J]．AAPG Bulletin，91：627–643.

MAO J D，FANG X W，LAN Y Q，et al.，2010．Chemical and nanometer-scale structure of kerogen and its change during thermal maturation investigated by advanced solid-state ^{13}C NMR spectroscopy [J]. Geochimica et Cosmochimica Acta, 74: 2110-2127.

MASTALERZ M, DROBNIAK A, STANKIEWICZ A B, 2018. Origin, properties, and implications of solid bitumen in source-rock reservoirs: A review [J]. International Journal of Coal Geology, 195: 14-36.

MATUSZEWSKA A, CZAJA M, 2002. Aromatic compounds in molecular phase of Baltic amber-synchronous luminescence analysis [J]. Talanta, 56: 1049-1059.

MOUSAVI M, ABDOLLAHI T, PAHLAVAN F, et al., 2016. The influence of asphaltene-resin molecular interactions on the colloidal stability of crude oil [J]. Fuel, 183: 262-271.

MULLINS O C, POMERANTZ A E, ZOU J Y, et al., 2014. Downhole fluid analysis and asphaltene science for petroleum reservoir evaluation [J]. Annual Review of Chemical and Biomolecular Engineering, 5: 325-345.

MURGICH J, ABANERO J A, 1999. Molecular recognition in aggregates formed by asphaltene and resin molecules from the athabasca oil sand [J]. Energy and Fuels, 13: 278-286.

MURGICH J, JESÚS R M, et al., 1998. Interatomic interactions in the adsorption of asphaltenes and resins on kaolinite calculated by molecular dynamics [J]. Energy and Fuels, 12: 339-343.

NEMANICH R J, SOLIN S A, 1979. First-and second-order Raman scattering from finite-size crystals of graphite [J]. Physical Review B, 20: 392-401.

NI Y Y, DAI J X, TAO S Z, et al., 2014. Helium signatures of gases from the Sichuan Basin, China [J]. Organic Geochemistry, 74: 33-43.

OBERLIN A, BOULMIER J L, VILLEY M, 1980. Electron microscopic study of kerogen microtexture. Selected criteria for determining the evolution path and evolution stage of kerogen. In: Kerogen [M]. Paris: Technip.

PAN C C, YU L P, LIU J Z, et al., 2006. Chemical and carbon isotopic fractionations of gaseous hydrocarbons during abiogenic oxidation [J]. Earth and Planetary Science Letters, 246: 70-89.

PARASHAR A, RASTOGI V, RUDRAMURTHY S M, et al., 2022. Faster and accurate identification of clinically important Trichosporon using MALDI-TOF MS [J]. Indian Journal of Medical Microbiology, 40: 359-364.

PELET R, BEHAR F, MONIN J C, 1986. Resins and asphaltenes in the generation and migration of petroleum [J]. Organic Geochemistry, 10: 481-498.

PENG C, AYALA P Y, SCHLEGEL H B, et al., 1996. Using redundant internal coordinates to optimize equilibrium geometries and transition states [J]. Journal of Computational Chemistry, 17: 49-56.

PIETRZAK R, WACHOWSKA H, 2006. The influence of oxidation with HNO$_3$ on the surface composition of high-sulphur coals: XPS study [J]. Fuel Processing Technology, 87: 1021-1029.

POMERANTZ A E, BAKE K D, CRADDOCK P R, et al., 2014. Sulfur speciation in kerogen and bitumen from gas and oil shales [J]. Organic Geochemistry, 68: 5-12.

PU W F, HE M M, YANG X R, et al., 2022. Experimental study on the key influencing factors of phase inversion and stability of heavy oil emulsion: Asphaltene, resin and petroleum acid [J]. Fuel, 311: 122631.

PULAY P, 1969, Ab initio calculation of force constants and equilibrium geometries in polyatomic molecules. I. Theory [J], Molecular Physics, 17: 197-204.

PULAY P, FOGARASI G, 1992. Geometry optimization in redundant internal coordinates [J]. The Journal of Chemical Physics, 96: 2856-2860.

PULAY P, FOGARASI G, PANG F, et al., 1979. Systematic ab initio gradient calculation of molecular geometries, force constants, and dipole moment derivatives [J], Journal of the American Chemical Society,

101：2550-2560.

QIN K Z, CHEN D Y, LI Z G, 1991. A new method to estimate the oil and gas potentials of coals and kerogens by solid state ^{13}C NMR spectroscopy [J]. Organic Geochemistry, 17：865-872.

RAMIREZ F A, JARAMILLO E R, MORALES Y R, 2006. Calculation of the interaction potential curve between asphaltene-asphaltene, asphaltene-resin, and resin-resin systems using density functional Theory [J]. Energy and Fuels, 20：195-204.

RAYMUNDO P E, CAZORLA A D, Linares S A, et al., 2002. Increase of the softening point of a petroleum pitch by heat-treatment in the presence of a nitrogenated resin [J]. Carbon, 40：633-636.

RIPPEN D, LITTKE R, BRUNS B, et al., 2013. Organic geochemistry and petrography of Lower Cretaceous Wealden black shales of the Lower Saxony Basin：The transition from lacustrine oil shales to gas shales [J]. Organic Geochemistry, 63：18-36.

ROBINSON W E, 1969. Organic geochemistry：methods and results [M]. Berlin, Heidelberg：Springer Berlin Heidelberg.

SCHOPF J W, KUDRYAVTSEV A B, AGRESTI D G, et al., 2005. Raman imagery：a new approach to assess the geochemical maturity and biogenicity of permineralized precambrian fossils [J]. Astrobiology, 5：333-371.

SCOUTEN C G, SISKIN M, ROSE K D, et al., 1989. Detailed structural characterization of the organic material in rundle ramsay crossing oil shale [J]. American Chemical Society, Division of Petroleum Chemistry, Preprints（USA）, 34：8904125.

SHI C H, CAO J, TAN X C, et al., 2017. Discovery of oil bitumen co-existing with solid bitumen in the Lower Cambrian Longwangmiao giant gas reservoir, Sichuan Basin, southwestern China：Implications for hydrocarbon accumulation process [J]. Organic Geochemistry, 108：61-81.

SISKIN M, BRONS G, PAYACK JR JF, 1987. Disruption of kerogen-mineral interactions in oil shales [J]. Energy and Fuels, 1：248-252.

SOLUM M S, PUGMIRE R J, GRANT D M, 1989. ^{13}C solid-state NMR of Argonne premium coals [J]. Energy and Fuels, 3：187-193.

SOLUM M S, SAROFIM A F, PUGMIRE R J, et al., 2001. ^{13}C NMR analysis of soot produced from model compounds and a coal [J]. Energy and Fuels, 15：961-971.

SONG J Y, HOU Z P, FU G, et al., 2020. Petroleum migration and accumulation in the Liuchu area of Raoyang Sag, Bohai Bay Basin, China [J]. Journal of Petroleum Science and Engineering, 192：107276.

SPYROS A, ANGLOS D, 2004. Study of aging in oil paintings by 1D and 2D NMR spectroscopy [J]. Analytical Chemistry, 76：4929-4936.

STRACHAN M G, ALEXANDER R, SUBROTO E A, et al., 1989. Costraints upon the use of 24-ethylcholestane diastereomer ratios as indicators of the maturity of petroleum [J]. Organic Geochemistry, 14：423-432.

SUGGATE R P, DICKINSON W W, 2004. Carbon NMR of coals：the effects of coal type and rank [J]. International Journal of Coal Geology, 57：1-22.

SWEENEY J J, BURNHAM A K, 1990. Evaluation of a simple model of vitrinite reflectance based on chemical kinetics [J]. AAPG Bulletin, 74（10）：1559-1570.

TANG S P, QIN X H, LV Y X, et al., 2022. Adsorption of three perfluoroalkyl sulfonate compounds from environmental water and human serum samples using cationic porous covalent organic framework as adsorbents and detection combination with MALDI-TOF MS [J]. Applied Surface Science, 601：154224.

TISSOT B P, WELTE D H, 1984. Petroleum formation and occurrence [M]. 2nd ed. Berlin：Springer Science and Business Media.

TISSOT B P, WELTE D H, 1978. Petroleum formation and occurrence [M]. Berlin: Springer Verlag.

TONG J H, HAN X X, WANG S, et al., 2011. Evaluation of structural characteristics of Huadian oil shale kerogen using direct techniques (solid-state ^{13}C NMR, XPS, FT-IR, and XRD) [J]. Energy and Fuels, 25: 4006-4013.

TONG J H, JIANG X M, HAN X X, et al., 2016. Evaluation of the macromolecular structure of Huadian oil shale kerogen using molecular modeling [J]. Fuel, 181: 330-339.

TREWHELLA M J, POPLETT I J F, GRINT A, 1986. Structure of Green River oil shale kerogen: Determination using solid state ^{13}CNMR spectroscopy [J]. Fuel, 65: 541-546.

VANDENBROUCKE M, LARGEAU C, 2007. Kerogen origin, evolution and structure [J]. Organic Geochemistry, 38: 719-833.

WANG Z, 2017. Characterization of the microscopic pore structure of the lower paleozoic shale gas reservoir in the Southern Sichuan Basin and its influence on gas content [J]. Petroleum Science and Technological, 35: 2165-2171.

WEI Z B, GAO X X, ZHANG D J, et al., 2005. Assessment of thermal evolution of kerogen geopolymers with theri structural parameters measured by solid-state ^{13}C NMR spectroscopy [J]. Energy and Fuels, 19: 240-250.

WEI Z F, ZOU Y R, CAI Y L, et al., 2012. Kinetics of oil group-type generation and expulsion: An integrated application to Dongying Detression, Bohai Bay Basin, China [J]. Organic Geochemistry, 52: 1-12.

WILSON N S F, 2000. Organic petrology, chemical composition, and reflectance of pyrobitumen from the El Soldado Cu deposit, Chile [J]. International Journal of Coal Geology, 43: 53-82.

WOPENKA B, PASTERIS J D H, 1993. Structural characterization of kerogens to Granulite-facies Graphite-applicability of Raman microprobe spectroscopy [J]. American Mineralogist, 78: 533-557.

WU L L, LIAO Y H, FANG Y X, et al., 2012. The study on the source of the oil seeps and bitumens in the Tianjingshan structure of the northern Longmen Mountain structure of Sichuan Basin, China [J]. Marine and Petroleum Geology, 37: 147-161.

YANG S M, HUANG S Y, JIANG Q, et al., 2022. Experimental study of hydrogen generation from in-situ heavy oil gasification [J]. Fuel, 313: 122640.

YEN T F, 1976. Structural investigation on Green River oil shale kerogen [M] //Science and technology of oil shale. New York: Ann Arbor: 193-205.

YEN T F, ERDMAN J G, POLLACK S S, 1961. Investigation of the Structure of petroleum asphaltenes by X-ray diffraction [J]. Analytical Chemistry, 33: 1587-1594.

YOUNG D K, YEN T F, 1977. The nature of straight-chain aliphatic structures in Green River kerogen [J]. Geochimica et Cosmochimica Acta, 41: 1411-1417.

ZHANG D N, YANG Y, HU J F, et al., 2019. Occurrence of aliphatic biopolymer in chlorophyceae algae and cyanobacteria-rich phytoplankton [J]. Organic Geochemistry, 135: 1-10.

ZHANG W G, QIU L, LIU J P, et al., 2021. Modification mechanism of C9 petroleum resin and its influence on SBS modified asphalt [J]. Construction and Building Materials, 306: 124740.

ZHAO X S, LIU Z Y, LIU Q Y, 2017. The bong cleavage and radical coupling during pyrolysis of Huadian oil shale [J]. Fuel, 199: 169-175.

ZHOU Q, XIAO X M, PAN L, et al., 2014. The relationship between micro-Raman spectral parameters and reflectance of solid bitumen [J]. International Journal of Coal Geology, 121: 19-25.

ZHU Y Q, SU H, JING Y, et al., 2016. Methane adsorption on the surface of a model of shale: A density functional theory study [J]. Applied Surface Science, 387: 379-384.

ZOU C N, WEI G Q, XU C C, et al., 2014. Geochemistry of the Sinian-Cambrian gas system in the Sichuan Basin, China [J]. Organic Geochemistry, 74: 13-21.

附　　录

附录1　芦草沟组干酪根三维分子模型坐标

芦草沟组干酪根原始样品

	X	Y	Z		X	Y	Z		X	Y	Z
C	41.82	−7.127 5	5.290 7	C	20.235 3	−26.014 3	6.775 2	H	39.860 4	−28.611 9	−4.866 7
C	41.501 4	−8.463 7	5.987 5	C	18.777 5	−26.276	7.199 1	H	39.412 4	−28.654 8	−3.187 8
C	40.625 9	−9.351 3	5.082 8	C	18.670 9	−26.826	8.634	H	44.469 4	−28.837	−6.553 4
C	32.590 9	−22.273 3	−4.007 3	C	17.212 9	−27.087 8	9.056	H	43.051 6	−29.255 2	−7.489 7
C	32.140 7	−23.615 6	−3.613 6	C	17.104 7	−27.632 8	10.490 5	H	42.891 1	−26.915 6	−8.320 1
C	31.842 9	−21.151 4	−3.611 8	C	15.651 7	−27.893	10.897	H	44.273 7	−26.463 7	−7.348
C	30.821	−23.756 2	−3.132 6	O	15.546 1	−28.328 1	12.269 3	H	45.706 9	−28.042 9	−8.637 8
C	30.589 7	−21.359 1	−2.938 4	C	23.731 9	−20.985 4	2.744	H	44.330 3	−28.501 5	−9.616 1
C	30.056 5	−22.575 8	−2.763 3	C	24.218	−20.615 5	4.169 7	H	44.127 7	−26.167 2	−10.451 8
C	34.104 5	−20.811 2	−5.212 6	C	23.058 4	−20.587 4	5.184 4	H	45.466 9	−25.677 6	−9.438 7
C	33.685 3	−22.066	−4.865	C	22.432 6	−20.264 7	7.670 8	H	46.972 7	−27.23	−10.678 3
C	33.411 1	−19.701 3	−4.718 1	C	23.540 2	−20.201 2	6.597	H	45.642 4	−27.704 8	−11.710 5
C	32.282 6	−19.848	−3.957 2	C	21.333 7	−19.200 2	7.482	H	45.395 5	−25.339 4	−12.475 3
C	32.962 3	−24.783 2	−3.680 6	C	20.246 1	−19.245 6	8.577 3	H	46.755 3	−24.873 9	−11.490 3
C	32.379 5	−26.014 9	−3.504 8	C	20.757 1	−18.798 9	9.961 7	H	47.394 4	−24.903 6	−3.592 9
C	30.275 8	−25.040 5	−2.961 4	C	25.967	−15.188 5	1.557 9	H	47.044	−23.205 5	−3.415 1
C	31.029 2	−26.152	−3.191 5	C	25.083 9	−14.119	2.231 9	H	49.248 8	−26.743 8	−13.728 7
C	35.234	−25.828 1	−3.012 9	C	25.071 7	−14.263 5	3.767 1	H	48.674 4	−27.326 8	−12.189 4
C	34.490 9	−24.720 6	−3.799 6	C	24.160 9	−13.231	4.469 9	H	49.485 2	−24.442 1	−12.754 6
C	35.294 6	−20.637 4	−6.140 3	C	24.474	−13.149 5	5.978 2	H	49.007 4	−25.069 8	−11.192 9
C	36.633 4	−20.992 5	−5.451 6	C	24.157 1	−14.470 7	6.718	H	50.957	−26.631 4	−11.222 7
C	37.825 4	−20.910	−6.424 3	C	22.821	−15.102	6.232	H	51.447 5	−25.980 2	−12.771 6
C	39.144 6	−21.386 7	−5.785 9	C	21.943 4	−14.051	5.532 3	H	51.724 3	−23.722 8	−11.730 5
C	40.317 6	−21.366 3	−6.784 9	O	24.927 9	−18.597 5	1.977 6	H	51.243 4	−24.375 7	−10.180 3
C	41.621 6	−21.924 2	−6.182 9	C	31.723 3	−17.798 2	−8.410 4	H	53.208 6	−25.903 6	−10.19

续表

	X	Y	Z		X	Y	Z		X	Y	Z
C	42.780 5	−21.928 3	−7.198 4	C	22.642 2	−13.535 4	4.253 2	H	53.710 8	−25.262 5	−11.746 6
C	44.072	−22.539 3	−6.622 5	C	38.687 7	−16.062 1	2.054 2	H	54.135	−22.763 8	−10.844 5
C	45.229 3	−22.541 5	−7.639 7	C	37.415 7	−15.959 2	1.210 6	H	46.828 5	−26.853 4	−13.811 3
C	36.712 4	−25.448 8	−2.789 8	O	36.234 2	−15.773 9	2.026 3	H	47.340 7	−25.186 7	−13.907 3
C	37.527 5	−26.614 8	−2.177 2	C	39.290 1	−33.919 7	6.615 6	H	48.573 2	−24.430 9	−1.143 7
C	38.884 9	−26.137 7	−1.679 7	C	39.329 1	−8.628	4.676 3	H	49.425 8	−24.375 4	−2.662 1
C	41.225 5	−25.073 3	−0.578 6	C	37.153 9	−8.779 5	3.372 8	H	49.130 8	−21.952 4	−2.828 3
C	41.217 2	−25.556 5	−1.897 9	C	38.449 5	−9.51	3.773 3	H	48.134 1	−21.935 7	−1.398
C	40.045 1	−25.128 2	0.190 4	H	42.405 8	−6.493 2	5.948 3	H	50.110 9	−22.788 8	−0.064 2
C	40.018 7	−26.123 1	−2.449	H	42.418	−7.320 4	4.404 2	H	51.081 4	−22.693	−1.515 1
C	38.916 7	−25.634 5	−0.351 7	H	42.420 8	−8.981 6	6.241 6	H	51.530 4	−20.696 5	−0.236 6
C	43.451 1	−24.447	−0.683 8	H	40.970 8	−8.265 4	6.914 6	H	50.574 8	−20.203 2	−1.615 4
C	43.543 3	−24.873 5	−2.034 9	H	41.182 5	−9.608 4	4.184 7	H	48.527 4	−20.209 1	−0.170 2
N	42.341 4	−24.544 3	−0.013	H	40.382 9	−10.278 5	5.593 4	H	49.499 1	−20.695 6	1.196 7
C	42.437 2	−25.417 2	−2.609 6	H	30.037	−20.502 7	−2.612 9	H	50.783 4	−18.591 7	1.073 3
C	42.633 5	−28.021 6	−5.765 9	H	34.177 8	−22.902 7	−5.303 2	H	49.887 4	−18.091 1	−0.342 3
C	42.349 5	−29.185 2	−4.796 7	H	33.743 4	−18.719 4	−4.982 5	H	48.573 8	−18.651 2	2.352 2
C	41.546 4	−28.810 7	−3.526 7	H	32.980 1	−26.897 6	−3.577 7	H	49.107 2	−17.059 4	1.865 1
C	41.425 8	−30.064 5	−2.625 3	H	29.259 1	−25.146 4	−2.649 6	H	47.560 9	−17.055 7	−0.040 9
C	41.003 4	−29.748	−1.177	H	30.603 3	−27.129 8	−3.082 6	H	47.070 4	−18.697 5	0.299 8
C	40.876 5	−31.021 7	−0.318 5	H	34.758 2	−25.970 6	−2.049 3	H	46.143	−17.985 2	2.494 3
C	40.473 7	−30.712 8	1.136 2	H	35.182 1	−26.770 1	−3.548 9	H	46.584 4	−16.327 1	2.146 7
C	40.346	−31.984 6	1.996 4	H	34.803	−24.780 9	−4.837 3	H	45.077 8	−16.305 2	0.183 2
C	39.943	−31.675 6	3.451	H	34.821 6	−23.765 6	−3.416 7	H	44.718 8	−18.001 5	0.411
C	39.816 2	−32.947 1	4.311 4	H	35.167 4	−21.276	−7.009 6	H	43.666 5	−17.494	2.611 5
C	39.413 2	−32.639 8	5.766 2	H	35.336 3	−19.613 7	−6.496 1	H	43.990 5	−15.789 3	2.378 7
C	28.703 6	−22.703 8	−2.083	H	36.792 6	−20.323 6	−4.612 2	H	42.548 5	−15.765	0.362 1
C	28.850 4	−23.060 3	−0.575 3	H	36.568	−21.999 5	−5.052 5	H	42.293 1	−17.489 8	0.501
C	27.495 6	−23.187 9	0.101 7	H	37.614 5	−21.526	−7.295	H	41.151 1	−17.154 9	2.689 5
C	26.936 9	−24.417 2	0.227	H	37.94	−19.888	−6.773 6	H	41.385 1	−15.425 2	2.553 4
C	26.767 7	−22.051	0.569 9	H	39.383 8	−20.758 2	−4.932 9	H	40.008 4	−15.380 6	0.490 1
C	27.32	−20.754 9	0.401 3	H	39.012 7	−22.398 6	−5.412 5	H	39.824	−17.118 9	0.557 5
C	25.643 7	−24.561 5	0.742 7	H	40.050 3	−21.956 5	−7.657 4	H	40.097	−14.187 9	12.957 1
C	25.496	−22.195	1.200 8	H	40.483 9	−20.347 7	−7.124 4	H	40.102 5	−12.431 3	12.998 9

地质体中固体有机分子模拟与对接研究

续表

	X	Y	Z		X	Y	Z		X	Y	Z
C	24.895 8	−21.000 8	1.753 6	H	41.902 8	−21.331 5	−5.317	H	39.328 8	−13.338 4	14.289 6
C	24.906 4	−23.512 8	1.206 4	H	41.447 1	−22.938 6	−5.834 6	H	33.242 7	−16.315 9	−8.467 5
C	25.469 3	−19.788 1	1.506 4	H	42.482 4	−22.492 7	−8.077 9	H	32.150 2	−16.440 7	−10.632 8
C	26.687 8	−19.635 6	0.814 4	H	42.978	−20.909 8	−7.521 2	H	32.034 9	−13.652 3	−9.459 2
C	27.248 2	−18.250 6	0.587 7	H	44.371 3	−21.980 6	−5.739 6	H	33.491	−14.472 7	−9.970 9
C	23.474 1	−23.873 7	1.605 5	H	43.872 7	−23.559 9	−6.306 3	H	29.737 4	−16.503 6	−9.930 1
C	23.366 4	−24.391	3.060 4	H	44.924 1	−23.091 1	−8.525 9	H	29.873 3	−14.821 8	−9.464 8
C	26.487 6	−17.507 4	−0.538 3	H	45.436 6	−21.520 7	−7.948 5	H	30.467 4	−15.881	−12.249 4
C	31.472 5	−18.629 5	−3.494 8	H	37.168 6	−25.150 7	−3.728 7	H	30.26	−13.025 7	−11.255 4
C	31.971 1	−17.310 6	−4.040 4	H	36.760 3	−24.593 2	−2.125 2	H	28.915 4	−15.461 1	−14.006 2
C	33.143 3	−15.221 2	−3.769 6	H	36.974 5	−27.021 1	−1.336 3	H	28.841 6	−13.095 2	−14.751 7
C	32.727	−16.461	−3.272 3	H	37.619 1	−27.407 6	−2.905 6	H	28.471 6	−12.605 6	−13.118 7
C	33.016 8	−14.951 9	−5.149 4	H	40.084 8	−24.754 8	1.192 2	H	32.657 6	−14.582 7	−12.271 8
C	32.163 5	−15.780 1	−5.922 2	H	38.013 3	−25.668 7	0.226	H	30.875	−12.424 3	−13.572 7
C	31.634 4	−16.904 9	−5.319 6	H	42.496 6	−25.738 1	−3.627 3	H	30.955	−14.118 8	−14.007 7
C	34.057 3	−12.939 4	−3.418	H	41.703 4	−27.626 9	−6.160 9	H	28.825 7	−17.317 1	−11.767 6
C	33.523 9	−14.106 9	−2.867 6	H	43.127 5	−27.218 8	−5.226 9	H	27.402 6	−16.765 9	−10.926 7
C	34.496	−12.941 6	−4.821 1	H	41.812 6	−29.967 5	−5.328 2	H	27.720 1	−17.385 3	−13.872 1
C	33.885 9	−13.866 8	−5.694	H	43.301 4	−29.607 2	−4.485 9	H	26.618 1	−18.045 7	−12.701
C	33.704 6	−11.795 2	−1.319 2	H	42.101 9	−28.062 9	−2.974 5	H	25.631 8	−15.696 3	−12.487 5
C	33.252 7	−12.971 8	−0.730 7	H	40.716 1	−30.756 3	−3.073 5	H	27.516 1	−14.281 9	−16.056
C	34.083 5	−11.782 5	−2.636 3	H	42.386 9	−30.570 3	−2.594 7	H	27.769 4	−15.971 1	−15.704 4
C	33.140 5	−14.097 1	−1.515 5	H	41.740 9	−29.087 1	−0.731 5	H	25.062 8	−14.738 1	−16.335 3
C	35.532 7	−12.118 6	−5.303 5	H	40.058 1	−29.217 2	−1.167	H	26.032 3	−15.726 8	−17.392 3
C	35.846 4	−12.146 3	−6.650 3	H	40.135 9	−31.681 9	−0.762 4	H	24.309 4	−17.130 4	−16.266
C	34.271 6	−13.876 4	−7.030 7	H	41.824 2	−31.553 6	−0.321 6	H	25.931 7	−17.613 7	−15.827 1
C	35.212 4	−12.999	−7.532 3	H	41.214	−30.052 7	1.579 5	H	26.632 7	−12.722 7	−14.398 8
C	45.753 4	−23.393 7	−0.911 3	H	39.526 4	−30.180 8	1.139 7	H	25.124 4	−13.576 2	−14.429 3
C	46.076 5	−24.470 4	−1.960 8	H	39.605 5	−32.644 6	1.552 5	H	25.909 6	−13.276 9	−12.902 9
C	44.657 2	−23.892 6	0.041 6	H	41.294	−32.515 8	1.993	H	27.798 4	−14.612 4	−9.978 8
C	44.823 3	−24.684 1	−2.834 1	H	40.683 2	−31.015 3	3.894 6	H	27.970 2	−13.239 7	−11.052 6
C	32.897 4	−12.996 8	0.743	H	38.994 9	−31.144 8	3.454 5	H	26.606 5	−14.324 9	−11.211 9
C	34.177 3	−13.068	1.609 6	H	39.076	−33.607 8	3.868 2	H	25.135 7	−18.790 3	−13.884
C	33.886 6	−13.024 3	3.121 5	H	40.764 3	−33.478 1	4.308 5	H	24.231 1	−17.968 6	−12.614 7

续表

	X	Y	Z		X	Y	Z		X	Y	Z
C	35.193 6	−13.073 8	3.938 1	H	40.152 6	−31.980 1	6.21	H	23.478 8	−18.312 2	−14.163 8
C	34.948 3	−13.110 3	5.457 9	H	38.465 6	−32.109 7	5.770 2	H	22.743 7	−16.232	−14.560 9
C	36.262 3	−13.135 9	6.262 5	H	28.175 8	−21.763 2	−2.173 2	H	23.358 8	−15.577 2	−13.052 6
C	36.026 7	−13.172 8	7.784 5	H	28.085 7	−23.45	−2.565 1	H	23.7	−14.775 3	−14.571 9
C	37.342 1	−13.195 9	8.586 4	H	29.372 4	−24.004 3	−0.487 3	H	27.947 6	−15.906 8	−0.345 6
C	37.106 3	−13.231 8	10.108 5	H	29.472 3	−22.317 6	−0.094	H	26.933 5	−15.774 2	−1.755 7
C	46.514 5	−23.171 7	−7.070 5	H	27.469	−25.288	−0.104 5	H	26.342 8	−14.014 3	−0.207 1
O	33.008 7	−16.876 2	−1.975 6	H	28.269 4	−20.656 3	−0.079 2	H	25.000 8	−15.122 9	−0.368 4
C	31.619 1	−15.454	−7.322 4	H	25.203	−25.540 1	0.741 7	H	32.894 9	−12.254 1	−12.843 4
C	47.676 5	−23.169	−8.082	H	27.189 7	−17.684 3	1.504 9	H	32.349 2	−11.726 5	−11.272 4
C	48.954 4	−23.800 5	−7.496 8	H	28.294 1	−18.328 9	0.310 8	H	34.861 8	−13.408 4	−11.511 4
C	38.421 9	−13.255	10.909 6	H	22.790 4	−23.058 5	1.423 6	H	34.926 7	−11.715 7	−11.896 7
C	38.187 8	−13.290 6	12.431 8	H	23.153	−24.674 8	0.948 2	H	34.849 1	−11.059 2	−9.690 7
C	36.457 1	−11.272 9	−4.426 5	H	23.931 8	−25.314 5	3.133 6	H	33.577 9	−12.170 4	−9.311 8
C	36.245 8	−9.746 9	−4.586 7	H	23.828 2	−23.691 5	3.747	H	36.554 8	−12.642 5	−9.174 1
C	37.137 3	−8.926 6	−3.626 8	H	26.656 2	−18.046 4	−1.464 6	H	35.490 6	−14.006 1	−9.394 5
C	36.649 2	−8.972 1	−2.164 9	H	25.427 1	−17.549 3	−0.327 4	H	21.345 1	−23.719 4	3.417 2
C	37.046	−8.247 7	0.251	H	30.445 5	−18.757 4	−3.819 6	H	21.449 6	−25.349 3	2.790 8
C	37.582 3	−8.223 1	−1.194 7	H	31.481 1	−18.590 1	−2.414 8	H	22.364 6	−26.128 1	4.984 9
C	37.432 4	−7.430 6	2.672 7	H	30.942 7	−17.509	−5.869 4	H	22.253 2	−24.496 7	5.607 2
C	38.014 5	−7.582 4	1.248 9	H	33.735 8	−10.888 3	−0.746 6	H	19.777 5	−24.537 5	5.269 7
C	38.352 3	−6.573 9	3.572 1	H	34.369 1	−10.858 7	−3.083 8	H	19.889 7	−26.170 3	4.650 6
C	39.652 7	−7.297 2	3.970 2	H	32.703 2	−14.972	−1.092	H	20.800 6	−26.939 5	6.846 2
C	40.521 6	−6.407 7	4.879 5	H	36.641 1	−11.519 8	−7.009 1	H	20.687 2	−25.306 8	7.464 9
C	39.999 7	−26.702 8	−3.860 9	H	33.868	−14.610 9	−7.682 7	H	18.212 3	−25.350 8	7.127 7
C	40.139 1	−28.252 3	−3.879 9	H	46.633 2	−23.149 3	−0.331 1	H	18.325 8	−26.984	6.509 6
C	43.532 4	−28.448 9	−6.942 8	H	45.427 4	−22.489 5	−1.418	H	19.236 1	−27.751 1	8.706 4
C	43.826 2	−27.282 4	−7.905 7	H	46.303 6	−25.397 5	−1.440 5	H	19.120 8	−26.118	9.324 2
C	44.770 8	−27.681 9	−9.055 1	H	44.318 5	−23.106 1	0.703	H	16.649	−26.162 1	8.980 8
C	45.059 9	−26.507 7	−10.009 5	H	45.064 9	−24.684 9	0.664 2	H	16.763 7	−27.795 7	8.364 3
C	46.049 7	−26.881 6	−11.129 7	H	44.970 7	−25.539 2	−3.486 2	H	17.671	−28.557 9	10.568 6
C	46.338 2	−25.692 8	−12.066 8	H	44.704 9	−23.809 3	−3.469 2	H	17.533 2	−26.927 3	11.193 2
C	47.279 3	−24.11	−2.860 6	H	32.335 8	−12.103 7	0.999 9	H	15.082 2	−26.977 4	10.843 2
C	48.707 1	−26.453 9	−12.832 3	H	32.267 8	−13.853 2	0.958 8	H	15.198 8	−28.613 3	10.221 7

续表

	X	Y	Z		X	Y	Z		X	Y	Z
C	49.491 5	−25.329 8	−12.128	H	34.717 5	−13.979 7	1.389 7	H	15.991 4	−29.178 2	12.383 8
C	50.949 8	−25.735 8	−11.837 5	H	34.820 8	−12.232 5	1.348 4	H	22.958 6	−20.287 6	2.426 1
C	51.730 4	−24.618	−11.116 9	H	33.333 3	−12.121 7	3.368 8	H	23.256 6	−21.937 8	2.806 2
C	53.173 6	−25.040 3	−10.837 4	H	33.262 6	−13.872 4	3.391 5	H	24.953 9	−21.350 5	4.477 5
S	54.152	−23.721 7	−9.889 1	H	35.756 8	−13.946 1	3.627 6	H	24.710 3	−19.652 6	4.147 9
C	47.276	−26.043 4	−13.242 1	H	35.790 8	−12.197 4	3.697 5	H	22.305 2	−19.882 6	4.846 7
C	48.619 7	−23.916 3	−2.099	H	34.366 3	−12.240 7	5.751 9	H	22.589 2	−21.567 1	5.224 1
C	48.973	−22.431 9	−1.865 9	H	34.36	−13.989 9	5.706 2	H	21.978 8	−21.252 4	7.658 7
C	50.234 7	−22.248 9	−0.999 4	H	36.844 2	−14.005 2	5.968 2	H	22.892 3	−20.135 4	8.644 3
C	50.544 6	−20.767 4	−0.687 2	H	36.850 2	−12.256 5	6.012 9	H	24.343 2	−20.874 8	6.882 5
C	49.513 7	−20.132 5	0.267 1	H	35.444 4	−12.303 3	8.077 3	H	23.958 7	−19.198 9	6.571 6
C	49.815 6	−18.654 3	0.584 3	H	35.439 5	−14.052 3	8.034 6	H	21.788 4	−18.213 4	7.471 7
C	48.741 2	−18.010 8	1.490 4	H	37.924 3	−14.065 7	8.293 9	H	20.858 4	−19.344 1	6.517 8
C	47.404 6	−17.774 2	0.759 3	H	37.929 2	−12.316 5	8.335 9	H	19.426 5	−18.597 2	8.283 3
C	46.286 9	−17.267 4	1.691 3	H	36.524 4	−12.361 9	10.400 9	H	19.846 7	−20.253 3	8.643 7
C	44.957 1	−17.08	0.935 4	H	36.519 1	−14.111 1	10.359	H	19.948 5	−18.791 9	10.684 5
C	43.777 7	−16.718 9	1.858 3	H	46.817 2	−22.628 6	−6.179 4	H	21.528 3	−19.462 9	10.332 5
C	42.458 8	−16.581 3	1.073 6	H	46.308	−24.195 1	−6.767 7	H	21.169 1	−17.796 5	9.906 9
C	41.238 3	−16.336 3	1.980 6	H	33.891 7	−16.608 6	−1.688 2	H	25.589 8	−16.171 4	1.810 7
C	39.934 5	−16.226 6	1.167 9	H	30.545 2	−15.599 9	−7.270 9	H	26.977 6	−15.112 4	1.951 5
C	39.511 3	−13.313 5	13.220 9	H	31.774 3	−14.407 4	−7.528 6	H	25.451 1	−13.13	1.972 6
C	32.158	−16.319 7	−8.504	H	47.376 6	−23.715	−8.971 6	H	24.073 4	−14.198 7	1.842 6
C	31.765 9	−15.738 2	−9.896 2	H	47.883 3	−22.147 6	−8.386 3	H	24.760 6	−15.269 3	4.029 3
C	32.431 6	−14.383 5	−10.152 2	H	48.772 6	−24.830 1	−7.206 5	H	26.089 7	−14.138 6	4.127 4
C	30.257	−15.577 9	−10.139 1	H	49.762 6	−23.789 9	−8.219 4	H	24.382 6	−12.260 8	4.035 7
C	29.993 9	−15.143 2	−11.603 1	H	49.282 1	−23.254 6	−6.618 6	H	25.519 3	−12.894 6	6.120 1
C	28.465 7	−15.172 9	−11.967 6	H	39.004 2	−14.124 8	10.617 8	H	23.890 6	−12.344 9	6.413 9
C	30.690 7	−13.789 1	−11.898 6	H	39.009 6	−12.375 8	10.659 5	H	24.968 1	−15.174 4	6.573 1
C	28.307	−14.747 9	−13.457 2	H	37.606 6	−12.421 4	12.724 4	H	24.099 5	−14.268 2	7.782 1
C	28.955 1	−13.372 4	−13.709 9	H	37.601 1	−14.169 1	12.682 7	H	23.024	−15.904 9	5.530 2
C	32.210 2	−13.868 7	−11.582 4	H	36.369 7	−11.565	−3.393 8	H	22.291 4	−15.54	7.071 1
C	30.450 4	−13.399 4	−13.366 9	H	37.476	−11.496 1	−4.729	H	20.982	−14.479 9	5.268 1
C	27.972 9	−16.651 8	−11.842 8	H	36.475 9	−9.475 6	−5.611 5	H	21.750 7	−13.229 6	6.213 4
C	27.099 8	−17.134 3	−13.019 2	H	35.204 7	−9.489	−4.426	H	23.981	−18.645 8	2.142 1

续表

	X	Y	Z		X	Y	Z		X	Y	Z
C	26.849 8	−14.868 2	−14.081 5	H	38.157 6	−9.297 5	−3.680 4	H	32.034 5	−18.329 1	−9.304 1
C	26.063 1	−16.061 6	−13.413 9	H	37.156 2	−7.891 2	−3.954 2	H	32.177 9	−18.290 9	−7.562 1
C	27.064 1	−15.153 3	−15.594 6	H	35.656 2	−8.532 6	−2.113 1	H	30.646 4	−17.889 5	−8.323 4
C	25.786 6	−15.543 1	−16.350 5	H	36.562 8	−10.001 1	−1.834 4	H	22.132 1	−12.644 5	3.902 8
C	24.847 4	−16.637 3	−14.239 1	H	36.088 7	−7.734 1	0.282 1	H	22.533 2	−14.286 7	3.479 1
C	25.2	−16.816 1	−15.728 7	H	36.869 4	−9.278 4	0.539 2	H	38.607 9	−16.913 4	2.725 6
C	26.081 4	−13.531 8	−13.939 4	H	38.567 3	−8.681 4	−1.221 5	H	38.771 1	−15.169 6	2.663 9
C	27.663 4	−14.276	−10.998 7	H	37.695 9	−7.192 6	−1.519 5	H	37.458 4	−15.089 2	0.574 1
C	24.406 3	−18.016 6	−13.685 1	H	36.485 9	−6.904 4	2.572 9	H	37.311 6	−16.838 2	0.582
C	23.592 5	−15.737 1	−14.100 3	H	38.938 5	−8.147 8	1.274	H	36.064 1	−16.556 7	2.566 7
C	26.927 8	−16.028 4	−0.700 5	H	38.260 3	−6.59	0.878 7	H	38.539 4	−34.582 9	6.198 8
C	26.008 5	−15.021 8	0.026 5	H	38.591 3	−5.642	3.067	H	40.234 9	−34.452 5	6.641
C	32.914 7	−12.498	−11.788 5	H	37.813 4	−6.319 1	4.481 9	H	39.006 1	−33.685 8	7.635 9
C	34.392 8	−12.451 3	−11.305 1	H	40.225 3	−7.523 1	3.074 4	H	38.767 6	−8.396 6	5.580 3
C	34.538 9	−12.093 5	−9.794 5	H	39.953 9	−6.153 7	5.771 3	H	36.578 5	−8.583 6	4.274
C	35.541	−12.992 7	−9.014 4	H	40.757 2	−5.479 7	4.366 7	H	36.545	−9.417 4	2.742 7
C	21.907 3	−24.647 6	3.482 9	H	39.060 9	−26.439 5	−4.331 5	H	39.013 3	−9.787 4	2.887 7
C	21.800 1	−25.202 4	4.916 2	H	40.772 8	−26.258 6	−4.468 1	H	38.198 2	−10.429 4	4.294 8
C	20.342 1	−25.463 2	5.340 4								

芦草沟组干酪根300℃样品

	X	Y	Z		X	Y	Z		X	Y	Z
C	31.957 9	−21.595 9	−1.371 2	C	19.406 8	−21.089 5	4.701 1	H	50.327 8	−23.875 7	−7.071 7
C	31.875 6	−23.026 3	−1.046 6	C	19.448 8	−18.606 2	5.477 3	H	51.157 5	−22.479 3	−7.701 4
C	31.322	−20.664 8	−0.535	C	25.996	−15.13	3.214 1	H	49.140 6	−21.741 2	−8.899 9
C	30.903 4	−23.437 9	−0.108	C	24.987 3	−14.105 2	2.651	H	48.244 2	−23.117 6	−8.302 3
C	30.510 7	−21.148	0.548	C	23.823 8	−14.745 8	1.844 7	H	48.570 3	−22.347 4	−5.965 9
C	30.234 3	−22.448 4	0.718 3	C	23.987	−14.693 2	0.308 8	H	49.523 4	−20.992 2	−6.525 6
C	32.614 6	−19.788 4	−2.849 1	C	23.813 2	−13.258 5	−0.229 6	H	47.559 2	−20.078 5	−7.741 9
C	32.558	−21.120 6	−2.555 8	C	23.955	−13.210 9	−1.763 6	H	46.578 7	−21.434 9	−7.208 9
C	32.054 5	−18.868	−1.953 8	C	22.929	−14.142 5	−2.434 7	H	46.653 4	−20.833 4	−4.621 3
C	31.404 7	−19.276 2	−0.825 7	C	23.081 2	−15.580 7	−1.906 4	H	50.743 6	−25.998 6	−8.371 8
C	32.725 5	−24.024 4	−1.616 8	O	24.286 7	−19.452 4	5.188 3	H	50.821 9	−25.926 6	−10.109 2
C	32.419 7	−25.348 8	−1.418 9	C	26.827 3	−15.830 6	−4.361 6	H	48.642	−26.198 6	−2.543 9

续表

	X	Y	Z		X	Y	Z		X	Y	Z
C	30.641 6	−24.807 9	0.069 3	C	22.956 6	−15.618 1	−0.371 4	H	48.221 6	−25.453 3	−4.064 9
C	31.354 8	−25.746 2	−0.613 1	C	44.662 4	−12.811 8	1.024 2	H	48.302 8	−23.192	−2.802 9
C	35.17	−24.731	−2.097 8	C	44.178 1	−13.349	2.368	H	49.088 3	−24.065 7	−1.508 1
C	34.047	−23.687 1	−2.318 4	O	43.316 6	−12.329 9	2.933 8	H	50.800 7	−24.870 1	−3.244 8
C	33.272 5	−19.284 2	−4.119 1	C	34.121 7	−4.723 2	−0.286 7	H	50.084 1	−23.728 1	−4.357 1
C	34.664 1	−18.671	−3.836	C	34.963 1	−5.859 6	−0.231 3	H	51.483 1	−23.094 9	−1.725 2
C	35.322 8	−18.102 9	−5.107 3	C	32.850 2	−4.814 9	−0.762 3	H	52.059 4	−22.723 9	−3.333 3
C	36.692 6	−17.459 6	−4.818 7	C	34.488 6	−7.059 7	−0.807 5	H	50.036 8	−21.183 9	−3.610 2
C	37.347 6	−16.872	−6.083 1	C	32.347 8	−6.040 6	−1.214 7	H	49.653 1	−21.492 4	−1.936 2
C	38.707 7	−16.210 7	−5.789 1	C	36.327 6	−5.802 8	0.276 1	H	52.038 3	−20.637 6	−1.384 2
C	39.363 2	−15.621 1	−7.052 3	C	37.203 5	−6.805	−0.096 9	H	52.110 1	−20.099 5	−3.044 8
C	40.722 8	−14.958 6	−6.759 5	C	36.714 4	−7.990 7	−0.724 4	H	51.364 1	−18.171	−1.868 6
C	36.556 2	−24.109 3	−2.372 1	C	35.410 4	−8.138 8	−1.001 2	H	49.885 4	−18.823 4	−2.536 2
C	37.656 1	−25.191 8	−2.428 6	C	38.229 8	−4.575 3	1.335 4	H	49.538 8	−20.038 2	−0.305 1
C	39.094 3	−24.678 6	−2.344 4	C	39.097 7	−5.570 4	0.755 9	H	50.913 4	−19.158 7	0.314 9
C	41.661 1	−23.594 7	−2.045 3	C	36.835 2	−4.757 8	1.156 1	H	48.326 7	−17.922 2	−0.713 2
C	41.447 1	−24.970 9	−1.855 4	C	38.594	−6.657 2	0.147 4	H	48.747 3	−18.146 1	0.968 6
C	40.587 1	−22.774 3	−2.435 8	C	38.707 3	−3.486 3	2.136 2	H	50.816 4	−16.677 4	0.514 2
C	40.132 3	−25.523 1	−2.031	C	40.2	−3.159 1	2.271 2	H	50.061 1	−16.235 9	−0.999 9
C	39.349 9	−23.301 6	−2.573 1	C	40.532 2	−1.869 5	3.045 8	H	48.853 7	−15.833 7	1.770 1
C	43.897 3	−23.719 9	−1.457 9	C	42.055	−1.625 1	3.046 7	H	49.619 4	−14.582 4	0.819 1
C	43.797 1	−25.121 2	−1.248 9	C	44.128 4	−6.048 4	2.924 4	H	47.861 3	−14.799 1	−0.922
N	42.875 5	−23.017 4	−1.846 2	C	31.581	−28.906 1	−10.150 2	H	47.093 4	−16.076 6	−0.007
C	42.590 5	−25.713 7	−1.451 9	C	41.367 1	−14.373 4	−8.031 1	H	46.741 2	−14.506 4	1.894 2
C	42.211 5	−27.133 5	−5.697	C	18.228 5	−18.715 5	6.412 4	H	47.445 3	−13.208 5	0.957 4
C	41.515 6	−27.720 2	−4.451 2	C	37.791 4	−2.719 8	2.803 6	H	45.671 6	−13.459 6	−0.763 2
C	39.991 7	−27.466 8	−4.415 1	C	35.953 5	−3.983 1	1.943 3	H	44.949 4	−14.763 2	0.143 7
C	39.276 6	−28.272	−5.528 4	C	36.422 5	−2.995 5	2.746 7	H	28.545 2	−16.843 8	−3.555 5
C	37.819 5	−27.842 2	−5.796 6	O	40.455 6	−5.412 1	0.904	H	28.881 5	−14.576 2	−5.530 9
C	37.193 5	−28.624 7	−6.968 1	H	30.063 1	−20.436 7	1.209 8	H	30.776 1	−14.453 7	−3.926 8
C	35.739 4	−28.201 6	−7.251 1	H	32.931 1	−21.813	−3.273 5	H	31.080 7	−16.155 7	−4.148 5
C	35.114 4	−28.982 8	−8.422 9	H	32.106	−17.824 5	−2.183 7	H	29.630 3	−17.516 1	−5.67
C	33.660 7	−28.559 2	−8.706 1	H	33.034 5	−26.103 7	−1.863 3	H	28.232 2	−16.824 2	−6.458 4
C	33.034 4	−29.339 6	−9.877 5	H	29.879	−25.117	0.751 1	H	29.748 5	−15.315 9	−7.765 8

续表

	X	Y	Z		X	Y	Z		X	Y	Z
C	29.223 1	−22.857 6	1.776 4	H	31.138 5	−26.789 1	−0.491	H	31.946 6	−16.951 1	−6.483 3
C	27.810 1	−23.059 3	1.156 2	H	35.143 3	−25.088	−1.075	H	30.542 4	−15.827 8	−9.924 5
C	26.779 9	−23.448 5	2.204 3	H	35.021	−25.584 4	−2.751 2	H	32.735 3	−17.64	−8.892 3
C	26.485 3	−24.760 8	2.380 9	H	33.903 2	−23.576	−3.388	H	32.969 4	−16.382 6	−10.076 2
C	26.135 5	−22.481 4	3.035 6	H	34.396 7	−22.737 4	−1.938 3	H	31.268 5	−13.999 6	−6.297 6
C	26.483 5	−21.110 1	2.901 8	H	33.378 7	−20.099	−4.827 8	H	32.625 1	−14.784 7	−5.517 4
C	25.616 4	−25.163 5	3.401 2	H	32.641 9	−18.531 2	−4.581 2	H	32.141 3	−14.683 4	−8.493 8
C	25.159 4	−22.869 5	3.999 3	H	34.559 6	−17.879 3	−3.101 3	H	33.484 8	−15.560 5	−7.788 3
C	24.466 2	−21.808 1	4.695 7	H	35.302 2	−19.433 2	−3.400 1	H	27.928 4	−18.095 5	−8.609 1
C	24.968 1	−24.283 1	4.215 8	H	35.445 7	−18.897 8	−5.838 3	H	27.995 3	−16.354 6	−8.666
C	24.886 6	−20.521 2	4.539 2	H	34.665 9	−17.357 7	−5.547 9	H	27.287 6	−17.627 2	−10.797 1
C	25.92	−20.141 3	3.654 4	H	36.566 1	−16.671 1	−4.082 3	H	28.408	−16.308 1	−10.995
C	26.286	−18.668 9	3.586 2	H	37.354 8	−18.203 6	−4.384 2	H	29.358 5	−19.109 5	−10.514 4
C	24.164 7	−24.935 4	5.342 6	H	37.484 5	−17.661 9	−6.816 6	H	32.689 2	−18.359 1	−11.714 2
C	22.740 5	−25.352 4	4.903 2	H	36.679 6	−16.136 1	−6.522 6	H	32.082 5	−19.162 7	−10.295 5
C	27.476 2	−18.335 2	2.673	H	38.569 6	−15.420 5	−5.055 7	H	32.099	−20.445 1	−12.590 3
C	30.755 3	−18.259 2	0.121 1	H	39.376	−16.945 6	−5.348 7	H	30.775 7	−20.669 8	−11.483 3
C	30.712 4	−16.849 1	−0.423 1	H	39.502 1	−16.410 9	−7.785 5	H	30.742 7	−18.771 3	−13.857 7
C	31.700 2	−14.668 1	−0.708 1	H	38.695 3	−14.886 2	−7.493 3	H	29.975 5	−20.330 4	−13.818 9
C	31.740 4	−15.965 2	−0.190 5	H	40.585 1	−14.168 9	−6.027	H	31.093	−16.958 3	−13.151 1
C	30.513 4	−14.209 9	−1.304 9	H	41.391	−15.692 6	−6.319 8	H	30.214 4	−15.797 3	−12.172 9
C	29.543 5	−15.149 5	−1.704 7	H	36.528 2	−23.565	−3.310 8	H	31.934 5	−16.025 9	−11.945 8
C	29.664 3	−16.441 5	−1.234 5	H	36.773	−23.397 6	−1.583 5	H	29.594	−19.040 2	−7.282 4
C	32.759 4	−12.489 7	−1.269 2	H	37.490 9	−25.881 5	−1.608	H	30.287 5	−19.449	−8.827 6
C	32.906 6	−13.821 2	−0.865 1	H	37.524 8	−25.752 7	−3.346 7	H	31.293 5	−18.754 5	−7.580 6
C	31.420 5	−11.874 4	−1.240 6	H	40.786 1	−21.735 2	−2.595 3	H	28.127 6	−18.381 6	−14.494 9
C	30.317 7	−12.739 6	−1.358 3	H	38.539 8	−22.662	−2.852	H	27.377 8	−17.513 4	−13.170 2
C	35.119 7	−12.405 2	−1.794 1	H	42.514 8	−26.767	−1.285 2	H	28.957	−17.024 3	−13.759 2
C	35.294 9	−13.703 7	−1.324 8	H	41.900 7	−27.666 6	−6.588 5	H	28.404 9	−20.800 4	−11.727 8
C	33.878 4	−11.820 7	−1.768 4	H	41.906 9	−26.097 4	−5.814 2	H	27.079 9	−19.65	−11.817
C	34.187 8	−14.393 8	−0.884 2	H	41.702 6	−28.790 4	−4.395 7	H	27.652 9	−20.441 7	−13.275 7
C	31.190 1	−10.501	−1.021	H	41.966	−27.264 7	−3.579 5	H	28.097 8	−16.560 2	3.735 2
C	29.889 7	−10.032 1	−1.013 2	H	39.823 4	−26.409 2	−4.588 7	H	28.785 4	−16.725	2.142 8
C	29.025 2	−12.219 3	−1.284	H	39.825 9	−28.161 1	−6.455 9	H	27.281	−15.147 2	1.496 7

续表

	X	Y	Z		X	Y	Z		X	Y	Z
C	28.796 2	−10.87	−1.151 5	H	39.300 8	−29.327 9	−5.269 1	H	26.117 1	−16.444 9	1.496 5
C	46.274 2	−23.824 7	−0.537 7	H	37.209 7	−27.994 1	−4.912 8	H	27.161 4	−9.760 2	−2.001 4
C	46.340 9	−25.265 2	−1.095 4	H	37.799 8	−26.780 4	−6.027 4	H	26.657 2	−11.104	−0.992 9
C	45.204 4	−22.982 6	−1.252 6	H	37.791 4	−28.469 7	−7.861 9	H	27.273 6	−9.635 7	−0.253
C	44.988 7	−25.928 3	−0.759 2	H	37.219 8	−29.687 5	−6.743 1	H	22.439 9	−26.772 9	6.502 2
C	36.654 9	−14.378 1	−1.386 3	H	35.140 4	−28.357 6	−6.357 8	H	21.825 2	−25.172	6.845 4
C	37.748 1	−13.647 6	−0.572 5	H	35.713 1	−27.138 7	−7.475 4	H	19.964 7	−25.523 1	5.231 6
C	37.418 2	−13.556 5	0.928 8	H	35.713 2	−28.827 2	−9.316 2	H	20.624	−27.074 8	4.790 7
C	38.599 7	−13.042 7	1.778 9	H	35.140 5	−30.045 8	−8.198 6	H	18.764 5	−27.437 3	6.303 7
C	39.056	−11.613 7	1.421 6	H	33.061 3	−28.714 3	−7.813 2	H	20.250 2	−27.941 3	7.070 5
C	40.166 5	−11.109	2.363 2	H	33.634 1	−27.496 4	−8.930 9	H	18.853 7	−26.795 6	8.685 3
C	40.698 3	−9.719 5	1.962	H	33.632 4	−29.184 6	−10.770 4	H	20.277	−25.828 3	8.409 3
C	41.829 3	−9.241	2.894 3	H	33.059 8	−30.401 7	−9.653 5	H	18.980 4	−24.310 4	6.926 6
C	42.44	−7.902 9	2.438 4	H	29.521 1	−23.762 9	2.288	H	17.571 1	−25.333 3	7.092 7
O	32.815 9	−16.433 4	0.556 9	H	29.170 9	−22.080 7	2.528 4	H	17.518 6	−24.855 5	9.541 6
C	28.418 8	−14.842 1	−2.699 5	H	27.523 6	−22.159 1	0.629 1	H	18.936 9	−23.844 2	9.378 8
C	43.521 9	−7.382	3.403 2	H	27.862 4	−23.846 1	0.414	H	17.679 3	−22.319 2	7.858
C	32.250 6	−9.462 7	−0.644 8	H	26.945 5	−25.505 5	1.760 5	H	16.261 7	−23.333 7	8.009 4
C	32.551 3	−8.449 8	−1.790 3	H	27.230 4	−20.846 6	2.188 6	H	16.203 2	−22.874 6	10.469 5
C	33.143 6	−7.150 2	−1.261 9	H	25.479 5	−26.215 1	3.566 6	H	17.604 3	−21.835 6	10.312 3
C	39.896 1	−27.017 2	−1.809 5	H	25.409	−18.119 2	3.266 3	H	16.345 3	−20.330 8	8.801
C	39.397 5	−27.840 2	−3.039 3	H	26.506 2	−18.332 4	4.593 1	H	14.93	−21.355 4	8.950 9
C	43.748 7	−27.188 4	−5.597 2	H	24.695 5	−25.836 5	5.631 2	H	14.981 3	−20.775	11.247 1
C	44.425 2	−26.667 3	−6.879 9	H	24.140 8	−24.317 1	6.227 1	H	22.962 6	−23.009 1	5.683
C	45.960 8	−26.612 1	−6.772 4	H	22.217 8	−24.511 4	4.462 8	H	23.243 4	−21.502 2	6.463
C	46.623 1	−26.176	−8.093 8	H	22.833	−26.101 3	4.123 2	H	22.156 2	−20.363 1	4.474 5
C	48.151	−26.021 8	−7.972 9	H	28.334 6	−18.925 5	2.981 3	H	21.880 2	−21.936 7	3.767
C	48.817 7	−25.726 5	−9.333	H	27.243 5	−18.606 9	1.647 4	H	20.516 8	−22.581 2	5.777 1
C	46.650 7	−25.355 3	−2.610 7	H	29.737	−18.567 7	0.320 1	H	20.720 2	−20.975 2	6.423 7
C	50.792 4	−24.000 2	−9.190 6	H	31.298 4	−18.262 3	1.056 9	H	20.240 2	−19.403 2	3.637 5
C	50.381 4	−23.205 7	−7.923 6	H	28.920 1	−17.167	−1.496 1	H	18.500 3	−19.404 4	3.721 2
C	49.052	−22.435 4	−8.069	H	35.950 2	−11.868 4	−2.209 9	H	19.342 9	−21.690 1	3.797 9
C	48.703 8	−21.651 3	−6.787 4	H	33.752 4	−10.851 5	−2.194 8	H	18.517 5	−21.307 5	5.282 9
C	47.432 7	−20.820 5	−6.968	H	34.298 3	−15.418 5	−0.609 5	H	20.359 2	−18.750 7	6.048 3

续表

	X	Y	Z		X	Y	Z		X	Y	Z
S	47.000 5	−19.803 2	−5.426 5	H	29.722	−8.986 7	−0.831 4	H	19.490 9	−17.599 2	5.074 1
C	50.347 1	−25.480 6	−9.240 5	H	28.189 8	−12.882 5	−1.270 4	H	25.467 3	−15.839 1	3.842 3
C	48.151 2	−25.336 2	−2.986 3	H	46.029	−23.887 3	0.518 7	H	26.702 1	−14.604 3	3.851 2
C	48.913 6	−24.059 1	−2.578 4	H	47.229 8	−23.327 5	−0.613	H	24.575	−13.549 7	3.487 4
C	50.267 6	−23.925 1	−3.305	H	47.114	−25.808 8	−0.559 8	H	25.520 1	−13.388 5	2.035 2
C	51.163 9	−22.809	−2.723 9	H	45.565	−22.661 2	−2.223 6	H	23.713 3	−15.781 4	2.154 2
C	50.468 9	−21.435 1	−2.646	H	44.991 7	−22.083 1	−0.688 2	H	22.890 7	−14.247 8	2.092 4
C	51.431 5	−20.305 7	−2.222 8	H	44.917 1	−26.025 7	0.321 5	H	24.981 3	−15.039 3	0.043 1
C	50.682	−19.012 9	−1.822	H	44.945 7	−26.928 2	−1.177 4	H	22.824 9	−12.900 3	0.048 3
C	50.094 8	−19.111 1	−0.398 4	H	36.564 7	−15.394 9	−1.020 3	H	24.539 2	−12.593 7	0.225 7
C	49.158 7	−17.946 4	−0.017 6	H	36.970 7	−14.438 5	−2.424 5	H	23.822 3	−12.193 2	−2.117 2
C	49.858 5	−16.570 9	0.012 1	H	38.684	−14.184 6	−0.700 3	H	24.957 7	−13.525 3	−2.042
C	49.034 7	−15.495 7	0.753	H	37.892 8	−12.653 6	−0.978 6	H	21.926 7	−13.784 9	−2.215 5
C	47.684 9	−15.172 1	0.083 1	H	36.560 6	−12.908	1.070 3	H	23.055	−14.124 6	−3.512 5
C	46.877 6	−14.132	0.884 6	H	37.136 8	−14.544 6	1.283 9	H	22.332 3	−16.225 2	−2.355 2
C	45.507 6	−13.835 7	0.241 7	H	38.31	−13.063 2	2.825 9	H	24.055 7	−15.964 2	−2.194 9
C	28.301 6	−15.844 1	−3.893	H	39.442	−13.720 4	1.667 1	H	23.851	−19.697 2	6.010 7
C	29.250 5	−15.493 2	−5.074 6	H	39.428 1	−11.594 4	0.402 1	H	26.653 9	−16.516 4	−5.179
C	30.711	−15.260 8	−4.640 6	H	38.204 3	−10.939 9	1.470 9	H	26.167 9	−16.114 6	−3.548 8
C	29.243 1	−16.617	−6.138 6	H	39.776 6	−11.061 4	3.377 3	H	26.549 1	−14.833 1	−4.689
C	30.108	−16.265 5	−7.371 8	H	40.999 4	−11.802 1	2.362 4	H	23.089 2	−16.635 5	−0.015 6
C	29.958 2	−17.303 8	−8.539 1	H	41.079 5	−9.773 5	0.944 1	H	21.957	−15.299 9	−0.084 4
C	31.564 7	−16.035 1	−6.924 3	H	39.886 1	−8.997 7	1.971 3	H	45.230 5	−11.905 3	1.198 5
C	30.882 9	−16.837 2	−9.704 9	H	41.431 4	−9.125	3.899 6	H	43.784	−12.540 2	0.450 7
C	32.348 3	−16.692 3	−9.243 2	H	42.597 2	−10.004 9	2.926 4	H	43.630 1	−14.273 8	2.221 3
C	31.602	−14.933 3	−5.850 8	H	42.884	−8.035 9	1.453 2	H	45.013 4	−13.544 4	3.028 7
C	32.453 1	−15.654 3	−8.116 7	H	41.660 1	−7.153 5	2.348 6	H	43.019 9	−12.571 8	3.820 4
C	28.468 6	−17.257 3	−9.036	H	33.154 8	−15.762 9	1.165 7	H	34.506 9	−3.770 2	−0.000 8
C	28.296 8	−17.300 4	−10.574 6	H	27.471 4	−14.845 1	−2.167 6	H	32.233 5	−3.939 3	−0.812
C	30.748 5	−17.616 5	−11.076 4	H	28.547 7	−13.855	−3.116 9	H	31.336 4	−6.095 8	−1.567 3
C	29.334 4	−18.254 7	−11.176 4	H	43.083 6	−7.247 3	4.387 3	H	37.411 7	−8.777 5	−0.936 4
C	31.792 4	−18.762 4	−11.256 9	H	44.305 8	−8.127 1	3.497 7	H	35.060 5	−9.056 3	−1.420 5
C	31.259 7	−19.939 9	−12.123 5	H	31.852 9	−8.896 1	0.188 6	H	39.254 2	−7.429 9	−0.196 1
C	28.978 3	−18.867 1	−12.568 9	H	33.156 9	−9.931 5	−0.296 6	H	40.698 1	−3.989 4	2.750 9

续表

	X	Y	Z		X	Y	Z		X	Y	Z
C	30.260 5	−19.483 9	−13.201 6	H	33.192 9	−8.895 2	−2.539 9	H	40.626 2	−3.083 7	1.281 4
C	31.003 9	−16.538 8	−12.162 2	H	31.619 1	−8.215	−2.287 2	H	40.034 7	−1.02	2.590 5
C	30.309 9	−18.722	−8.03	H	40.798 5	−27.476	−1.443 9	H	40.188 1	−1.946	4.071 4
C	28.324 6	−17.875 4	−13.554 2	H	39.164 7	−27.138 7	−1.015 9	H	42.424 1	−1.512 1	2.033
C	27.964 6	−20.012 1	−12.329	H	38.321 9	−27.765 6	−3.091	H	42.302 3	−0.725 7	3.599 8
C	27.869 8	−16.841 9	2.711 4	H	39.623 5	−28.885 6	−2.843 3	H	42.575 8	−2.459	3.505 3
C	26.794	−15.882 4	2.129 7	H	44.070 8	−26.592 6	−4.748 1	H	43.355 9	−5.292 6	2.827 8
C	27.387 6	−10.311	−1.093 6	H	44.065 8	−28.212 3	−5.416 4	H	44.875	−5.684 3	3.621 9
C	21.913	−25.926 2	6.069 7	H	44.147	−27.307 9	−7.712 5	H	44.603 2	−6.171 6	1.956 3
C	20.511 1	−26.377 7	5.616 4	H	44.050 3	−25.671 8	−7.101 6	H	31.538 2	−27.850 5	−10.397 3
C	19.695 5	−27.072	6.728 3	H	46.237 6	−25.919 4	−5.982 4	H	31.155 4	−29.464 5	−10.976 7
C	19.362 5	−26.183	7.946	H	46.339 8	−27.590 7	−6.490 7	H	30.962 7	−29.073 4	−9.274 6
C	18.462 2	−24.979 8	7.604 6	H	46.395 3	−26.909 3	−8.862 7	H	41.532 2	−15.152 9	−8.767 5
C	18.046 7	−24.192 3	8.862 2	H	46.194 2	−25.230 7	−8.416 2	H	40.722 5	−13.621 2	−8.473 7
C	17.148 3	−22.985 4	8.532 7	H	48.374 1	−25.231 6	−7.264 9	H	42.322 6	−13.911 7	−7.807 6
C	16.728 9	−22.206 4	9.791 3	H	48.573 9	−26.938 9	−7.571 7	H	17.307 8	−18.598	5.850 3
C	15.828 3	−21.014 1	9.457 2	H	48.636 2	−26.580 5	−9.978 6	H	18.200 2	−19.676 4	6.912 5
O	15.502 3	−20.241 5	10.632 2	H	48.336 6	−24.875 3	−9.803 3	H	18.258 7	−17.945 2	7.175 2
C	23.171 1	−21.981 5	5.487 9	H	46.239 2	−26.288 7	−2.983 5	H	38.119	−1.907 6	3.414 7
C	21.963 7	−21.400 2	4.706 3	H	46.139 5	−24.563 2	−3.144 5	H	34.913 3	−4.217 9	1.944 5
C	20.649 8	−21.539 1	5.498 6	H	50.42	−23.487 6	−10.073 2	H	35.743 8	−2.428 2	3.352 8
C	19.401 4	−19.598 9	4.296 5	H	51.875 9	−23.989 9	−9.261 5	H	40.960 5	−6.102 9	0.459 2
C	31.957 9	−21.595 9	−1.371 2	C	19.406 8	−21.089 5	4.701 1	H	50.327 8	−23.875 7	−7.071 7

芦草沟组干酪根340℃样品

	X	Y	Z		X	Y	Z		X	Y	Z
C	32.243 8	−21.402 6	−2.820 9	C	36.212 6	−21.404 5	−8.570 3	H	24.614	−21.885 7	−2.251 5
C	32.280 7	−22.871	−2.711 2	C	34.038 2	−20.367 1	−8.392 7	H	21.471 9	−18.580 2	−1.349 2
C	31.042 1	−20.727 4	−2.553 4	C	35.142	−20.900 3	−7.803 4	H	22.653	−19.043	2.681 5
C	31.197 1	−23.508 9	−2.063 7	C	32.884 8	−19.882 7	−7.528 6	H	21.032 7	−18.252 8	1.036 5
C	29.914 4	−21.466 9	−2.06	C	31.766 3	−20.950 7	−7.432 1	H	27.866 6	−18.797 8	4.318 3
C	29.986 7	−22.766 7	−1.754 8	C	30.509 9	−20.450 3	−6.683 9	H	22.723 5	−20.677 3	6.298 9
C	33.319 1	−19.261 2	−3.226 8	C	29.696 5	−19.480 1	−7.544 9	H	26.567 4	−18.896 5	6.331 6
C	33.385 4	−20.619 8	−3.098	S	28.128 9	−18.856 1	−6.676 3	H	24.487 3	−19.483 1	7.498

续表

	X	Y	Z		X	Y	Z		X	Y	Z
C	32.085	-18.618	-3.057 2	C	38.620 6	-30.225 6	-0.572 8	H	22.737 1	-21.562 2	2.719 1
C	30.966 9	-19.314	-2.697 4	C	33.881 7	-22.603 1	6.290 8	H	22.763 2	-22.476 5	4.194 9
C	33.327 3	-23.696 8	-3.237 3	C	22.534 1	-20.628 4	-3.336 3	H	20.903 9	-21.189 1	5.117 3
C	33.335 1	-25.035 1	-2.929 5	C	22.710 4	-20.551 8	-4.869 1	H	20.966 4	-20.049 4	3.796 2
C	31.263	-24.882 8	-1.773 1	C	24.007 1	-21.204 8	-5.397 3	H	20.349 7	-21.831 5	2.199 9
C	32.332 7	-25.626	-2.165 9	C	38.690 1	-30.703	0.894 2	H	20.321 7	-23.013 4	3.491
C	34.968 6	-24.221 1	-5.216	C	38.215 4	-29.648 2	1.913 1	H	28.850 2	-19.934 1	0.947 6
C	34.380 5	-23.177 2	-4.226	C	38.366 4	-30.135 1	3.367 3	H	28.397 1	-18.302 7	1.305 4
C	34.563 8	-18.437 3	-3.505 1	C	28.901	-17.621 6	13.049 5	H	23.281 1	-18.660 9	-2.922 8
C	35.002 1	-17.624 8	-2.261 6	C	28.480 8	-18.466 1	14.268	H	24.516 4	-19.873 9	-2.815 3
C	36.302	-16.806	-2.465	C	17.751	-23.047 6	-1.813 5	H	28.206 9	-21.835 3	2.086 6
C	32.852 3	-19.743 1	-10.492 2	C	17.577 3	-22.753 5	-3.316 2	H	30.665 6	-18.729 9	1.961 3
C	36.294 7	-24.852 6	-4.737 3	C	18.836 4	-23.118 4	-4.126 3	H	29.740 8	-18.365 2	3.391 6
C	36.999 9	-25.678 1	-5.832 7	C	37.695 1	-5.160 6	11.827 8	H	29.613 9	-20.812 7	3.920 4
C	28.802 7	-23.511 3	-1.128 3	C	37.532	-5.074 2	13.361 3	H	30.540 4	-21.159 8	2.474 9
C	29.636 4	-18.598 4	-2.43	C	33.531 6	-6.759 8	-1.410 6	H	32.460 3	-19.863 6	3.401 1
C	29.715 3	-17.090 6	-2.507 3	C	34.733 8	-7.468 4	-2.080 9	H	31.515 1	-19.462 5	4.818 5
C	30.091 9	-14.952 6	-1.454	C	34.832 4	-7.158 5	-3.586 7	H	31.357 8	-21.895 7	5.389 6
C	30.029 5	-16.347 8	-1.396 5	C	36.030 1	-7.862 9	-4.252 7	H	32.340 3	-22.278 5	3.993
C	30.029 9	-14.306 4	-2.705 2	C	36.124 1	-7.566 9	-5.761 8	H	34.223 2	-20.947 9	4.948 4
C	29.561 2	-15.046 4	-3.817 7	C	37.325 3	-8.266 3	-6.426 4	H	33.230 4	-20.538	6.329 5
C	29.417 5	-16.414 5	-3.678 5	C	37.418 2	-7.971 8	-7.935 6	H	36.063	-27.573 3	-5.355
C	30.302 7	-12.742 9	-0.336 6	C	38.619 1	-8.669 9	-8.601 6	H	35.269 2	-26.700 2	-6.639 7
C	30.036 7	-14.111 9	-0.235 3	C	38.700 5	-8.367 2	-10.110 4	H	35.996 6	-26.813 3	-8.886 5
C	30.869 4	-12.212 9	-1.585 4	C	35.210 4	-22.452 3	7.062 9	H	39.611 9	-29.906	-7.657 7
C	30.606	-12.930 7	-2.771	C	35.167 8	-21.461	8.246 2	H	38.881 4	-28.606 1	-15.263 1
C	29.4	-12.412 4	1.882 2	C	37.896 6	-29.086 8	4.393 7	H	40.765 4	-30.587 6	-12.000 6
C	29.193 5	-13.778 1	2.022 9	C	38.053 5	-29.585 4	5.843 3	H	40.562 6	-30.177 7	-14.431 5
C	29.930 1	-11.911	0.717 6	C	36.128 9	-15.369 2	-3.013	H	37.208 4	-27.285 1	-15.118 6
C	29.491 6	-14.601 5	0.958 3	C	35.636	-15.256 6	-4.480 8	H	36.077 1	-27.354	-13.827 2
C	31.695 4	-11.072 9	-1.637 5	C	34.122 3	-14.988 4	-4.609 2	H	37.221 9	-25.429 6	-12.715 4
C	32.127 6	-10.614 2	-2.868 8	C	33.665 2	-14.984 7	-6.080 8	H	38.525 8	-25.520 6	-13.875
C	31.096 7	-12.436	-3.976 4	C	18.672 8	-21.625 6	3.556 7	H	37.069 7	-24.882 7	-15.707 4
C	31.820 6	-11.266 3	-4.047 7	C	17.669	-22.490 6	2.764 5	H	35.645 9	-24.946 2	-14.698 5

续表

	X	Y	Z		X	Y	Z		X	Y	Z
C	28.634	−14.367 3	3.303 4	C	17.645 6	−22.173 9	1.255 7	H	37.922 4	−23.030 6	−14.068 6
C	29.757 7	−14.961 1	4.185 5	C	16.608 1	−23.029 1	0.501 5	H	36.675 6	−22.615 7	−15.219 9
C	29.214 9	−15.629 7	5.462 9	C	16.495 6	−22.680 8	−0.998	H	34.923 7	−22.942 2	−13.501 6
C	30.330 1	−16.306 1	6.283 4	C	34.204 6	−21.884 4	9.372	H	36.135 1	−23.321 6	−12.300 8
C	29.794 7	−17.027 5	7.535 4	C	34.272 8	−20.935 8	10.584 6	H	37.079 7	−21.041 5	−12.489 2
C	30.916 6	−17.738 9	8.317 6	C	33.306 2	−21.359 9	11.707 5	H	36.060 9	−20.706 1	−13.858 5
C	30.411 1	−18.542 4	9.534 1	C	23.967 5	−22.745 3	−5.336 1	H	39.346 4	−29.344 9	−5.358 1
C	29.866 4	−17.660 9	10.675 1	C	36.312 1	−4.236 5	13.832 1	H	38.169 2	−28.172 8	−4.827 8
C	29.441 8	−18.493 3	11.900 3	C	35.074 5	−5.091 6	14.176 9	H	36.353 1	−29.908 1	−5.194
O	30.25	−17.048 5	−0.211 4	H	29.002 3	−20.945 8	−1.881 4	H	37.587 6	−31.032 7	−5.696 9
C	29.062 9	−14.467 6	−5.149 2	H	34.340 7	−21.080 8	−3.166 4	H	37.052 2	−31.545 4	−3.404 4
C	32.311 1	−10.356 8	−0.428 2	H	32.028 1	−17.556 2	−3.177 8	H	38.649 1	−30.836 3	−3.415 2
C	31.753 1	−8.918 4	−0.201 8	H	34.118	−25.656 6	−3.305 4	H	37.688 7	−28.659 7	−2.650 6
C	32.688	−8.056 8	0.645 9	H	30.463 6	−25.350 1	−1.24	H	36.076 8	−29.322 8	−2.792 2
C	27.992 4	−13.351 3	−4.996 2	H	32.386 5	−26.670 5	−1.930 4	H	36.654 8	−29.342 7	−0.467 2
C	27.585 6	−12.787 1	−6.384 7	H	34.230 1	−24.980 2	−5.437 6	H	36.654 3	−31.005 7	−1.004 2
C	28.722 4	−12.030 2	−7.091 4	H	35.175	−23.703	−6.147 6	H	35.894 8	−27.056 8	−12.096 3
C	26.388	−11.806 6	−6.259 3	H	33.921 3	−22.391 5	−4.808 4	H	33.848	−20.081 6	−13.679 2
C	26.205 1	−10.857 2	−7.485 2	H	35.210 7	−22.733 8	−3.687 3	H	31.969 4	−19.244 2	−12.342 2
C	24.716 1	−10.402 9	−7.679 6	H	35.377 6	−19.095 2	−3.792 1	H	36.986 4	−21.746 7	−10.494 1
C	26.811 9	−11.487 2	−8.754 7	H	34.377 3	−17.773 2	−4.338 5	H	37.064 9	−21.822 5	−8.071 7
C	24.708 5	−9.379 8	−8.859 6	H	34.198 4	−16.965	−1.954 2	H	35.204 5	−20.937	−6.733 1
C	25.138 7	−10.121	−10.147 8	H	35.154 5	−18.333 2	−1.454	H	33.249	−19.684 3	−6.527 4
C	28.334 5	−11.722 7	−8.557 7	H	36.797 6	−16.723 1	−1.502	H	32.492 5	−18.949 3	−7.911 3
C	26.592	−10.600 5	−9.995	H	36.978 7	−17.355 3	−3.114 2	H	31.490 9	−21.288 2	−8.425 1
C	24.255 3	−9.659 6	−6.418 5	H	32.029 9	−19.368	−9.922	H	32.170 8	−21.808	−6.906 3
C	22.889 5	−8.992 3	−6.608 6	H	36.961 1	−24.049 6	−4.434 9	H	29.890 1	−21.304 3	−6.432 3
C	23.455 8	−8.425 3	−9.057 9	H	36.135 9	−25.472 5	−3.861 4	H	30.792 1	−19.971 5	−5.754 8
C	22.940 7	−7.873	−7.673 4	H	37.127 6	−25.066	−6.719 4	H	30.241 4	−18.573 3	−7.755 3
C	22.312 4	−9.113 2	−9.842 9	H	37.991 5	−25.950 8	−5.490 6	H	29.391 7	−19.934 4	−8.475 2
C	21.048	−8.245 2	−9.966 1	H	28.526 6	−24.335 2	−1.777 7	H	27.534 3	−20.054 3	−6.478 4
C	21.573 5	−7.085	−7.737 5	H	29.115 7	−23.919	−0.176 7	H	39.142 4	−30.945	−1.194 2
C	20.532 5	−7.857 7	−8.574 1	H	28.906 8	−18.944 8	−3.154 1	H	39.146 8	−29.279 1	−0.665 9
C	24.012 6	−7.249 7	−9.912 9	H	29.289 4	−18.872	−1.445	H	33.099 6	−22.945 6	6.96

续表

	X	Y	Z		X	Y	Z		X	Y	Z
C	23.801 6	−11.632	−7.907 6	H	29.069 4	−16.987 1	−4.514 6	H	34.010 4	−23.375 3	5.537 3
C	20.978 4	−6.883	−6.318 8	H	29.112 5	−11.743	2.67	H	22.666 9	−21.646 3	−2.990 2
C	21.748 6	−5.649 4	−8.295 2	H	30.010 3	−10.855 1	0.593	H	21.513 9	−20.354 1	−3.088 9
C	32.310 3	−10.738 9	−5.383 2	H	29.253 1	−15.637 9	1.031 3	H	21.863 4	−21.034 2	−5.348 3
C	26.774 5	−13.944 4	−4.254 8	H	32.766 5	−9.753 1	−2.903 2	H	22.689 1	−19.507	−5.166 1
C	34.385 5	−6.504 7	2.242 1	H	30.957 6	−12.991 5	−4.870 5	H	24.151 3	−20.903 5	−6.430 2
C	33.678 5	−7.562 4	2.857 7	H	28.104 2	−13.602 9	3.862	H	24.862 2	−20.837 5	−4.840 3
C	34.276 7	−6.279 4	0.909 9	H	27.920 4	−15.149 1	3.064 5	H	38.095	−31.605 5	1.005 8
C	32.757 7	−8.273	2.059 4	H	30.304 1	−15.696	3.603 5	H	39.717 5	−30.968 1	1.127 5
C	33.465 3	−7.075 4	0.076 5	H	30.457 8	−14.174 9	4.449 5	H	38.794 9	−28.738 7	1.778 9
C	33.771 9	−7.843 7	4.282 4	H	28.710 1	−14.889	6.076 9	H	37.175 4	−29.398 5	1.732 9
C	32.757 5	−8.574 2	4.871 1	H	28.474 3	−16.375	5.185 7	H	37.792 2	−31.047 9	3.501 4
C	31.800 5	−9.247	4.056 3	H	30.845 9	−17.025 3	5.653 5	H	39.408	−30.379 3	3.557 8
C	31.841 7	−9.156 6	2.718 1	H	31.060 7	−15.559 9	6.582 9	H	29.664 9	−16.91	13.348
C	34.737 8	−7.415 8	6.547 9	H	29.293 6	−16.307 6	8.173 5	H	28.049 3	−17.049 3	12.694 1
C	33.556 4	−8.042 7	7.089 3	H	29.053 6	−17.763 7	7.233 4	H	29.325 3	−19.029 5	14.650 5
C	34.869 7	−7.406 3	5.136 3	H	31.431 7	−18.415 2	7.640 8	H	28.103 2	−17.837 9	15.067 4
C	32.669 2	−8.652 6	6.286 2	H	31.645	−17.004 4	8.650 2	H	27.701 8	−19.169 6	13.993 7
C	35.794 8	−6.895	7.364	H	29.637	−19.233 3	9.211	H	17.966 4	−24.104 5	−1.680 1
C	35.664 9	−6.758	8.886 7	H	31.230 4	−19.140 6	9.922 6	H	18.608	−22.494 3	−1.445
C	36.826	−6.028 6	9.589 1	H	30.634	−16.951 9	10.973 6	H	16.727 8	−23.313 7	−3.694 9
C	36.548 3	−5.886 9	11.1	H	29.014	−17.087 4	10.326 4	H	17.353	−21.699 5	−3.450 5
C	36.958 2	−6.511 6	6.754 2	H	28.676 8	−19.205 5	11.602 6	H	18.697 4	−22.906 6	−5.180 9
C	36.128 5	−7.077 8	4.585 2	H	30.293 2	−19.066 4	12.257 1	H	19.692 2	−22.550 8	−3.776 2
C	37.143 8	−6.647 3	5.375 9	H	31.014 3	−16.709 8	0.274 4	H	19.065 2	−24.173 7	−4.020 2
O	33.400 8	−8.061 1	8.454 9	H	29.878 9	−14.142 2	−5.773 9	H	38.625 3	−5.678 5	11.609 4
C	27.591	−22.639	−0.903 5	H	28.59	−15.283 9	−5.684 1	H	37.789 3	−4.154 9	11.427 1
C	27.483 1	−21.896 6	0.255 3	H	32.219 7	−10.949	0.467 9	H	37.463 9	−6.077 2	13.772 7
C	26.556 9	−22.582 2	−1.821 9	H	33.371 3	−10.263 5	−0.631 1	H	38.438 3	−4.632 1	13.763 5
C	26.415	−21.014 8	0.465 6	H	31.615 2	−8.458 7	−1.165 6	H	32.622 3	−7.032 9	−1.925 8
C	25.438 9	−21.818 6	−1.582 8	H	30.769 6	−8.96	0.247 5	H	33.649 3	−5.687 8	−1.532 6
C	25.354	−21.007 5	−0.454	H	28.400 5	−12.539 2	−4.407 2	H	35.647 5	−7.157 1	−1.585 1
C	26.265 6	−20.316	1.755 7	H	27.289 2	−13.627 8	−7.007 9	H	34.643 2	−8.539 1	−1.935 3
C	24.983 3	−20.237 1	2.253 8	H	28.904	−11.106 6	−6.549 9	H	33.914 9	−7.470 4	−4.079 5

续表

	X	Y	Z		X	Y	Z		X	Y	Z
C	24.146 8	−20.230 6	−0.115 3	H	29.647 5	−12.591 4	−7.086 7	H	34.923	−6.085	−3.728 9
C	23.910 5	−20.004 7	1.256 8	H	25.488 3	−12.380 3	−6.103	H	36.947 8	−7.543 7	−3.766 8
C	23.260 3	−19.683 4	−1.066 6	H	26.542 1	−11.199 8	−5.372 8	H	35.943 4	−8.935 7	−4.103
C	22.137 8	−19.007 2	−0.624 7	H	26.771	−9.949 5	−7.287 5	H	35.207 7	−7.890 8	−6.248 2
C	22.785 3	−19.279 5	1.649 7	H	26.334 5	−12.445 5	−8.925 6	H	36.206 3	−6.493 9	−5.912 2
C	21.889 8	−18.814 2	0.721 5	H	25.515 7	−8.690 5	−8.617 8	H	38.241 6	−7.941 5	−5.941 1
C	27.354 4	−19.715 2	2.493	H	24.483 9	−10.961 4	−10.335 9	H	37.243 6	−9.339 2	−6.275 2
C	27.113 2	−19.318 6	3.763 7	H	25.081 5	−9.477 2	−11.014 8	H	36.502 2	−8.296 6	−8.421 6
C	24.793 3	−20.1	3.683 4	H	28.874 1	−10.841 2	−8.888 3	H	37.5	−6.898 9	−8.087 3
C	25.879 1	−19.583 2	4.420 3	H	28.645 5	−12.545 7	−9.193 5	H	39.535	−8.345 3	−8.117
C	23.640 2	−20.557 5	4.402	H	27.227 6	−9.723 4	−9.907 6	H	38.537 9	−9.742 1	−8.451 1
C	23.568 4	−20.316 8	5.747 3	H	26.907 2	−11.14	−10.884 2	H	39.550 4	−8.865 7	−10.563 3
C	25.742 8	−19.332 7	5.802 1	H	24.208 7	−10.344 5	−5.578 7	H	37.801 6	−8.704 4	−10.615 8
C	24.595 6	−19.665	6.447 1	H	24.985	−8.892	−6.169 8	H	38.803 7	−7.300 6	−10.280 1
C	22.591 8	−21.485 7	3.782 1	H	22.139 4	−9.732	−6.860 8	H	35.509 7	−23.426 3	7.440 5
C	21.123 2	−21.088 6	4.060 1	H	22.605 8	−8.563 7	−5.658 5	H	35.979 7	−22.132 8	6.365 2
C	20.145 1	−21.967	3.255 7	H	23.689 5	−7.165 2	−7.323 4	H	36.169 1	−21.382	8.661 2
C	28.620 9	−19.263 9	1.754 6	H	22.669	−9.375 6	−10.832 7	H	34.896 1	−20.471 9	7.893 3
C	23.485 5	−19.669 7	−2.578 1	H	22.026 9	−10.032 9	−9.354 2	H	38.469 7	−28.174 2	4.260 3
O	28.465 9	−22.112	1.198 8	H	21.241 5	−7.360 7	−10.559 1	H	36.855 5	−28.843 2	4.205
C	29.891	−19.111	2.618 2	H	20.282 4	−8.810 8	−10.489 4	H	37.47	−30.486 2	6.001 7
C	30.380 2	−20.424 7	3.255 6	H	19.632 6	−7.254 5	−8.658 8	H	39.092 4	−29.813 8	6.057 4
C	31.677 8	−20.226 1	4.061 9	H	20.257 9	−8.765 9	−8.044 8	H	37.718 7	−28.836 3	6.552 4
C	32.151 3	−21.521 2	4.748 3	H	23.234 9	−6.634 9	−10.330 3	H	35.453	−14.821 7	−2.362 4
C	33.424 3	−21.308 9	5.590 7	H	24.656 8	−6.618 7	−9.310 4	H	37.095 6	−14.881 1	−2.935 1
C	36.237 5	−26.965 6	−6.234 1	H	24.595 5	−7.622 7	−10.743 1	H	36.157 1	−14.437 3	−4.967 4
C	37.018 4	−27.731	−7.289	H	23.684 6	−12.188 5	−6.986 4	H	35.898 8	−16.156 6	−5.027 3
C	36.775 8	−27.486	−8.596	H	22.816	−11.339 9	−8.228 8	H	33.560 2	−15.733 9	−4.061 4
C	38.072 8	−28.649 3	−6.924 3	H	24.201 8	−12.307 4	−8.65	H	33.894	−14.029 5	−4.156 6
C	37.555 9	−28.085 1	−9.625	H	20.659 5	−7.813 8	−5.869 9	H	34.198 9	−14.227	−6.645 8
C	38.819 4	−29.225	−7.892 6	H	21.696 2	−6.405	−5.659 4	H	33.857 5	−15.946 8	−6.544 8
C	38.600 2	−28.959	−9.273 9	H	20.108 3	−6.239	−6.389 4	H	32.602 6	−14.781 2	−6.156 2
C	37.328 6	−27.825 3	−10.975 1	H	20.819 2	−5.103	−8.171 3	H	18.496	−21.762 9	4.619 9
C	38.151 3	−28.385 7	−11.956 1	H	22.521 2	−5.123 9	−7.743	H	18.493	−20.576 9	3.335 5

续表

	X	Y	Z		X	Y	Z		X	Y	Z
N	39.365 7	−29.54	−10.193 6	H	22.002 5	−5.62	−9.340 1	H	17.908 2	−23.540 7	2.909 7
C	39.169 3	−29.275 2	−11.477 7	H	33.182 5	−10.108 8	−5.256 7	H	16.672 2	−22.331 7	3.166 4
C	38.070 9	−28.138 6	−13.386 7	H	32.573 5	−11.551 8	−6.049 8	H	17.405 4	−21.122 6	1.119 1
C	38.930 1	−28.784 8	−14.207 4	H	31.535	−10.149 4	−5.862 8	H	18.628 7	−22.339	0.833 7
C	40.034 6	−29.924 8	−12.412 5	H	26.292 8	−14.697 7	−4.871 8	H	16.863	−24.080 3	0.606 8
C	39.916 1	−29.693 6	−13.727 1	H	27.086 8	−14.412 1	−3.331 1	H	15.637 2	−22.887 6	0.968 3
C	37.120 7	−27.141 1	−14.048 7	H	26.045 9	−13.182 4	−4.011 4	H	16.295 4	−21.618	−1.104 2
C	37.458 5	−25.658 6	−13.743 9	H	34.968 5	−5.840 1	2.839 7	H	15.644 4	−23.209 5	−1.418 2
C	36.706 9	−24.708 9	−14.698 7	H	34.807 9	−5.456 4	0.471 6	H	33.185 5	−21.904 7	9.000 2
C	36.887	−23.216 9	−14.340 5	H	31.062 2	−9.858 6	4.537 4	H	34.451 3	−22.892 7	9.694 1
C	35.950 3	−22.754 2	−13.205 7	H	31.144 8	−9.717 7	2.139 1	H	35.288 3	−20.917 7	10.968 1
C	36.104	−21.24	−12.915 4	H	31.841 6	−9.186 7	6.713 3	H	34.032 8	−19.926 7	10.262 6
C	38.316 3	−29.026 4	−5.473 6	H	34.746 6	−6.233 1	9.106	H	32.281 5	−21.354 1	11.350 7
C	37.389 6	−30.190 7	−5.042 5	H	35.559 7	−7.743	9.318 5	H	33.538	−22.362 2	12.051 9
C	37.597 9	−30.621 6	−3.575 2	H	37.752 7	−6.577 4	9.456 9	H	33.373 2	−20.686 9	12.555 5
C	37.108 3	−29.571 9	−2.556 4	H	36.960 8	−5.040 1	9.161 4	H	23.133 3	−23.124 1	−5.916 9
C	37.178 4	−30.057 7	−1.091 9	H	35.621 3	−5.341 6	11.236 8	H	24.88	−23.170 4	−5.740 6
O	36.275 4	−26.983 7	−11.219 4	H	36.413 7	−6.873 8	11.534	H	23.856 6	−23.101 3	−4.318 9
C	34.991 1	−20.710 7	−12.023 4	H	37.765 8	−6.128 5	7.338 3	H	36.588 8	−3.672 9	14.717
C	35.050 4	−20.798 3	−10.596	H	36.294 4	−7.223 8	3.541 9	H	36.054 2	−3.510 9	13.067 2
C	33.894 5	−20.157 5	−12.61	H	38.099 6	−6.419 2	4.946 6	H	35.308 7	−5.781 3	14.981 1
C	33.971 8	−20.303 1	−9.822 2	H	32.589 4	−8.507 6	8.724 9	H	34.251 4	−4.463 6	14.501 7
C	32.816 5	−19.673 8	−11.844 8	H	26.609 8	−23.185 4	−2.707 1	H	34.742 7	−5.669 5	13.324 1
C	36.168 9	−21.359 2	−9.923 9								

芦草沟组干酪根370℃样品

	X	Y	Z		X	Y	Z		X	Y	Z
C	29.736	−18.156	2.058	C	39.346	−21.065	−6.884	H	30.09	−9.946	0.963
C	29.567	−18.146	3.523	C	38.626	−22.285	−7.026	H	36.279	−19.68	−4.342
C	28.61	−18.246	1.189	C	37.562	−22.352	−7.946	H	34.512	−20.222	−2.78
C	28.262	−17.957	4.008	C	36.842	−23.544	−8.04	H	37.565	−19.09	−5.762
C	27.281	−18.318	1.798	C	37.107	−24.602	−7.209	H	32.129	−20.074	−0.568
C	27.151	−18.091	3.112	C	38.925	−23.402	−6.224	H	34.076	−18.069	4.098
C	31.221	−17.977	0.153	C	38.147	−24.544	−6.234	H	32.876	−16.862	3.655

续表

	X	Y	Z		X	Y	Z		X	Y	Z
C	31.011	−17.944	1.502	C	36.392	−25.84	−7.38	H	33.097	−17.291	5.333
C	30.125	−18.203	−0.679	C	36.51	−26.891	−6.569	H	23.235	−14.084	1.461
C	28.834	−18.215	−0.219	C	38.26	−25.674	−5.278	H	23.479	−9.272	0.539
C	30.606	−18.321	4.486	C	37.359	−26.784	−5.362	H	21.432	−8.91	1.692
C	30.311	−18.14	5.819	C	39.172	−25.618	−4.228	H	19.153	−13.175	4.309
C	28.009	−17.772	5.374	C	39.223	−26.614	−3.283	H	17.612	−11.598	5.241
C	29.033	−17.828	6.272	C	37.314	−27.719	−4.302	H	17.617	−6.467	2.536
C	32.03	−18.812	4.21	C	38.284	−27.635	−3.325	H	16.607	−9.48	5.331
C	32.497	−17.608	−0.541	C	37.959	−20.056	−8.572	H	16.276	−7.207	4.44
C	33.147	−18.554	−1.267	C	37.264	−21.204	−8.735	H	41.248	−15.164	−6.742
C	34.211	−18.206	−2.124	C	39.013	−19.975	−7.616	H	42.193	−16.686	−8.436
C	27.779	−18.023	−1.325	C	40.137	−26.712	−2.153	H	41.168	−18.893	−8.831
C	27.731	−16.553	−1.777	C	39.915	−27.757	−1.368	H	21.984	−14.628	2.803
C	28.814	−14.61	−2.739	S	38.513	−28.766	−1.917	H	20.836	−14.209	4.014
C	28.827	−15.943	−2.349	C	36.19	−28.715	−4.033	H	19.919	−8.358	0.57
C	27.612	−13.89	−2.669	C	35.202	−28.145	−2.976	H	18.685	−7.144	0.608
C	26.523	−14.458	−1.985	C	34.471	−26.872	−3.441	H	19.984	−5.744	2.149
C	26.598	−15.78	−1.573	C	35.853	−28.188	−7.036	H	21.305	−6.871	2.144
C	30.046	−12.485	−3.16	C	33.553	−26.303	−2.341	H	20.256	−5.493	−0.371
C	30.087	−13.873	−2.968	C	32.907	−24.963	−2.744	H	21.566	−4.86	0.597
C	28.77	−11.923	−3.656	C	32.002	−24.395	−1.634	H	22.912	−6.885	0.168
C	27.574	−12.611	−3.407	C	31.396	−23.026	−1.995	H	21.623	−7.569	−0.802
C	32.374	−12.384	−2.562	O	40.046	−23.25	−5.396	H	21.816	−5.685	−2.408
C	32.456	−13.772	−2.507	C	30.453	−22.512	−0.888	H	23.082	−4.972	−1.435
C	31.207	−11.728	−2.892	C	19.942	−14.873	2.156	H	23.257	−7.713	−2.791
C	31.312	−14.497	−2.724	C	20.254	−14.988	0.653	H	24.053	−6.253	−3.359
C	28.742	−10.819	−4.515	C	19.11	−15.683	−0.109	H	24.534	−6.971	−1.832
C	27.57	−10.379	−5.083	C	26.036	−18.73	1.071	H	25.482	−9.803	−0.622
C	26.405	−12.183	−4.043	C	25.896	−20.022	0.59	H	31.024	−15.258	−0.019
C	26.391	−11.069	−4.848	C	24.973	−17.833	0.99	H	32.271	−15.447	1.195
C	33.811	−14.397	−2.139	C	24.724	−20.365	−0.128	H	32.431	−14.216	−0.037
C	36.539	−15.355	−2.851	C	23.775	−18.223	0.459	H	40.12	−21.013	−6.149
C	37.643	−15.081	−3.552	C	23.625	−19.494	−0.104	H	36.059	−23.629	−8.768
C	25.329	−13.641	−1.494	C	24.549	−21.679	−0.761	H	35.779	−25.917	−8.258

续表

	X	Y	Z		X	Y	Z		X	Y	Z
C	31.195	−10.191	−2.842	C	23.294	−22.23	−0.851	H	39.809	−24.774	−4.133
C	32.107	−9.619	−1.762	C	22.331	−19.952	−0.623	H	37.719	−19.185	−9.148
C	25.427	−13.445	0.047	C	22.142	−21.314	−0.907	H	36.464	−21.264	−9.447
C	33.68	−8.477	0.234	C	21.275	−19.059	−0.847	H	40.915	−25.997	−1.985
C	34.263	−8.68	−1.034	C	20.072	−19.482	−1.347	H	40.455	−28.04	−0.494
C	32.409	−8.885	0.497	C	20.919	−21.713	−1.474	H	35.637	−28.967	−4.912
C	33.429	−9.181	−2.061	C	19.898	−20.822	−1.676	H	36.619	−29.636	−3.653
C	31.618	−9.503	−0.483	C	25.633	−22.379	−1.386	H	34.47	−28.915	−2.747
C	35.635	−8.292	−1.336	C	25.532	−23.669	−1.782	H	35.743	−27.931	−2.064
C	35.992	−8.146	−2.669	C	23.19	−23.661	−1.041	H	35.202	−26.121	−3.715
C	35.121	−8.623	−3.694	C	24.31	−24.376	−1.516	H	33.88	−27.089	−4.327
C	33.934	−9.177	−3.405	C	22.043	−24.386	−0.639	H	34.88	−28.345	−6.589
C	37.851	−7.4	−0.712	C	21.966	−25.736	−0.796	H	35.714	−28.137	−8.109
C	38.093	−7.112	−2.091	C	24.182	−25.773	−1.704	H	36.482	−29.043	−6.828
C	36.661	−8.05	−0.329	C	23.04	−26.433	−1.366	H	32.775	−27.024	−2.107
C	37.232	−7.531	−3.03	C	26.68	−24.308	−2.545	H	34.137	−26.154	−1.437
C	38.839	−7.114	0.254	O	26.733	−21.598	−1.663	H	33.69	−24.245	−2.97
C	38.699	−7.524	1.544	C	26.952	−21.044	0.987	H	32.323	−25.1	−3.65
C	36.589	−8.537	1	C	26.643	−23.929	−4.045	H	31.2	−25.1	−1.431
C	37.573	−8.277	1.908	C	27.822	−24.535	−4.832	H	32.58	−24.295	−0.719
C	30.225	−9.981	−0.11	C	27.773	−24.155	−6.325	H	32.186	−22.299	−2.147
C	36.35	−17.579	−3.818	C	29	−24.643	−7.125	H	30.847	−23.111	−2.929
C	35.835	−18.906	−3.754	C	29.162	−26.177	−7.196	H	40.83	−23.665	−5.79
C	35.795	−16.59	−3.019	C	28.007	−26.877	−7.939	H	30.05	−21.535	−1.134
C	34.851	−19.216	−2.891	C	28.253	−28.384	−8.164	H	29.625	−23.198	−0.738
C	34.586	−16.861	−2.26	C	28.253	−29.2	−6.855	H	30.982	−22.432	0.056
C	38.145	−16.004	−4.529	H	26.173	−18.113	3.551	H	19.826	−15.871	2.57
C	37.503	−17.265	−4.657	H	31.825	−17.697	2.136	H	18.997	−14.357	2.278
C	39.693	−16.512	−6.162	H	30.303	−18.257	−1.733	H	20.418	−14	0.241
C	39.112	−17.782	−6.38	H	31.094	−18.278	6.539	H	21.173	−15.551	0.52
N	39.197	−15.666	−5.253	H	27	−17.607	5.697	H	19.341	−15.768	−1.166
C	38.01	−18.134	−5.6	H	28.854	−17.684	7.319	H	18.937	−16.68	0.284
C	33.773	−15.85	−1.636	H	32.256	−19.56	4.962	H	18.191	−15.116	−0.011
C	32.836	−16.234	−0.705	H	32.097	−19.313	3.258	H	25.093	−16.847	1.391

续表

	X	Y	Z		X	Y	Z		X	Y	Z
O	32.803	−19.885	−1.233	H	28.057	−18.645	−2.168	H	22.948	−17.548	0.498
C	33.087	−17.687	4.325	H	26.803	−18.331	−1.016	H	21.41	−18.016	−0.656
C	24.319	−12.555	0.568	H	29.727	−16.496	−2.46	H	19.283	−18.777	−1.516
C	23.27	−13.033	1.272	H	25.759	−16.211	−1.066	H	20.797	−22.718	−1.807
C	24.389	−11.154	0.304	H	33.236	−11.803	−2.307	H	18.981	−21.155	−2.119
C	22.22	−12.192	1.772	H	31.361	−15.554	−2.612	H	21.245	−23.866	−0.154
C	23.424	−10.324	0.743	H	29.655	−10.337	−4.784	H	21.096	−26.267	−0.466
C	22.308	−10.814	1.481	H	27.582	−9.535	−5.744	H	25.004	−26.331	−2.095
C	21.146	−12.653	2.566	H	25.514	−12.764	−3.946	H	22.974	−27.494	−1.505
C	20.178	−11.756	3.008	H	25.482	−10.766	−5.328	H	27.636	−24.013	−2.119
C	21.303	−9.943	1.906	H	34.402	−14.369	−3.042	H	26.654	−25.383	−2.452
C	20.204	−10.379	2.606	H	34.292	−13.739	−1.421	H	27.497	−22.098	−1.969
C	19.17	−12.163	3.97	H	36.229	−14.677	−2.089	H	27.842	−20.954	0.386
C	18.311	−11.291	4.487	H	38.203	−14.182	−3.4	H	27.219	−20.877	2.022
C	19.1	−9.47	3.012	H	25.327	−12.658	−1.923	H	26.569	−22.049	0.898
C	18.23	−9.925	4.023	H	24.395	−14.137	−1.737	H	25.705	−24.274	−4.465
C	18.828	−8.199	2.439	H	31.462	−9.787	−3.807	H	26.657	−22.849	−4.138
C	17.819	−7.423	2.979	H	30.187	−9.86	−2.644	H	28.759	−24.184	−4.407
C	17.231	−9.103	4.546	H	25.384	−14.405	0.544	H	27.803	−25.614	−4.724
C	17.041	−7.845	4.045	H	26.385	−12.995	0.267	H	26.862	−24.546	−6.765
C	40.83	−16.13	−6.932	H	34.222	−7.95	0.987	H	27.721	−23.073	−6.404
C	41.337	−16.97	−7.856	H	31.991	−8.714	1.47	H	28.934	−24.255	−8.137
C	39.669	−18.653	−7.378	H	35.457	−8.563	−4.711	H	29.894	−24.215	−6.679
C	40.747	−18.249	−8.085	H	33.342	−9.585	−4.195	H	30.089	−26.398	−7.719
C	21.041	−14.126	2.955	H	39.003	−6.613	−2.359	H	29.261	−26.581	−6.196
C	19.48	−7.596	1.192	H	37.442	−7.389	−4.072	H	27.08	−26.753	−7.388
C	20.496	−6.478	1.537	H	39.72	−6.587	−0.058	H	27.874	−26.395	−8.903
C	21.072	−5.777	0.288	H	39.458	−7.309	2.269	H	27.478	−28.772	−8.817
C	22.084	−6.637	−0.491	H	35.777	−9.167	1.284	H	29.2	−28.52	−8.677
C	22.636	−5.915	−1.736	H	37.496	−8.671	2.902	H	27.318	−29.061	−6.323
C	23.685	−6.766	−2.478	H	29.463	−9.354	−0.563	H	28.369	−30.258	−7.063
O	25.486	−10.745	−0.416	H	30.061	−10.998	−0.441	H	29.064	−28.898	−6.203
C	32.091	−15.22	0.15								

芦草沟组干酪根400℃样品

	X	Y	Z		X	Y	Z		X	Y	Z
C	30.178	−23.392	2.769	C	38.934	−15.897	−4.649	H	25.948	−15.655	−1.15
C	29.98	−24.428	3.797	C	39.699	−14.82	−4.95	H	34.427	−17.035	2.446
C	29.06	−22.81	2.111	C	19.12	−14.833	−7.361	H	33.318	−17.941	3.426
C	28.685	−24.564	4.328	O	23.525	−15.549	−2.116	H	36.184	−17.45	2.107
C	27.746	−22.967	2.739	C	39.104	−18.115	−5.755	H	37.741	−15.743	1.403
C	27.613	−23.767	3.804	C	38.748	−19.035	−6.78	H	26.613	−16.567	−2.795
C	31.669	−22.027	1.436	C	37.825	−18.643	−7.77	H	26.848	−18.158	−3.446
C	31.462	−22.888	2.479	C	37.516	−19.547	−8.791	H	31.212	−13.293	−0.528
C	30.589	−21.717	0.609	C	38.056	−20.807	−8.817	H	31.374	−12.791	1.115
C	29.298	−22.035	0.943	C	39.301	−20.327	−6.823	H	24.92	−19.051	−2.254
C	30.978	−25.339	4.246	C	38.941	−21.247	−7.785	H	24.688	−17.562	−1.392
C	30.662	−26.228	5.251	C	37.77	−21.686	−9.93	H	36.901	−12.281	−0.618
C	28.413	−25.471	5.359	C	38.289	−22.907	−10.044	H	35.532	−13.306	−2.304
C	29.4	−26.284	5.834	C	39.411	−22.647	−7.826	H	33.745	−11.049	4.174
C	32.376	−25.513	3.65	C	39.121	−23.441	−8.965	H	32.445	−12.34	2.621
C	32.906	−21.217	1.208	C	40.091	−23.24	−6.759	H	38.184	−9.648	4.624
C	33.619	−21.313	0.058	C	40.525	−24.547	−6.831	H	35.77	−9.968	4.837
C	34.556	−20.313	−0.293	C	39.583	−24.756	−9.031	H	40.282	−10.295	3.641
C	28.235	−21.502	−0.021	C	40.281	−25.289	−7.984	H	41.588	−11.725	2.138
C	28.234	−19.979	−0.196	C	37.623	−16.481	−6.717	H	38.026	−13.378	0.572
C	29.037	−17.762	0.332	C	37.272	−17.333	−7.706	H	40.4	−13.33	0.663
C	29.006	−19.135	0.56	C	38.559	−16.873	−5.716	H	32.483	−15.039	−1.804
C	28.118	−17.182	−0.553	C	41.242	−25.304	−5.814	H	32.226	−13.479	−2.568
C	27.372	−18.046	−1.388	C	41.539	−26.547	−6.171	H	33.628	−14.444	−2.992
C	27.471	−19.414	−1.207	S	40.959	−26.961	−7.843	H	36.45	−19.494	−2.96
C	30.248	−15.583	0.612	C	37.99	−23.766	−11.257	H	35.015	−21.267	−2.154
C	30.169	−16.958	0.866	O	40.235	−20.606	−5.822	H	37.341	−17.831	−3.654
C	29.002	−14.921	0.149	C	26.594	−22.056	2.422	H	32.461	−19.987	2.881
C	27.961	−15.707	−0.467	C	25.467	−22.458	1.735	H	32.81	−22.991	−0.549
C	32.535	−15.635	1.395	C	26.731	−20.737	2.856	H	34.457	−25.033	4.084
C	32.429	−16.976	1.73	C	24.433	−21.5	1.485	H	33.322	−23.854	4.73
C	31.486	−14.931	0.828	C	25.815	−19.795	2.503	H	33.496	−25.409	5.507
C	31.255	−17.618	1.431	C	24.674	−20.142	1.767	H	24.53	−19.096	−4.755
C	28.752	−13.603	0.42	C	23.224	−21.829	0.732	H	22.152	−14.828	−4.177

续表

	X	Y	Z		X	Y	Z		X	Y	Z
C	27.553	−12.962	0.058	C	22.592	−20.848	−0.004	H	23.714	−19.228	−7.056
C	26.773	−15.095	−0.773	C	23.751	−19.119	1.283	H	21.303	−15.023	−6.486
C	26.549	−13.721	−0.56	C	22.705	−19.46	0.443	H	18.359	−13.909	−9.673
C	33.6	−17.716	2.402	C	23.946	−17.745	1.634	H	20.663	−16.286	−12.28
C	36.4	−17.332	1.07	C	23.094	−16.786	1.234	H	19.067	−14.499	−11.945
C	37.286	−16.405	0.697	C	21.662	−18.47	0.192	H	39.925	−13.332	−1.906
C	26.505	−17.615	−2.571	C	21.895	−17.127	0.545	H	40.673	−13.036	−4.233
C	31.761	−13.481	0.383	C	22.608	−23.128	0.747	H	40.044	−14.679	−5.955
C	33.237	−13.18	0.145	C	21.729	−23.52	−0.196	H	19.595	−13.961	−6.925
C	25.009	−17.975	−2.335	C	21.872	−21.284	−1.187	H	18.075	−14.593	−7.508
C	35.909	−12.579	−0.366	C	21.474	−22.63	−1.296	H	19.18	−15.649	−6.655
C	35.414	−12.343	0.934	C	21.706	−20.43	−2.301	H	22.977	−15.935	−1.415
C	35.124	−13.136	−1.326	C	21.115	−20.871	−3.446	H	39.805	−18.429	−5.013
C	34.037	−12.577	1.159	C	20.831	−23.05	−2.484	H	36.85	−19.242	−9.575
C	33.788	−13.484	−1.075	C	20.651	−22.194	−3.529	H	37.127	−21.3	−10.697
C	36.239	−11.78	1.998	C	20.996	−24.838	−0.018	H	40.249	−22.684	−5.865
C	35.596	−11.217	3.091	O	22.838	−23.975	1.817	H	39.375	−25.352	−9.893
C	34.198	−11.433	3.281	C	25.487	−23.845	1.095	H	37.199	−15.498	−6.667
C	33.471	−12.139	2.403	C	19.687	−24.636	0.745	H	36.566	−17.037	−8.458
C	38.381	−10.975	2.933	C	19.402	−25.395	1.882	H	41.501	−24.886	−4.864
C	37.645	−10.265	3.932	C	18.766	−23.707	0.321	H	42.057	−27.282	−5.599
C	37.699	−11.783	1.999	C	18.223	−25.211	2.558	H	37.46	−24.67	−10.975
C	36.32	−10.435	4.044	C	17.562	−23.493	0.997	H	37.372	−23.219	−11.957
C	39.791	−10.944	2.942	C	17.288	−24.261	2.135	H	38.904	−24.051	−11.766
C	40.516	−11.744	2.113	C	16.591	−22.477	0.561	H	41.125	−20.733	−6.188
C	38.484	−12.65	1.201	C	15.396	−22.301	1.323	H	27.604	−20.457	3.409
C	39.847	−12.633	1.259	C	16.053	−24.056	2.864	H	26.007	−18.78	2.768
C	32.981	−14.152	−2.174	C	15.167	−23.136	2.485	H	24.796	−17.461	2.211
C	36.323	−18.313	−1.149	C	16.788	−21.68	−0.544	H	23.276	−15.759	1.485
C	36.007	−19.417	−1.99	C	15.863	−20.702	−0.927	H	22.073	−19.429	−2.249
C	35.797	−18.258	0.133	C	14.481	−21.343	0.951	H	21.022	−20.214	−4.287
C	35.209	−20.406	−1.551	C	14.686	−20.526	−0.165	H	20.505	−24.065	−2.574
C	34.764	−19.193	0.536	C	16.075	−19.872	−2.07	H	20.181	−22.538	−4.429
C	37.679	−16.278	−0.678	C	15.171	−18.928	−2.414	H	20.787	−25.298	−0.975

续表

	X	Y	Z		X	Y	Z		X	Y	Z
C	37.231	−17.261	−1.6	C	13.753	−19.521	−0.561	H	21.626	−25.514	0.537
C	38.857	−15.143	−2.308	C	13.988	−18.749	−1.644	H	23.067	−23.491	2.621
C	38.48	−16.08	−3.298	C	22.999	−19.756	−9.493	H	24.927	−23.846	0.171
N	38.457	−15.273	−1.037	C	23.136	−20.296	−10.746	H	26.511	−24.113	0.876
C	37.653	−17.135	−2.907	C	22.023	−18.396	−11.668	H	25.068	−24.606	1.734
C	33.913	−19.04	1.687	C	22.658	−19.599	−11.847	H	20.114	−26.117	2.23
C	33.095	−20.08	2.02	C	20.36	−18.802	−0.259	H	19.001	−23.121	−0.538
O	33.441	−22.326	−0.852	C	19.407	−17.847	−0.449	H	18.01	−25.794	3.433
C	33.483	−24.909	4.546	C	20.904	−16.146	0.306	H	15.873	−24.668	3.727
C	24.126	−17.482	−3.461	C	19.689	−16.494	−0.196	H	14.257	−22.989	3.034
C	24.011	−18.165	−4.628	C	27.319	−11.585	0.323	H	17.668	−21.791	−1.144
C	23.419	−16.255	−3.316	C	26.144	−11.009	−0.028	H	13.587	−21.217	1.532
C	23.216	−17.679	−5.7	C	25.322	−13.093	−0.916	H	16.966	−20.018	−2.651
C	22.663	−15.758	−4.319	C	25.132	−11.776	−0.66	H	15.335	−18.309	−3.274
C	22.539	−16.459	−5.547	H	26.667	−23.82	4.306	H	12.861	−19.392	0.022
C	23.12	−18.347	−6.932	H	32.276	−23.128	3.12	H	13.283	−17.996	−1.937
C	22.352	−17.876	−7.965	H	30.765	−21.11	−0.256	H	23.365	−20.309	−8.655
C	21.755	−15.979	−6.609	H	31.413	−26.922	5.576	H	23.609	−21.25	−10.871
C	21.597	−16.673	−7.782	H	27.418	−25.524	5.755	H	21.64	−17.897	−12.531
C	22.385	−18.513	−9.295	H	29.203	−26.985	6.62	H	22.768	−20.004	−12.833
C	21.856	−17.834	−10.395	H	32.556	−26.579	3.564	H	20.11	−19.824	−0.426
C	20.765	−16.153	−8.893	H	32.428	−25.115	2.65	H	18.426	−18.134	−0.771
C	21.037	−16.614	−10.195	H	28.44	−21.945	−0.993	H	21.117	−15.128	0.57
C	19.729	−15.208	−8.709	H	27.25	−21.809	0.268	H	18.934	−15.751	−0.361
C	19.139	−14.63	−9.817	H	29.628	−19.559	1.311	H	28.09	−11.011	0.8
C	20.432	−15.984	−11.283	H	26.931	−20.06	−1.872	H	25.972	−9.969	0.167
C	19.519	−14.978	−11.099	H	33.468	−15.133	1.541	H	24.57	−13.686	−1.397
C	39.665	−14.029	−2.674	H	31.21	−18.668	1.58	H	24.211	−11.3	−0.936
C	40.067	−13.874	−3.952	H	29.461	−13.024	0.964				

附录2　火石岭固体沥青三维分子模型坐标

火石岭固体沥青原始样品

	X	Y	Z		X	Y	Z		X	Y	Z
C	−7.903	3.517	2.012	C	10.127	−3.539	0.538	H	2.222	−0.827	5.371
C	−7.307	3.974	0.838	C	3.669	2.125	−0.275	H	1.666	−3.051	6.274
C	−5.834	2.413	2.683	C	4.161	2.309	−1.742	H	3.346	−3.344	6.721
C	−5.22	2.879	1.463	C	3.106	2.923	−2.689	H	−0.894	−0.367	−8.451
C	−7.207	2.735	2.964	N	−3.566	0.609	7.395	H	0.294	−1.384	−9.273
C	−5.951	3.639	0.577	C	4.928	−3.314	−0.797	H	−4.471	−2.725	−4.643
C	−5.739	1.203	4.808	C	4.237	−4.674	−0.515	H	−6.132	−3.222	−4.255
C	−5.134	1.642	3.651	C	5.263	−5.756	−0.117	H	−5.697	−1.5	−4.257
C	−7.102	1.506	5.077	C	6.991	0.356	1.359	H	−1.649	−0.889	−10.794
C	−7.804	2.265	4.163	C	7.488	−0.37	2.635	H	−1.571	−2.627	−10.44
C	−7.762	0.984	6.345	C	8.394	−1.598	2.372	H	−2.765	−1.606	−9.613
S	−9.633	4.063	2.123	C	5.408	−1.697	−5.291	H	2.016	−2.765	8.722
C	−9.442	4.904	0.524	C	4.377	−0.582	−5.004	H	3.294	−1.58	8.427
C	−8.199	4.758	0.011	C	4.129	0.307	−6.241	H	1.243	−0.439	9.122
C	−7.051	1.447	7.644	O	−0.416	−1.366	−3.346	H	1.629	0.012	7.461
C	−7.075	2.979	7.823	H	−5.489	3.991	−0.339	H	−0.101	−1.585	6.609
C	−6.329	3.435	9.097	H	−5.163	0.65	5.544	H	−0.452	−2.101	8.264
C	−6.349	4.969	9.271	H	−4.094	1.395	3.473	H	−1.204	0.216	8.842
C	−3.792	2.491	1.111	H	−8.843	2.512	4.354	H	−0.789	0.77	7.212
C	−3.737	1.049	0.542	H	−8.809	1.311	6.366	H	−1.28	2.314	0.718
C	−2.355	0.552	0.129	H	−7.762	−0.115	6.316	H	6.679	−1.435	0.156
C	−2.217	−0.764	−0.411	H	−10.283	5.435	0.11	H	6.147	0.057	−0.598
C	−0.976	−1.204	−0.832	H	−7.894	5.188	−0.934	H	3.717	5.006	−2.428
C	−3.406	−1.68	−0.659	H	−7.549	0.975	8.502	H	2.082	4.814	−3.094
C	−3.834	−1.593	−2.152	H	−6.013	1.092	7.627	H	2.374	4.517	−1.374
C	0.175	−0.39	−0.784	H	−6.617	3.452	6.945	H	−2.5	−0.789	6.243
C	2.49	1.154	−0.208	H	−8.117	3.326	7.871	H	−2.929	−1.337	7.866
C	2.615	−0.227	−0.662	H	−6.786	2.958	9.975	H	10.223	−0.457	2.219
C	1.237	1.671	0.004	H	−5.288	3.085	9.045	H	9.498	−0.841	0.653
C	1.476	−0.839	−1.233	H	−5.812	5.273	10.176	H	11.637	−2.102	1.126

续表

	X	Y	Z		X	Y	Z		X	Y	Z
C	0.058	0.879	−0.149	H	−5.88	5.459	8.41	H	10.845	−2.899	2.489
C	3.791	−1.07	−0.473	H	−7.381	5.332	9.346	H	9.947	−3.11	−0.456
C	3.934	−2.229	−1.21	H	−3.41	3.189	0.357	H	10.846	−4.359	0.43
C	3.006	−2.491	−2.311	H	−3.142	2.572	1.99	H	9.186	−3.961	0.904
C	1.707	−1.865	−2.243	H	−4.162	0.366	1.29	H	3.34	3.092	0.122
C	3.333	−3.292	−3.451	H	−4.405	1.008	−0.328	H	4.521	1.808	0.329
C	2.348	−3.547	−4.396	H	−0.886	−2.21	−1.217	H	5.053	2.951	−1.732
C	0.786	−2.083	−3.31	H	−3.115	−2.716	−0.44	H	4.463	1.328	−2.128
C	1.077	−2.969	−4.341	H	−4.254	−1.433	−0.015	H	2.184	2.334	−2.626
C	−4.952	−2.591	−2.517	H	−4.171	−0.57	−2.367	H	3.475	2.844	−3.72
C	0.071	−3.209	−5.452	H	−2.943	−1.775	−2.767	H	−3.717	0.885	8.371
C	0.18	−2.159	−6.593	H	1.128	2.712	0.293	H	−3.273	1.436	6.863
C	−0.831	−2.412	−7.731	H	2.592	−4.172	−5.25	H	5.714	−3.452	−1.544
C	4.678	−0.749	0.753	H	−4.615	−3.61	−2.283	H	5.433	−3.008	0.116
C	4.742	−3.751	−3.82	H	−5.836	−2.392	−1.896	H	3.511	−4.533	0.295
C	5.745	−2.587	−4.066	H	0.239	−4.204	−5.88	H	3.675	−4.995	−1.398
C	4.445	−1.795	1.909	H	−0.947	−3.199	−5.039	H	5.823	−5.45	0.776
C	3.835	−1.145	3.173	H	0.022	−1.147	−6.189	H	4.766	−6.708	0.101
C	3.508	−2.181	4.271	H	1.203	−2.176	−6.99	H	5.982	−5.923	−0.928
C	3.042	−1.523	5.589	H	−0.662	−3.416	−8.145	H	7.865	0.753	0.827
C	2.579	−2.562	6.636	H	−1.852	−2.4	−7.323	H	6.391	1.227	1.66
C	−0.725	−1.37	−8.866	H	4.301	0.191	1.155	H	8.053	0.353	3.24
C	−5.339	−2.506	−4.009	H	5.155	−4.436	−3.074	H	6.629	−0.683	3.238
C	−1.739	−1.638	−9.999	H	4.667	−4.325	−4.752	H	7.84	−2.345	1.793
C	2.338	−1.963	8.043	H	5.804	−1.956	−3.172	H	8.64	−2.062	3.338
C	1.294	−0.821	8.093	H	6.736	−3.037	−4.218	H	6.335	−1.222	−5.644
C	−0.123	−1.248	7.654	H	3.758	−2.573	1.562	H	5.042	−2.33	−6.113
C	−1.142	−0.096	7.79	H	5.389	−2.284	2.176	H	3.436	−1.028	−4.673
C	−1.217	1.329	0.272	H	4.536	−0.4	3.575	H	4.747	0.038	−4.176
C	6.165	−0.49	0.353	H	2.917	−0.613	2.893	H	3.431	1.119	−6.006
C	2.801	4.405	−2.376	H	2.724	−2.858	3.902	H	5.067	0.753	−6.595
C	−2.554	−0.481	7.293	H	4.397	−2.795	4.474	H	3.703	−0.284	−7.062
C	9.714	−1.247	1.649	H	3.87	−0.931	6.005	H	−0.653	−1.171	−4.289
C	10.668	−2.457	1.499								

火石岭固体沥青H3

	X	Y	Z		X	Y	Z		X	Y	Z
C	10.38	−14.612	2.056	C	8.332	−14.31	5.182	H	4.611	−9.243	−4.153
C	9.418	−14.879	3.067	C	7.605	−16.282	3.944	H	3.313	−7.204	−4.705
C	10.507	−15.437	0.953	C	7.49	−15.452	5.032	H	4.644	−6.183	−4.14
C	9.662	−16.576	0.825	C	11.339	−10.784	−5.115	H	8.439	−10.539	2.21
C	8.72	−16.858	1.788	C	11.031	−9.566	−6.016	H	9.008	−8.879	2.034
C	8.569	−16.025	2.929	C	9.519	−9.33	−6.234	H	13.891	−13.242	−3.441
C	11.513	−15.126	−0.106	C	13.417	−7.186	−2.025	H	4.717	−6.243	−6.567
N	13.428	−14.507	−2.095	C	14.066	−8.383	−2.481	H	6.103	−7.167	−5.979
C	13.616	−15.584	−1.304	C	12.003	−7.127	−2.094	H	4.853	−9.307	−6.412
C	12.328	−13.749	−1.926	C	13.288	−9.455	−2.985	H	3.445	−8.377	−6.936
C	12.663	−15.931	−0.272	C	11.271	−8.186	−2.587	H	9.925	−13.182	4.309
C	11.323	−14.01	−0.95	C	15.567	−6.175	−1.455	H	6.959	−17.148	3.842
C	14.792	−16.39	−1.488	C	16.236	−7.352	−1.899	H	6.751	−15.66	5.799
C	14.99	−17.475	−0.671	C	14.2	−6.101	−1.519	H	12.382	−11.084	−5.217
C	14.063	−17.812	0.358	C	15.481	−8.416	−2.395	H	10.723	−11.637	−5.434
C	12.934	−17.065	0.557	C	17.659	−7.61	−1.907	H	11.495	−8.675	−5.578
C	15.769	−16.005	−2.576	C	17.998	−8.826	−2.391	H	11.498	−9.726	−6.998
C	12.22	−12.616	−2.801	S	16.549	−9.797	−2.898	H	9.098	−10.219	−6.724
C	11.142	−11.76	−2.737	C	9.222	−8.08	−7.098	H	9.009	−9.223	−5.267
C	10.111	−12.056	−1.767	C	7.585	−9.189	3.644	H	11.501	−6.23	−1.748
C	10.203	−13.133	−0.909	C	6.576	−10.246	4.149	H	10.189	−8.125	−2.622
C	11.042	−10.506	−3.611	C	8.171	−13.421	6.401	H	16.15	−5.346	−1.069
C	11.908	−9.371	−3.045	C	9.467	−6.757	−6.34	H	13.683	−5.209	−1.183
C	8.894	−11.195	−1.646	C	6.064	−9.926	5.57	H	18.385	−6.888	−1.556
C	8.628	−10.545	−0.451	C	5.118	−8.323	−8.325	H	18.98	−9.255	−2.503
C	7.457	−9.776	−0.25	H	11.025	−13.746	2.157	H	9.846	−8.113	−8.001
C	7.943	−11.101	−2.684	H	9.766	−17.209	−0.049	H	8.176	−8.111	−7.429
C	6.557	−9.573	−1.351	H	8.073	−17.722	1.683	H	8.443	−9.174	4.329
C	6.819	−10.311	−2.536	H	15.876	−18.087	−0.803	H	7.137	−8.188	3.684
C	7.134	−9.263	1.072	H	14.266	−18.67	0.988	H	5.731	−10.312	3.456
C	5.95	−8.617	1.239	H	12.232	−17.312	1.343	H	7.068	−11.228	4.148
C	5.057	−8.322	0.153	H	15.275	−16.001	−3.553	H	7.187	−12.937	6.401
C	5.384	−8.707	−1.186	H	16.157	−14.995	−2.402	H	8.259	−14.006	7.324
C	3.871	−7.606	0.429	H	16.608	−16.705	−2.606	H	8.935	−12.638	6.417

续表

	X	Y	Z		X	Y	Z		X	Y	Z
C	3.032	−7.229	−0.596	H	9.405	−13.33	−0.207	H	10.496	−6.696	−5.973
C	4.561	−8.196	−2.25	H	10.009	−10.163	−3.54	H	9.283	−5.893	−6.988
C	3.401	−7.499	−1.922	H	9.34	−10.649	0.355	H	8.794	−6.686	−5.476
C	4.949	−8.288	−3.732	H	8.084	−11.677	−3.592	H	5.545	−8.96	5.586
C	4.405	−7.14	−4.62	H	6.092	−10.313	−3.33	H	5.364	−10.694	5.919
C	8.114	−9.491	2.223	H	5.65	−8.266	2.219	H	6.899	−9.874	6.28
O	13.285	−12.455	−3.661	H	3.643	−7.351	1.458	H	4.794	−7.411	−8.84
C	5.006	−7.166	−6.045	H	2.113	−6.691	−0.39	H	6.213	−8.325	−8.294
C	4.542	−8.372	−6.894	H	2.769	−7.125	−2.717	H	4.789	−9.187	−8.915
C	9.272	−14.043	4.21	H	6.042	−8.271	−3.806	H	13.781	−10.362	−3.309

火石岭固体沥青H4

	X	Y	Z		X	Y	Z		X	Y	Z
C	29.502	−21.952	−6.973	C	34.002	−13.421	−3.881	H	23.903	−14.078	−0.003
C	28.202	−22.529	−6.961	C	35.947	−16.998	−0.607	H	25.249	−15.637	1.384
C	30.508	−22.44	−6.162	C	34.575	−17.369	−0.402	H	28.191	−15.894	−6.345
C	30.243	−23.54	−5.297	C	36.31	−16.466	−1.868	H	27.009	−14.593	−6.214
C	28.995	−24.118	−5.263	C	33.649	−17.212	−1.461	H	35.283	−17.866	−4.253
C	27.943	−23.635	−6.088	C	35.381	−16.32	−2.88	H	27.358	−21.206	−8.449
C	31.874	−21.833	−6.186	C	36.524	−17.677	1.666	H	26.442	−25.044	−5.422
N	34.47	−20.699	−6.211	C	35.169	−18.055	1.894	H	24.662	−24.157	−6.883
C	34.242	−21.886	−6.804	C	36.895	−17.164	0.451	H	34.247	−15.841	−5.396
C	33.452	−20.056	−5.611	C	34.234	−17.893	0.869	H	32.556	−16.001	−5.8
C	32.937	−22.504	−6.825	C	34.598	−18.615	3.099	H	32.803	−13.674	−5.657
C	32.116	−20.59	−5.561	C	33.274	−18.877	3.013	H	31.975	−14.147	−4.176
C	35.351	−22.55	−7.442	S	32.585	−18.442	1.389	H	33.57	−12.461	−3.566
C	35.14	−23.755	−8.063	C	35.289	−13.129	−4.685	H	34.254	−13.975	−2.971
C	33.848	−24.36	−8.094	C	29.055	−13.959	−5.83	H	37.34	−16.163	−2.029
C	32.774	−23.757	−7.496	C	29.483	−13.619	−7.277	H	32.616	−17.503	−1.3
C	36.702	−21.877	−7.396	C	36.349	−12.398	−3.834	H	35.687	−15.864	−3.814
C	33.714	−18.784	−4.989	C	28.385	−12.892	−8.083	H	37.25	−17.802	2.461
C	32.709	−18.077	−4.358	C	28.272	−16.484	1.665	H	37.924	−16.875	0.269
C	31.388	−18.644	−4.289	C	28.891	−17.236	2.702	H	35.184	−18.808	3.988
C	31.108	−19.858	−4.87	C	28.51	−18.547	2.893	H	32.621	−19.294	3.761

续表

	X	Y	Z		X	Y	Z		X	Y	Z
C	32.968	−16.662	−3.813	C	26.897	−18.391	1.034	H	35.712	−14.067	−5.067
C	34.024	−16.709	−2.695	C	27.517	−19.156	2.077	H	35.031	−12.518	−5.561
C	30.279	−17.931	−3.574	C	25.908	−19.011	0.221	H	28.722	−13.046	−5.32
C	29.494	−16.994	−4.226	C	25.547	−20.324	0.431	H	29.921	−14.338	−5.276
C	28.412	−16.339	−3.588	C	27.115	−20.507	2.268	H	30.378	−12.984	−7.237
C	29.979	−18.242	−2.232	C	26.154	−21.078	1.465	H	29.769	−14.544	−7.795
C	28.118	−16.646	−2.215	C	29.968	−16.589	3.554	H	37.252	−12.187	−4.418
C	28.934	−17.614	−1.579	C	24.775	−22.096	−8.652	H	35.952	−11.447	−3.46
C	27.594	−15.392	−4.321	H	29.701	−21.117	−7.635	H	36.632	−13.01	−2.969
C	26.544	−14.806	−3.687	H	31.041	−23.909	−4.664	H	27.493	−13.518	−8.194
C	26.213	−15.064	−2.316	H	28.796	−24.953	−4.599	H	28.091	−11.964	−7.577
C	26.996	−15.979	−1.538	H	35.969	−24.26	−8.547	H	28.743	−12.635	−9.086
C	25.105	−14.391	−1.752	H	33.724	−25.308	−8.604	H	28.567	−15.451	1.516
C	24.752	−14.593	−0.436	H	31.792	−24.21	−7.522	H	28.962	−19.136	3.685
C	26.613	−16.16	−0.168	H	36.646	−20.883	−7.851	H	25.448	−18.429	−0.566
C	25.512	−15.474	0.345	H	37.018	−21.73	−6.358	H	24.794	−20.786	−0.197
C	27.308	−17.031	0.844	H	37.452	−22.475	−7.922	H	27.584	−21.081	3.061
C	27.913	−15.01	−5.758	H	30.11	−20.269	−4.808	H	25.858	−22.11	1.619
O	35.013	−18.32	−5.098	H	32.034	−16.339	−3.345	H	30.923	−16.583	3.013
C	27.152	−22.044	−7.79	H	29.71	−16.772	−5.262	H	29.707	−15.553	3.797
C	25.897	−22.612	−7.77	H	30.563	−18.995	−1.715	H	30.11	−17.138	4.49
C	26.641	−24.207	−6.083	H	28.726	−17.882	−0.559	H	24.41	−22.887	−9.319
C	25.651	−23.712	−6.897	H	25.916	−14.103	−4.225	H	23.929	−21.754	−8.043
C	33.239	−15.688	−5.001	H	24.54	−13.711	−2.38	H	25.115	−21.258	−9.268
C	32.94	−14.195	−4.699								

火石岭固体沥青H5

	X	Y	Z		X	Y	Z		X	Y	Z
C	30.542	−22.09	−6.405	C	35.506	−17.535	1.599	H	24.443	−14.396	−1.921
C	29.297	−22.7	−6.722	C	34.209	−18.147	1.51	H	23.474	−14.911	0.312
C	31.366	−22.614	−5.429	C	35.952	−16.759	0.502	H	24.679	−16.466	1.827
C	30.965	−23.786	−4.724	C	33.438	−17.966	0.337	H	28.748	−16.212	−5.375
C	29.767	−24.398	−5.008	C	35.172	−16.594	−0.626	H	27.56	−14.911	−5.333
C	28.899	−23.88	−6.009	C	35.85	−18.468	3.829	H	35.395	−18.08	−2.126

续表

	X	Y	Z		X	Y	Z		X	Y	Z
C	32.678	−21.972	−5.105	C	34.567	−19.085	3.765	H	28.738	−21.289	−8.264
N	35.163	−20.774	−4.473	C	36.299	−17.717	2.775	H	26.585	−22.39	−8.777
C	35.12	−21.886	−5.231	C	33.783	−18.913	2.623	H	27.356	−25.38	−5.785
C	34.015	−20.236	−4.023	C	33.934	−19.911	4.77	H	25.895	−24.431	−7.54
C	33.879	−22.533	−5.585	C	32.708	−20.362	4.422	H	34.447	−16.16	−3.316
C	32.725	−20.807	−4.308	S	32.202	−19.792	2.773	H	32.782	−16.093	−3.868
C	36.365	−22.437	−5.7	C	35.06	−13.382	−3.848	H	32.17	−14.45	−2.129
C	36.344	−23.565	−6.481	C	29.52	−14.331	−4.588	H	33.816	−14.419	−1.508
C	35.117	−24.199	−6.839	C	30.152	−13.879	−5.925	H	32.959	−13.61	−4.348
C	33.916	−23.702	−6.408	C	35.98	−12.951	−2.684	H	33.273	−12.476	−3.03
C	37.645	−21.737	−5.306	C	29.191	−13.048	−6.804	H	36.925	−16.283	0.564
C	34.084	−19.043	−3.219	C	27.877	−17.17	2.337	H	32.463	−18.438	0.273
C	32.936	−18.447	−2.73	C	28.456	−17.896	3.398	H	35.534	−15.965	−1.43
C	31.658	−19.048	−3.006	C	28.007	−19.184	3.653	H	36.459	−18.601	4.715
C	31.561	−20.189	−3.765	C	26.429	−19.052	1.792	H	37.275	−17.245	2.814
C	33.011	−17.106	−1.987	C	26.996	−19.792	2.876	H	34.406	−20.147	5.715
C	33.893	−17.212	−0.731	C	25.426	−19.661	0.961	H	32.038	−20.992	4.983
C	30.403	−18.441	−2.457	C	24.993	−20.928	1.195	H	35.385	−14.355	−4.235
C	29.729	−17.449	−3.151	C	26.513	−21.147	3.137	H	35.168	−12.662	−4.67
C	28.543	−16.855	−2.655	C	25.512	−21.705	2.286	H	29.115	−13.46	−4.057
C	29.866	−18.891	−1.234	C	29.576	−17.291	4.226	H	30.297	−14.766	−3.948
C	28.029	−17.275	−1.381	C	26.995	−21.942	4.206	H	31.044	−13.279	−5.704
C	28.715	−18.324	−0.719	C	26.519	−23.222	4.422	H	30.49	−14.763	−6.482
C	27.836	−15.862	−3.441	C	25.042	−23.018	2.527	H	37.02	−12.869	−3.019
C	26.673	−15.349	−2.956	C	25.535	−23.769	3.576	H	35.668	−11.976	−2.292
C	26.135	−15.705	−1.675	H	30.845	−21.2	−6.946	H	35.945	−13.673	−1.862
C	26.817	−16.646	−0.838	H	31.621	−24.183	−3.959	H	28.31	−13.634	−7.09
C	24.932	−15.096	−1.251	H	29.464	−25.288	−4.466	H	28.85	−12.159	−6.261
C	24.396	−15.377	−0.013	H	37.277	−23.986	−6.839	H	29.689	−12.719	−7.722
C	26.261	−16.887	0.461	H	35.146	−25.084	−7.464	H	28.215	−16.161	2.132
C	25.073	−16.262	0.838	H	32.983	−24.177	−6.682	H	28.454	−19.731	4.474
C	26.891	−17.728	1.538	H	37.631	−20.698	−5.651	H	25.028	−19.08	0.14
C	28.38	−15.372	−4.773	H	37.739	−21.704	−4.216	H	24.24	−21.379	0.558
O	35.351	−18.539	−3.01	H	38.514	−22.249	−5.73	H	30.536	−17.73	3.927

续表

	X	Y	Z		X	Y	Z		X	Y	Z
C	28.434	−22.18	−7.726	H	30.593	−20.628	−3.962	H	29.632	−16.208	4.08
C	27.236	−22.794	−8.011	H	31.998	−16.881	−1.639	H	29.429	−17.49	5.293
C	27.654	−24.489	−6.328	H	30.121	−17.131	−4.108	H	27.747	−21.545	4.874
C	26.842	−23.96	−7.305	H	30.353	−19.7	−0.704	H	26.904	−23.808	5.249
C	33.42	−15.983	−2.982	H	28.324	−18.699	0.209	H	24.283	−23.425	1.868
C	33.224	−14.558	−2.419	H	26.118	−14.625	−3.545	H	25.167	−24.773	3.751
C	33.567	−13.45	−3.446								

火石岭固体沥青H6

	X	Y	Z		X	Y	Z		X	Y	Z
C	30.99	−23.819	−1.107	C	32.805	−16.906	−6.294	H	27.496	−18.913	−1.939
C	29.912	−24.33	−0.334	C	32.816	−17.395	−7.76	H	29.041	−13.583	0.197
C	32.222	−23.561	−0.536	C	35.383	−14.375	−2.386	H	26.73	−13.25	0.326
C	32.418	−23.82	0.852	C	35.708	−15.706	−1.966	H	24.394	−14.094	0.214
C	31.397	−24.322	1.624	C	34.259	−14.201	−3.236	H	23.99	−16.481	−0.343
C	30.118	−24.59	1.062	C	34.919	−16.795	−2.425	H	32.072	−15.552	0.341
C	33.341	−22.996	−1.348	C	33.516	−15.277	−3.667	H	31.933	−14.761	−1.22
N	35.48	−21.893	−2.858	C	37.234	−13.456	−1.088	H	35.394	−18.474	−4.02
C	35.564	−23.147	−2.364	C	37.576	−14.767	−0.653	H	28.477	−24.384	−1.953
C	34.364	−21.181	−2.634	C	36.167	−13.271	−1.93	H	26.633	−25.263	−0.565
C	34.503	−23.757	−1.598	C	36.814	−15.853	−1.094	H	29.198	−25.294	2.89
C	33.253	−21.684	−1.867	C	38.656	−15.152	0.229	H	26.993	−25.722	1.855
C	36.752	−23.9	−2.617	C	38.73	−16.482	0.462	H	34.069	−18.499	−5.542
C	36.882	−25.181	−2.156	S	37.438	−17.413	−0.41	H	32.353	−18.869	−5.526
C	35.825	−25.792	−1.417	C	31.672	−13.44	0.48	H	31.826	−16.463	−6.065
C	34.671	−25.105	−1.147	C	31.845	−13.53	2.017	H	33.561	−16.124	−6.167
C	34.272	−19.854	−3.19	C	30.595	−14.017	2.782	H	33.788	−17.835	−8.01
C	33.145	−19.073	−3.012	C	25.917	−19.296	0.182	H	32.045	−18.159	−7.917
C	32.077	−19.568	−2.179	C	25.545	−20.639	0.12	H	32.626	−16.567	−8.451
C	32.138	−20.831	−1.636	C	24.865	−21.113	−1.028	H	33.984	−13.195	−3.535
C	32.965	−17.765	−3.788	C	24.977	−18.834	−2.012	H	35.149	−17.784	−2.048
C	33.852	−16.612	−3.289	C	24.581	−20.207	−2.098	H	32.648	−15.111	−4.291
C	30.882	−18.733	−1.857	C	24.701	−17.961	−3.125	H	37.824	−12.613	−0.748
C	31.009	−17.477	−1.277	C	24.056	−18.411	−4.235	H	35.899	−12.276	−2.266

续表

	X	Y	Z		X	Y	Z		X	Y	Z
C	29.885	−16.702	−0.907	C	23.901	−20.675	−3.267	H	39.341	−14.435	0.661
C	29.586	−19.233	−2.097	C	23.626	−19.779	−4.348	H	39.435	−17.019	1.074
C	28.57	−17.246	−1.095	C	25.872	−21.566	1.278	H	32.587	−12.995	0.069
C	28.47	−18.51	−1.726	C	23.494	−22.042	−3.365	H	30.855	−12.752	0.23
C	30.061	−15.352	−0.384	C	22.825	−22.479	−4.522	H	32.684	−14.207	2.227
C	28.95	−14.606	−0.145	C	22.956	−20.262	−5.485	H	32.132	−12.539	2.393
C	27.614	−15.118	−0.28	C	22.56	−21.596	−5.567	H	29.758	−13.325	2.637
C	27.394	−16.47	−0.689	C	24.443	−22.484	−1.161	H	30.28	−15.005	2.434
C	26.524	−14.274	0.032	C	23.789	−22.925	−2.271	H	30.805	−14.077	3.856
C	25.229	−14.743	−0.025	H	30.835	−23.628	−2.163	H	26.44	−18.934	1.06
C	26.045	−16.954	−0.67	H	33.385	−23.603	1.29	H	25.023	−16.931	−3.051
C	25	−16.087	−0.355	H	31.552	−24.51	2.681	H	23.857	−17.741	−5.064
C	25.654	−18.392	−0.854	H	37.527	−23.406	−3.19	H	26.51	−22.397	0.953
C	31.482	−14.813	−0.219	H	37.786	−25.746	−2.355	H	26.403	−21.019	2.061
O	35.379	−19.462	−3.925	H	35.941	−26.814	−1.074	H	24.959	−21.988	1.717
C	28.631	−24.585	−0.899	H	33.865	−25.571	−0.596	H	22.517	−23.517	−4.592
C	27.604	−25.073	−0.122	H	31.336	−21.179	−0.999	H	22.749	−19.58	−6.303
C	29.037	−25.097	1.835	H	31.933	−17.442	−3.621	H	22.044	−21.95	−6.451
C	27.81	−25.333	1.258	H	32.002	−17.085	−1.11	H	24.657	−23.17	−0.352
C	33.085	−18.075	−5.327	H	29.47	−20.191	−2.591	H	23.476	−23.961	−2.35

火石岭固体沥青H7

	X	Y	Z		X	Y	Z		X	Y	Z
C	31.289	−22.473	−8.322	C	28.898	−15.39	0.892	H	33.852	−16.879	−4.377
C	30.087	−23.058	−8.805	C	27.289	−17.061	0.097	H	32.183	−17.096	−3.832
C	32.028	−23.075	−7.322	C	28.051	−16.484	1.159	H	29.895	−18.996	−6.531
C	31.582	−24.309	−6.767	C	26.576	−18.33	0.344	H	30.993	−18.798	−2.4
C	30.425	−24.902	−7.215	C	26.472	−18.841	1.671	H	28.827	−17.838	−1.855
C	29.643	−24.3	−8.24	C	27.903	−16.99	2.534	H	25.361	−17.604	−6.706
C	33.279	−22.436	−6.812	C	27.073	−18.112	2.793	H	23.755	−16.76	−5.199
N	35.647	−21.206	−5.841	C	29.934	−13.656	−0.635	H	23.099	−15.917	−2.953
C	35.714	−22.327	−6.591	C	28.517	−16.341	3.631	H	24.799	−15.818	−1.146
C	34.442	−20.681	−5.566	C	28.319	−16.766	4.933	H	27.981	−19.591	−7.726
C	34.541	−22.986	−7.114	C	26.87	−18.514	4.133	H	26.826	−18.386	−8.327

续表

	X	Y	Z		X	Y	Z		X	Y	Z
C	33.206	−21.268	−6.021	C	27.48	−17.859	5.188	H	28.527	−17.942	−8.091
C	37.001	−22.878	−6.881	C	33.664	−17.529	−2.332	H	35.451	−18.33	−3.623
C	37.125	−24.003	−7.65	C	34.473	−17.492	0.432	H	29.65	−21.515	−10.259
C	35.966	−24.645	−8.181	C	34.309	−18.721	−0.295	H	27.56	−22.573	−11.054
C	34.713	−24.153	−7.925	C	34.381	−16.219	−0.305	H	28.106	−25.822	−8.291
C	34.376	−19.475	−4.782	C	33.929	−18.691	−1.677	H	26.79	−24.721	−10.072
C	33.164	−18.891	−4.467	C	33.872	−16.256	−1.652	H	28.124	−14.808	−2.339
C	31.937	−19.518	−4.882	C	34.797	−14.948	0.212	H	29.515	−14.985	1.682
C	31.972	−20.67	−5.636	C	34.545	−13.793	−0.527	H	30.875	−14.034	−1.055
C	33.186	−17.531	−3.792	C	33.922	−13.828	−1.777	H	29.502	−12.95	−1.353
C	30.613	−18.932	−4.526	C	33.619	−15.051	−2.344	H	30.17	−13.113	0.285
C	29.651	−18.738	−5.509	C	34.752	−18.817	2.47	H	29.144	−15.477	3.464
C	28.372	−18.212	−5.218	C	34.679	−20.008	1.705	H	28.8	−16.244	5.752
C	30.279	−18.609	−3.192	C	34.64	−17.584	1.829	H	26.212	−19.344	4.35
C	28.064	−17.816	−3.875	C	34.44	−19.968	0.351	H	27.303	−18.187	6.205
C	29.047	−18.066	−2.884	C	34.935	−19.072	3.887	H	33.797	−19.637	−2.19
C	27.373	−18.106	−6.263	C	35.016	−20.379	4.208	H	34.872	−12.84	−0.123
C	26.131	−17.654	−5.942	S	34.863	−21.48	2.76	H	33.728	−12.908	−2.317
C	25.78	−17.213	−4.622	C	35.599	−14.721	1.496	H	33.198	−15.087	−3.339
C	26.755	−17.225	−3.573	C	26.058	−19.118	−0.711	H	34.634	−16.698	2.439
C	24.468	−16.745	−4.382	C	25.432	−20.331	−0.481	H	34.321	−20.876	−0.228
C	24.105	−16.273	−3.138	C	25.304	−20.815	0.826	H	35.005	−18.277	4.618
C	26.366	−16.679	−2.307	C	25.826	−20.081	1.876	H	35.156	−20.821	5.181
C	25.063	−16.226	−2.114	C	34.725	−14.192	2.665	H	36.142	−15.623	1.785
C	27.31	−16.394	−1.167	H	31.627	−21.535	−8.751	H	36.356	−13.961	1.271
C	27.698	−18.532	−7.683	H	32.168	−24.767	−5.979	H	26.161	−18.774	−1.725
O	35.584	−18.937	−4.401	H	30.087	−25.838	−6.784	H	25.057	−20.907	−1.319
C	29.308	−22.452	−9.83	H	37.856	−22.358	−6.469	H	24.822	−21.767	1.015
C	28.146	−23.042	−10.272	H	38.104	−24.413	−7.867	H	25.76	−20.49	2.875
C	28.439	−24.883	−8.721	H	36.086	−25.529	−8.797	H	35.334	−14.037	3.563
C	27.707	−24.269	−9.713	H	33.833	−24.634	−8.334	H	34.272	−13.236	2.385
C	28.138	−15.291	−1.369	H	31.047	−21.149	−5.927	H	33.911	−14.883	2.908
C	28.977	−14.801	−0.361								

火石岭固体沥青H8

	X	Y	Z		X	Y	Z		X	Y	Z
C	31.011	−24.171	−2.13	C	24.754	−17.519	−4.435	H	32.045	−17.088	−3.962
C	30.003	−24.925	−1.446	C	24.762	−17.926	−1.969	H	32.232	−17.313	−0.861
C	32.118	−23.699	−1.472	C	23.687	−18.851	−2.113	H	29.494	−19.286	−3.485
C	32.295	−23.992	−0.078	C	23.618	−18.446	−4.573	H	27.76	−17.665	−2.919
C	31.356	−24.708	0.612	C	23.054	−19.052	−3.421	H	29.748	−13.858	1.229
C	30.176	−25.198	−0.036	C	23.022	−18.704	−5.83	H	27.543	−13.033	1.157
C	33.189	−22.957	−2.213	C	21.909	−19.517	−5.955	H	25.266	−12.969	0.159
N	35.262	−21.79	−3.746	C	21.903	−19.861	−3.572	H	24.737	−14.456	−1.758
C	35.34	−23.085	−3.389	C	21.338	−20.094	−4.812	H	32.702	−15.184	−0.072
C	34.201	−21.063	−3.363	C	34.071	−16.496	−3.552	H	31.969	−14.527	1.404
C	34.305	−23.727	−2.627	C	35.881	−14.543	−2.457	H	32.177	−16.279	1.221
C	33.116	−21.579	−2.544	C	35.755	−15.86	−1.896	H	35.281	−18.287	−4.558
C	36.48	−23.842	−3.799	C	35.194	−14.25	−3.728	H	28.73	−25.199	−3.157
C	36.587	−25.169	−3.482	C	34.861	−16.81	−2.49	H	29.33	−26.139	1.702
C	35.553	−25.815	−2.741	C	34.214	−15.196	−4.197	H	27.463	−14.749	−4.12
C	34.445	−25.121	−2.329	C	35.457	−13.105	−4.548	H	26.752	−15.534	−6.373
C	34.163	−19.699	−3.81	C	34.66	−12.868	−5.668	H	25.001	−17.232	−6.564
C	33.107	−18.884	−3.479	C	33.62	−13.724	−6.037	H	23.425	−18.248	−6.723
C	32.078	−19.366	−2.603	C	33.422	−14.89	−5.325	H	21.474	−19.691	−6.932
C	32.067	−20.667	−2.122	C	37.26	−13.928	−0.532	H	21.439	−20.301	−2.7
C	33.048	−17.501	−4.103	C	37.191	−15.263	−0.057	H	20.454	−20.716	−4.898
C	30.999	−18.396	−2.22	C	36.602	−13.587	−1.712	H	34.778	−17.79	−2.033
C	31.251	−17.381	−1.31	C	36.438	−16.21	−0.711	H	34.876	−12	−6.281
C	30.262	−16.436	−0.947	C	38.042	−13.066	0.335	H	33.006	−13.497	−6.901
C	29.712	−18.485	−2.789	C	38.566	−13.689	1.41	H	32.657	−15.585	−5.642
C	28.966	−16.502	−1.559	S	38.136	−15.462	1.486	H	36.616	−12.555	−2.017
C	28.732	−17.566	−2.467	C	36.621	−12.126	−4.375	H	36.334	−17.216	−0.322
C	30.551	−15.435	0.06	C	25.392	−17.836	−0.705	H	38.195	−12.015	0.127
C	29.558	−14.592	0.452	C	24.972	−18.587	0.379	H	39.184	−13.273	2.189
C	28.247	−14.61	−0.13	C	23.898	−19.474	0.241	H	37.435	−12.58	−3.808
C	27.938	−15.52	−1.193	C	23.278	−19.604	−0.989	H	37.018	−11.919	−5.377
C	27.274	−13.701	0.346	C	36.183	−10.776	−3.748	H	26.229	−17.173	−0.579
C	26.013	−13.662	−0.21	C	26.707	−26.635	−2.074	H	25.487	−18.493	1.327
C	26.639	−15.419	−1.787	C	25.767	−27.353	−1.384	H	23.566	−20.071	1.082

续表

	X	Y	Z		X	Y	Z		X	Y	Z
C	25.71	−14.51	−1.286	C	27.046	−27.167	0.673	H	22.479	−20.324	−1.091
C	26.212	−16.113	−3.057	C	25.939	−27.623	0.008	H	37.039	−10.1	−3.647
C	31.929	−15.353	0.687	C	30.999	−21.068	−1.115	H	35.436	−10.295	−4.389
O	35.217	−19.28	−4.592	H	30.884	−23.971	−3.189	H	35.726	−10.915	−2.763
C	28.86	−25.404	−2.099	H	33.189	−23.628	0.416	H	26.58	−26.428	−3.131
C	27.881	−26.14	−1.419	H	31.492	−24.922	1.667	H	24.883	−27.723	−1.889
C	29.199	−25.934	0.644	H	37.234	−23.316	−4.369	H	27.179	−27.37	1.73
C	28.054	−26.413	−0.009	H	37.453	−25.741	−3.796	H	25.182	−28.193	0.534
C	26.731	−15.542	−4.218	H	35.649	−26.868	−2.507	H	30.254	−21.74	−1.551
C	26.321	−15.972	−5.48	H	33.661	−25.617	−1.773	H	31.438	−21.588	−0.26
C	25.333	−16.933	−5.58	H	33.212	−17.614	−5.184	H	30.487	−20.176	−0.753
C	25.242	−17.162	−3.138								

火石岭固体沥青H9

	X	Y	Z		X	Y	Z		X	Y	Z
C	30.01	−23.742	−3.281	C	22.474	−18.924	−2.869	H	28.32	−19.057	−1.668
C	29.014	−24.509	−3.968	C	22.44	−18.767	−0.38	H	26.463	−17.516	−2.027
C	31.041	−23.143	−3.959	C	21.893	−19.301	−1.576	H	28.057	−13.189	−5.819
C	31.153	−23.313	−5.379	C	21.899	−19.192	0.856	H	25.802	−12.54	−5.619
C	30.223	−24.038	−6.072	C	20.854	−20.097	0.921	H	23.556	−12.739	−4.571
C	29.119	−24.659	−5.403	C	20.812	−20.208	−1.484	H	23.188	−14.442	−2.801
C	32.107	−22.39	−3.221	C	20.298	−20.604	−0.262	H	30.664	−15.416	−6.087
N	34.203	−21.209	−1.73	C	24.058	−17.645	−4.202	H	30.31	−13.678	−6.114
C	34.313	−22.484	−2.146	C	23.666	−18.316	−5.347	H	31.125	−14.396	−4.711
C	33.103	−20.508	−2.042	C	22.666	−19.293	−5.277	H	33.886	−17.883	−0.36
C	33.271	−23.13	−2.896	C	22.092	−19.591	−4.054	H	27.866	−25.004	−2.218
C	31.994	−21.033	−2.82	C	25.879	−26.488	−3.303	H	28.232	−25.517	−7.163
C	35.495	−23.214	−1.815	C	24.948	−27.213	−3.997	H	25.985	−14.76	−0.535
C	35.64	−24.519	−2.2	C	26.086	−26.779	−6.098	H	25.394	−15.814	1.642
C	34.603	−25.168	−2.934	C	25.052	−27.36	−5.413	H	23.781	−17.652	1.695
C	33.454	−24.501	−3.269	C	29.75	−20.575	−4.059	H	22.288	−18.795	1.782
C	33.05	−19.158	−1.557	C	33.329	−14.887	−1.108	H	20.458	−20.399	1.883
C	31.964	−18.356	−1.828	C	33.099	−16.17	−1.661	H	20.36	−20.596	−2.386
C	30.871	−18.867	−2.609	C	32.284	−14.335	−0.296	H	19.467	−21.298	−0.222

续表

	X	Y	Z		X	Y	Z		X	Y	Z
C	30.875	−20.155	−3.123	C	31.168	−15.142	0.047	H	24.838	−16.91	−4.277
C	32.008	−16.959	−1.305	C	31.044	−16.436	−0.41	H	24.146	−18.089	−6.291
C	29.724	−17.938	−2.868	C	34.462	−12.713	−1.087	H	22.357	−19.828	−6.167
C	29.877	−16.824	−3.677	C	34.519	−14.096	−1.385	H	21.352	−20.378	−4.01
C	28.815	−15.923	−3.921	C	33.37	−12.174	−0.334	H	25.802	−26.373	−2.227
C	28.463	−18.175	−2.282	C	32.35	−12.965	0.102	H	24.121	−27.681	−3.476
C	27.545	−16.142	−3.291	C	36.568	−12.316	−2.236	H	26.168	−26.888	−7.174
C	27.411	−17.302	−2.488	C	36.769	−13.724	−2.432	H	24.303	−27.938	−5.942
C	29.002	−14.81	−4.83	C	35.501	−11.841	−1.54	H	30.147	−21.024	−4.972
C	27.942	−14.008	−5.115	C	35.761	−14.639	−1.936	H	29.085	−21.313	−3.601
C	26.652	−14.178	−4.509	C	37.969	−14.207	−3.031	H	29.159	−19.701	−4.331
C	26.44	−15.207	−3.536	C	38.187	−15.587	−3.094	H	33.766	−16.546	−2.422
C	25.604	−13.301	−4.873	C	37.236	−16.462	−2.505	H	30.399	−14.712	0.68
C	24.36	−13.408	−4.288	C	36.067	−16.024	−1.933	H	30.194	−17.043	−0.128
C	25.153	−15.26	−2.907	C	39.324	−16.306	−3.647	H	33.392	−11.116	−0.094
C	24.149	−14.377	−3.296	C	39.267	−17.644	−3.485	H	31.55	−12.56	0.713
C	24.812	−16.105	−1.705	S	37.772	−18.201	−2.611	H	37.309	−11.622	−2.608
C	30.354	−14.562	−5.472	C	38.995	−13.255	−3.627	H	35.403	−10.78	−1.338
O	34.132	−18.744	−0.799	C	38.604	−12.808	−5.063	H	35.422	−16.753	−1.471
C	27.946	−25.116	−3.295	C	39.649	−11.85	−5.672	H	40.147	−15.818	−4.149
C	26.977	−25.863	−3.978	H	29.935	−23.636	−2.204	H	39.985	−18.381	−3.808
C	28.152	−25.405	−6.086	H	31.99	−22.851	−5.89	H	39.121	−12.371	−2.992
C	27.083	−26.012	−5.414	H	30.309	−24.159	−7.147	H	39.972	−13.747	−3.665
C	25.317	−15.612	−0.503	H	36.252	−22.684	−1.251	H	38.501	−13.701	−5.691
C	24.974	−16.194	0.718	H	36.538	−25.07	−1.947	H	37.622	−12.321	−5.03
C	24.063	−17.233	0.74	H	34.731	−26.205	−3.225	H	39.36	−11.55	−6.685
C	23.925	−17.228	−1.71	H	32.669	−25.001	−3.821	H	39.748	−10.945	−5.062
C	23.5	−17.747	−0.447	H	30.838	−16.644	−4.139	H	40.632	−12.333	−5.727
C	23.472	−17.908	−2.941								

火石岭固体沥青H10

	X	Y	Z		X	Y	Z		X	Y	Z
C	30.577	−23.415	−5.157	C	23.177	−17.741	−2.447	H	30.388	−16.661	−4.466
C	29.53	−24.221	−5.709	C	22.184	−18.733	−2.198	H	28.132	−18.823	−1.55

续表

	X	Y	Z		X	Y	Z		X	Y	Z
C	30.613	−23.111	−3.819	C	22.394	−18.38	0.261	H	26.252	−17.299	−1.849
C	29.61	−23.642	−2.942	C	21.729	−18.998	−0.829	H	27.464	−13.325	−6.139
C	28.596	−24.421	−3.429	C	21.976	−18.701	1.574	H	25.241	−12.638	−5.771
C	28.508	−24.735	−4.824	C	20.938	−19.585	1.812	H	23.11	−12.727	−4.493
C	31.743	−22.317	−3.235	C	20.658	−19.881	−0.561	H	22.915	−14.275	−2.561
N	33.962	−21.051	−2.016	C	20.266	−20.175	0.733	H	30.023	−15.595	−6.48
C	34.027	−22.357	−2.334	C	23.642	−17.589	−3.775	H	29.674	−13.861	−6.616
C	32.842	−20.363	−2.286	C	23.137	−18.344	−4.82	H	30.624	−14.47	−5.246
C	32.924	−23.046	−2.944	C	22.14	−19.296	−4.576	H	33.791	−17.624	−0.897
C	31.667	−20.934	−2.92	C	21.684	−19.486	−3.284	H	30.234	−24.141	−7.74
C	35.229	−23.073	−2.042	C	28.36	−25.636	−8.997	H	26.714	−25.911	−4.685
C	35.333	−24.406	−2.328	C	27.342	−26.411	−9.486	H	25.918	−14.435	−0.557
C	34.235	−25.099	−2.92	C	26.369	−26.636	−7.271	H	25.535	−15.303	1.745
C	33.068	−24.445	−3.218	C	26.333	−26.917	−8.611	H	23.929	−17.113	2.102
C	32.842	−18.979	−1.907	C	29.31	−20.556	−3.957	H	22.457	−18.238	2.424
C	31.737	−18.189	−2.137	C	33.176	−14.69	−1.821	H	20.639	−19.807	2.83
C	30.572	−18.749	−2.765	C	32.889	−16.008	−2.251	H	20.117	−20.333	−1.38
C	30.524	−20.072	−3.178	C	32.218	−14.067	−0.953	H	19.439	−20.853	0.909
C	31.836	−16.756	−1.731	C	31.139	−14.834	−0.444	H	24.418	−16.875	−3.983
C	29.407	−17.83	−2.981	C	30.966	−16.157	−0.787	H	23.527	−18.201	−5.82
C	29.48	−16.79	−3.894	C	34.316	−12.533	−2.071	H	21.742	−19.895	−5.387
C	28.401	−15.899	−4.103	C	34.335	−13.935	−2.273	H	20.945	−20.255	−3.106
C	28.213	−18	−2.25	C	33.308	−11.928	−1.256	H	29.128	−25.249	−9.659
C	27.201	−16.05	−3.332	C	32.331	−12.673	−0.666	H	27.293	−26.646	−10.542
C	27.148	−17.136	−2.422	C	36.297	−12.246	−3.454	H	25.604	−27.019	−6.604
C	28.499	−14.868	−5.117	C	36.465	−13.668	−3.571	H	25.536	−27.528	−9.02
C	27.417	−14.08	−5.361	C	35.31	−11.71	−2.687	H	29.609	−20.982	−4.917
C	26.194	−14.186	−4.617	C	35.512	−14.532	−2.904	H	28.755	−21.329	−3.419
C	26.079	−15.128	−3.544	C	37.589	−14.208	−4.259	H	28.638	−19.718	−4.144
C	25.117	−13.332	−4.947	C	37.813	−15.586	−4.215	H	33.477	−16.448	−3.041
C	23.937	−13.378	−4.237	C	36.928	−16.405	−3.463	H	30.439	−14.35	0.229
C	24.86	−15.117	−2.791	C	35.818	−15.914	−2.819	H	30.146	−16.731	−0.377
C	23.823	−14.26	−3.152	C	38.902	−16.351	−4.802	H	33.359	−10.856	−1.096
C	24.635	−15.859	−1.497	C	38.871	−17.669	−4.518	H	31.598	−12.215	−0.011

续表

	X	Y	Z		X	Y	Z		X	Y	Z
C	29.779	−14.69	−5.91	S	37.464	−18.147	−3.467	H	37.006	−11.592	−3.942
O	33.991	−18.518	−1.289	C	38.594	−13.31	−4.968	H	35.241	−10.636	−2.551
C	29.467	−24.526	−7.075	C	39.71	−12.829	−4.002	H	35.222	−16.599	−2.238
C	28.438	−25.316	−7.604	H	31.346	−23.034	−5.82	H	39.675	−15.906	−5.412
C	27.48	−25.525	−5.351	H	29.675	−23.413	−1.885	H	39.563	−18.431	−4.838
C	27.415	−25.83	−6.717	H	27.838	−24.818	−2.762	H	39.048	−13.865	−5.795
C	25.254	−15.275	−0.392	H	36.032	−22.508	−1.588	H	38.09	−12.448	−5.416
C	25.028	−15.752	0.899	H	36.245	−24.947	−2.104	H	40.43	−12.192	−4.528
C	24.121	−16.777	1.094	H	34.33	−26.157	−3.133	H	39.278	−12.26	−3.172
C	23.749	−16.969	−1.325	H	32.24	−24.977	−3.666	H	40.241	−13.689	−3.583
C	23.445	−17.38	0.011								

火石岭固体沥青H11

	X	Y	Z		X	Y	Z		X	Y	Z
C	30.232	−23.706	−2.739	C	24.279	−21.521	−3.32	H	37.097	−26.002	−1.685
C	28.897	−24.139	−2.67	C	23.692	−19.981	−1.448	H	34.979	−27.211	−2.172
C	31.146	−24.028	−1.727	C	22.741	−20.927	−0.973	H	32.82	−26.013	−2.156
C	30.752	−24.877	−0.684	C	23.05	−22.28	−3.034	H	30.438	−21.593	−1.68
C	29.44	−25.368	−0.602	C	22.299	−22.004	−1.864	H	31.102	−17.16	−1.925
C	28.483	−24.96	−1.58	C	22.501	−23.169	−3.988	H	28.863	−20.62	−0.749
N	34.958	−22.063	−1.11	C	21.321	−23.856	−3.744	H	26.817	−19.581	−1.531
C	34.917	−23.384	−1.386	C	21.102	−22.716	−1.633	H	27.783	−13.91	−2.954
C	33.81	−21.367	−1.116	C	20.63	−23.649	−2.542	H	25.412	−13.922	−3.351
C	33.685	−24.09	−1.654	C	24.055	−18.919	−0.589	H	23.289	−15.157	−3.721
C	32.531	−21.962	−1.392	C	23.511	−18.789	0.679	H	23.291	−17.639	−3.66
C	36.145	−24.115	−1.402	C	22.585	−19.731	1.145	H	34.959	−18.569	−0.03
C	36.16	−25.456	−1.673	C	22.212	−20.784	0.326	H	28.245	−23.109	−4.455
C	34.944	−26.151	−1.947	C	34.102	−15.655	−0.686	H	26.811	−18.995	−4.801
C	33.743	−25.491	−1.937	C	33.774	−16.972	−1.091	H	26.936	−21.373	−5.441
C	33.845	−19.963	−0.798	C	33.311	−15.082	0.366	H	22.977	−23.267	−4.953
C	32.695	−19.187	−0.812	C	32.369	−15.895	1.051	H	20.919	−24.524	−4.497
C	31.425	−19.783	−1.155	C	32.168	−17.214	0.708	H	20.515	−22.499	−0.75
C	31.375	−21.137	−1.405	C	35.117	−13.457	−1.086	H	19.704	−24.177	−2.347
				C	35.132	−14.854	−1.329	H	24.782	−18.196	−0.921

续表

	X	Y	Z		X	Y	Z		X	Y	Z
C	32.857	−17.762	−0.403	C	34.268	−12.905	−0.075	H	23.821	−17.968	1.313
C	30.169	−19.001	−1.367	C	33.441	−13.693	0.668	H	22.172	−19.646	2.144
C	30.167	−17.689	−1.83	C	36.795	−13.062	−2.799	H	21.52	−21.525	0.703
C	28.973	−17.02	−2.191	C	36.965	−14.474	−2.982	H	34.205	−17.372	−1.996
C	28.912	−19.641	−1.209	C	35.953	−12.578	−1.849	H	31.802	−15.451	1.863
C	27.741	−17.744	−2.198	C	36.179	−15.397	−2.195	H	31.462	−17.829	1.251
C	27.747	−19.045	−1.639	C	37.955	−14.945	−3.867	H	34.322	−11.837	0.106
C	28.982	−15.604	−2.512	C	38.236	−16.299	−3.963	H	32.837	−13.274	1.466
C	27.8	−14.98	−2.775	C	37.524	−17.191	−3.115	H	37.397	−12.391	−3.403
C	26.555	−15.69	−2.887	C	36.537	−16.772	−2.251	H	35.878	−11.512	−1.664
C	26.528	−17.107	−2.702	C	39.224	−16.972	−4.785	H	38.52	−14.226	−4.451
C	25.372	−15	−3.237	C	39.288	−18.305	−4.586	H	36.08	−17.509	−1.61
C	24.194	−15.688	−3.453	S	38.109	−18.904	−3.331	H	39.853	−16.445	−5.49
C	25.329	−17.809	−3.045	C	29.007	−26.222	0.473	H	39.933	−19.019	−5.071
C	24.187	−17.091	−3.394	C	27.709	−26.611	0.577	H	29.742	−26.541	1.204
C	25.305	−19.289	−3.31	C	26.713	−26.173	−0.366	H	27.389	−27.252	1.392
O	35.087	−19.465	−0.448	C	25.361	−26.523	−0.23	H	25.059	−27.159	0.595
C	27.909	−23.723	−3.626	C	24.792	−25.219	−2.192	H	24.022	−24.835	−2.845
C	26.583	−24.022	−3.499	C	24.417	−26.044	−1.132	H	23.371	−26.3	−1.008
C	27.113	−25.338	−1.458	C	25.587	−23.46	−4.527	H	26.054	−23.511	−5.516
C	26.136	−24.856	−2.393	C	30.283	−14.825	−2.487	H	24.701	−24.084	−4.556
C	26.149	−19.716	−4.338	H	30.543	−23.069	−3.56	H	30.989	−15.214	−3.232
C	26.191	−21.051	−4.722	H	31.463	−25.124	0.096	H	30.097	−13.771	−2.713
C	25.285	−21.982	−4.215	H	37.047	−23.553	−1.194	H	30.767	−14.888	−1.505
C	24.402	−20.221	−2.727								

火石岭固体沥青H12

	X	Y	Z		X	Y	Z		X	Y	Z
C	30.102	−23.653	−1.096	C	34.871	−13.417	−0.442	H	37.131	−23.302	−1.036
C	28.866	−24.28	−0.865	C	34.926	−14.825	−0.608	H	37.179	−25.644	−1.912
C	31.278	−24.126	−0.494	C	34.133	−12.841	0.641	H	35.046	−26.883	−2.23
C	31.232	−25.314	0.253	C	33.45	−13.616	1.529	H	32.895	−25.854	−1.622
C	30.037	−26.03	0.419	C	36.287	−13.051	−2.383	H	30.482	−21.695	0.121
C	28.825	−25.489	−0.108	C	36.501	−14.462	−2.513	H	31.026	−17.589	−0.942

续表

	X	Y	Z		X	Y	Z		X	Y	Z
C	32.559	−23.355	−0.545	C	35.554	−12.549	−1.355	H	29.137	−20.451	1.631
N	35.045	−21.97	−0.386	C	35.872	−15.371	−1.581	H	27.428	−15.125	−2.909
C	35	−23.251	−0.808	C	37.386	−14.939	−3.501	H	24.992	−15.459	−3.034
C	33.894	−21.345	−0.096	C	37.716	−16.285	−3.569	H	22.961	−16.711	−2.363
C	33.765	−23.988	−0.933	C	37.165	−17.156	−2.591	H	23.098	−18.564	−0.769
C	32.607	−21.994	−0.139	C	36.285	−16.731	−1.621	H	35.139	−18.53	0.843
C	36.229	−23.888	−1.159	C	38.615	−16.961	−4.484	H	27.653	−22.703	−1.739
C	36.243	−25.169	−1.641	C	38.765	−18.278	−4.233	H	34.058	−17.421	−0.992
C	35.021	−25.883	−1.813	S	37.792	−18.855	−2.802	H	32.064	−15.359	3.019
C	33.821	−25.314	−1.472	C	29.977	−27.271	1.149	H	31.77	−17.783	2.6
C	33.95	−19.953	0.27	C	28.793	−27.911	1.35	H	34.155	−11.763	0.753
C	32.795	−19.215	0.47	C	27.548	−27.356	0.881	H	32.931	−13.175	2.373
C	31.514	−19.865	0.401	C	26.311	−27.966	1.146	H	36.769	−12.391	−3.095
C	31.449	−21.222	0.17	C	25.136	−26.138	0.069	H	35.449	−11.479	−1.218
C	32.949	−17.768	0.785	C	25.123	−27.361	0.74	H	37.832	−14.231	−4.19
C	30.226	−19.105	0.348	C	30.011	−15.633	−2.284	H	35.953	−17.452	−0.893
C	30.125	−17.995	−0.506	C	25.358	−19.443	0.55	H	39.119	−16.449	−5.293
C	28.882	−17.453	−0.865	C	26.587	−19.732	1.073	H	39.371	−18.992	−4.767
C	29.065	−19.618	0.939	C	25.178	−23.37	−1.001	H	30.902	−27.685	1.534
C	27.693	−18.071	−0.366	C	25.101	−22.309	−0.089	H	28.76	−28.848	1.895
C	27.797	−19.127	0.587	C	23.985	−21.49	0.019	H	26.289	−28.906	1.686
C	28.762	−16.338	−1.79	C	24.143	−23.537	−1.911	H	24.207	−25.66	−0.212
C	27.524	−15.952	−2.212	C	22.847	−21.779	−0.788	H	24.175	−27.837	0.962
C	26.318	−16.618	−1.797	C	22.991	−22.723	−1.853	H	30.637	−16.312	−2.878
C	26.409	−17.682	−0.848	C	21.52	−21.186	−0.566	H	29.742	−14.781	−2.914
C	25.062	−16.27	−2.317	C	20.552	−21.196	−1.608	H	30.616	−15.267	−1.446
C	23.922	−16.974	−1.937	C	21.981	−22.757	−2.927	H	26.682	−20.491	1.843
C	25.229	−18.39	−0.444	C	20.841	−21.91	−2.858	H	25.964	−22.116	0.531
C	24	−18.024	−1.022	C	22.169	−23.537	−4.09	H	24.241	−24.294	−2.677
O	35.219	−19.418	0.395	C	21.288	−23.474	−5.157	H	23.031	−24.184	−4.171
C	27.62	−23.672	−1.251	C	19.974	−21.842	−3.97	H	21.464	−24.079	−6.038
C	26.411	−24.215	−0.916	C	20.188	−22.608	−5.103	H	19.125	−21.171	−3.946
C	27.576	−26.124	0.155	C	21.123	−20.72	0.711	H	19.509	−22.534	−5.944
C	26.35	−25.504	−0.246	C	19.874	−20.158	0.923	H	21.784	−20.859	1.553

续表

	X	Y	Z		X	Y	Z		X	Y	Z
C	34.034	−15.629	0.214	C	18.96	−20.073	−0.135	H	19.596	−19.815	1.913
C	33.729	−16.984	−0.062	C	19.29	−20.611	−1.369	H	17.982	−19.635	0.021
C	33.355	−15.026	1.326	C	24.138	−20.267	0.957	H	18.542	−20.616	−2.15
C	32.55	−15.832	2.173	H	30.133	−22.764	−1.715	H	24.269	−20.613	1.989
C	32.373	−17.177	1.936	H	32.136	−25.677	0.728	H	23.25	−19.641	0.929

附录3 胶质样品分子模型坐标

抚顺胶质

	X	Y	Z		X	Y	Z		X	Y	Z
C	14.688 2	−8.019 4	−1.247 1	C	22.11	−9.901 4	−1.953 7	H	13.486 8	−11.944 1	−3.021 2
C	15.845 5	−9.000 2	−1.311 3	C	17.644 6	−7.259 9	−1.220 1	H	11.494 4	−10.716 3	−2.338 4
C	15.431 7	−10.135 6	−1.924 7	C	18.833 6	−13.215 4	0.167 5	H	21.340 5	−14.979 1	−2.606 8
C	13.58	−8.744 5	−1.968 1	C	17.833 9	−10.280 3	−3.742 8	H	21.243 8	−14.313 8	−0.996 2
C	14.023 2	−9.954 7	−2.381 3	H	14.428 4	−7.763 5	−0.211 7	H	14.239 8	−13.378 2	−1.642 1
C	17.244 7	−8.707 1	−0.829 4	H	14.913 3	−7.070 8	−1.747 2	H	14.622 1	−13.567 2	0.064 6
C	18.274 7	−9.845	−1.240 9	H	12.611 4	−8.316 9	−2.177 3	H	14.024 5	−12.016 3	−0.526 2
C	16.303 4	−11.350 7	−2.118 7	H	17.232 2	−8.710 7	0.270 6	H	19.693 1	−16.681 4	−1.803 8
C	17.803 7	−10.892 2	−2.308 5	H	18.423 1	−10.422 8	−0.326 2	H	19.437 2	−15.903 5	−0.244 9
C	16.119 8	−12.441 5	−1.024 3	H	16.015 5	−11.835 6	−3.061 9	H	18.065	−16.23	−1.310 6
C	18.817 7	−12.11	−2.241 9	H	16.496 7	−12.034 8	−0.080 8	H	22.839 2	−10.460 5	−2.542 3
C	20.298	−11.717 9	−1.933 3	H	18.810 5	−12.509 8	−3.264	H	22.288 9	−8.837 7	−2.134 1
C	20.659 4	−10.273 3	−2.318 7	H	20.442 2	−11.756 1	−0.849	H	22.307 4	−10.096 2	−0.894 6
C	21.190 8	−12.813 8	−2.552 3	H	20.571 7	−10.172 1	−3.404 6	H	17.649 2	−7.115 3	−2.302 8
C	19.673 4	−9.277 3	−1.632 9	H	21.069 2	−12.790 6	−3.642 5	H	16.932 7	−6.551 5	−0.793
C	18.477 3	−13.369 2	−1.341 4	H	22.247 8	−12.620 4	−2.351 1	H	18.628 9	−6.996 5	−0.834 4
C	16.967 3	−13.662 7	−1.426 4	H	19.558 5	−8.417 3	−2.293 3	H	18.533 4	−12.249 2	0.570 7
C	19.319 6	−14.547	−1.965 1	H	20.149 1	−8.895 4	−0.722 5	H	18.313 9	−13.981 6	0.747 1
C	13.271 8	−10.904 8	−3.271 2	H	16.718 4	−14.509 9	−0.781 8	H	19.897 2	−13.331 2	0.367 5
O	11.825	−10.683 1	−3.255	H	16.696 7	−13.957 5	−2.449 3	H	17.565 3	−11.046 2	−4.475 5
C	20.834 2	−14.214 8	−2.007 8	H	18.969 7	−14.641 5	−3.001 9	H	17.107 8	−9.470 3	−3.827 5
C	14.662 4	−12.866 1	−0.773 3	H	13.548 1	−10.755 1	−4.316 1	H	18.804 5	−9.886 8	−4.028
C	19.109 3	−15.914 7	−1.287 3								

珲春胶质

	X	Y	Z		X	Y	Z		X	Y	Z
C	17.954 4	−9.895 4	−1.474 9	C	20.263 8	−18.254 6	−3.175 4	H	17.279 4	−14.710 4	−1.013
C	19.070 4	−10.894 1	−1.716	C	17.833 5	−9.415	−0.011 5	H	18.690 6	−17.116 8	−4.001 3
C	18.575 3	−12.036 5	−2.251 3	C	25.303	−12.271 1	−2.493 4	H	14.452 7	−12.248 9	−2.247 2
C	16.743 5	−10.638 3	−1.992 7	C	23.38	−9.921	−2.323 1	H	17.198 2	−16.924 9	−2.381 1
C	17.100 5	−11.860 6	−2.45	H	18.124 8	−9.012 9	−2.110 5	H	19.902 4	−14.427 6	0.513 2
C	20.526 8	−10.612 4	−1.497 7	H	15.754 6	−10.207 1	−2.033 1	H	18.782 5	−13.112 7	0.137 8
C	21.417 2	−11.562 2	−2.337 3	H	20.731 6	−9.570 6	−1.758 8	H	18.265 3	−14.465 3	1.142 3
C	19.463 3	−13.197 3	−2.659 5	H	20.799 1	−10.713 4	−0.436	H	19.368 7	−16.765 5	−0.262 4
C	20.920 8	−13.021 6	−2.129 9	H	21.267 3	−11.308 6	−3.397 5	H	17.655 4	−16.736 4	0.078 2
C	18.911 7	−14.632 7	−2.388 5	H	19.544 6	−13.149 3	−3.759	H	17.608 5	−19.378	−2.506 4
C	21.844 3	−14.067 7	−2.797 5	H	20.924	−13.202 7	−1.050 3	H	18.703 4	−19.270 1	−1.124
C	23.318 8	−13.828 9	−2.438 5	H	18.038 7	−14.726 3	−3.043 7	H	16.996 7	−18.868 1	−0.934 2
C	23.796 5	−12.407 3	−2.785 2	H	21.754 9	−13.920 4	−3.884 6	H	20.975 3	−18.039 7	−3.976 4
C	22.929 2	−11.365 8	−2.026 5	H	23.479 8	−13.987 9	−1.366 6	H	20.836 3	−18.425 3	−2.263 7
C	16.172 8	−12.838 9	−3.117 7	H	23.942 1	−14.565	−2.959 5	H	19.769 1	−19.191 9	−3.432 4
C	21.385 1	−15.537	−2.518 2	H	23.642 6	−12.245 8	−3.862 2	H	17.002 2	−8.715 5	0.099 9
C	19.902 2	−15.676	−2.992 4	H	23.073 4	−11.553 3	−0.951 2	H	17.658 3	−10.261 5	0.655 1
C	21.754 9	−16.008 1	−1.096 9	H	16.437 3	−12.975 1	−4.167 2	H	18.745 6	−8.907 8	0.311 4
C	18.345 6	−14.965 9	−0.955 9	H	16.214 6	−13.818 9	−2.636 1	H	25.717 6	−11.335 4	−2.869 9
C	19.238	−17.108 5	−3.050 2	H	21.972 8	−16.160 5	−3.202 5	H	25.497 5	−12.317 4	−1.417
O	14.784 1	−12.385 6	−3.153 7	H	19.977 8	−15.378 8	−4.047 9	H	25.856 9	−13.086 9	−2.965
C	18.128 9	−17.320 2	−1.952 4	H	22.838 8	−16.095 5	−1.001 9	H	23.258 5	−9.688 7	−3.386 1
C	18.867 1	−14.190 1	0.270 3	H	21.416 3	−15.323	−0.321 6	H	22.805 2	−9.19	−1.754 1
C	18.400 5	−16.490 6	−0.686 7	H	21.34	−16.988 4	−0.873 6	H	24.428 3	−9.769 2	−2.065 7
C	17.849 7	−18.795 5	−1.613 9